上海建工装饰集团装饰工程关键技术丛书

数字建造

提升专业能级

建筑装饰工程数字建造技术研究与应用

上海市建筑装饰工程集团有限公司 / 编著

Improving Professional Level through Digital Construction

The Research and Application of Digital Construction Technology in Architectural Decoration Engineering

U0279081

上海科学技术出版社

图书在版编目（ＣＩＰ）数据

数字建造 提升专业能级 ：建筑装饰工程数字建造
技术研究与应用 / 上海市建筑装饰工程集团有限公司编
著. -- 上海 ： 上海科学技术出版社，2024.1
（上海建工装饰集团装饰工程关键技术丛书）
ISBN 978-7-5478-6487-6

Ⅰ．①数… Ⅱ．①上… Ⅲ．①数学技术－应用－建筑
装饰－工程装修 Ⅳ．①TU767-39

中国国家版本馆CIP数据核字(2023)第249198号

内容提要

本书以上海市建筑装饰工程集团有限公司多年来在大型主题公园、国家级会议场馆、商业综合体、高端酒店、5A级办公楼、异形建筑幕墙和展览展示等不同业态百余个重大项目中形成的数字化建造核心技术体系与重大工程实践为基础，基于建筑装饰行业视角，对行业数字建造理论研究和技术应用进行系统总结，提出了数字化建造核心技术理论框架，深入探讨数字化勘察测量、数字化加工、数字化施工和数字化协同管理等关键技术在装饰工程中的应用实践方法，并通过项目应用真实案例全方位展示具体实施路径及应用成效。本书作为建筑装饰工程关键技术丛书之一，以全局视野追踪研究前沿和最佳实践，力图全景式展现装饰工程相关数字建造领域最新成果，以飨读者。相信本书将促进建筑装饰建造技术专业能级提升，推动建筑装饰工程从效能低、拆改多的传统建造模式向自动化、智能化的数字建造模式转型升级，助力建筑装饰行业实现数字经济时代下的高质量、可持续发展。

数字建造 提升专业能级
——建筑装饰工程数字建造技术研究与应用
上海市建筑装饰工程集团有限公司 编著

上海世纪出版（集团）有限公司
上海 科 学 技 术 出 版 社 出版、发行
（上海市闵行区号景路 159 弄 A 座 9F–10F）
邮政编码 201101 www.sstp.cn
上海光扬印务有限公司印刷
开本 889×1194 1/16 印张 20.25
字数 420 千字
2024 年 1 月第 1 版 2024 年 1 月第 1 次印刷
ISBN 978–7–5478–6487–6/TU·345
定价：150.00 元

编 委 会

主 编

李 佳

副主编

连 珍　归豪域

编 委

管文超	虞嘉盛	洪 潇	蔡晟旻	鲁新华	顾文静	李 骋
周漪芳	卜真良	王震东	沈 悦	刘天择	刘少瑜	阮国荣
金 晶	陈培俊	董 胜	陆 琼	廖燕飞	陶家妮	黄敏杰
赵盛波	邹 翔	倪立莹	李 芬	李功绩	马宇哲	叶智新
刘苗苗	朱家佳	周 渊	黄景铖	施支鸿	蔡丽敏	解 宁
沈逸宁	江旖旎	陆兰馨	陈永泉	王倪雄	李 兵	崔丽莉
朱思行	刘思佳	邵曦雨	王一幸	司晓汧	刘嘉俫	杜海玉

前　言

在全球新一轮科技革命和产业变革中，数字化已成为当下发展最快、影响力最大、渗透面最广的一项高新技术，正逐步渗透到各行各业的方方面面。物联网、移动通信、云计算、大数据、人工智能等数字化建造技术极大地提升了数据采集、处理、分析与决策的效率，对人们的生产生活方式产生了巨大影响。

建筑装饰工程建设全生命周期涉及方案设计、工程设计、产品设计、部品加工、工程施工、工程管理等众多环节，参与单位、部门、人员多且杂，不同工种间协同难度大、复杂程度高。国内装饰行业发展至今，其建造水平仍处于相对较低的层面，存在产业链冗长、管理能级偏低、效率有待提升等诸多问题，建筑装饰工程在数字化建造领域，关键共性技术集成、全产业链技术体系建立、企业级集成管控平台研发等方面的成熟案例较少，测量、设计、加工、施工、运维等各环节的数据流无法进行有效传递及交互，产业联动效应、聚集效应和辐射效应尚未形成。

科技创新是实现社会经济向创新驱动高质量发展转变的主要动力，而数字化是实现创新驱动的重要途径，是未来实现智能化不可缺少的技术手段。向集成化、精细化、技术密集型生产方式进行转变，已成为目前国内建筑装饰企业转型升级的必然需要。数字化转型已成为了当前建筑装饰行业发展的必然趋势。以 BIM 技术为代表的新一代数字技术，逐渐成为推动产业变革的重要力量，融合工程建设领域各类新技术、新工艺、新材料、新设备的应用，正深度重塑建筑装饰产业新生态，推动传统工程建造朝着数字化、网络化和智能化方向转型升级。

上海市建筑装饰工程集团有限公司（以下简称"集团"）于 21 世纪初即开展了对 BIM 技术的探索性应用，2013 年上海迪士尼乐园"梦幻世界"成为集团第一个将 BIM 技术充分应用于工程建设全过程的大型地标性项目。目前集团拥有 BIM 相关专职工程技术及研发人员 280 余人，"十四五"中期，累计培养全国 BIM 等级认证持证人员 100 余人，荣获各类国家级、省部级数字化相关奖项及荣誉 90 余项。2015 年集团工程研究院成立 BIM 技术研究所，2018 年更名为数字化建造技术研究所，陆续完成顶尖科学家永久会址、上海展览中心、徐家汇中心、无锡国际会议中心、西安咸阳机场、成都科学馆等多个上海乃至全国重大工程的数字化建造技术支持工作，数字化建造技术及研究领域涵盖装饰工程勘察测量、设计、加工、安装及全生命周期的综合管理，其数字化应用能力水平已达到国内领先，国际一流水准。

本书稿是集团基于建筑装饰行业快速发展的项目管理环境，集成了装饰工程相关数字化建造关键共性技术，并对诸多实际工程业绩进行梳理归纳及总结提炼，是对行业数字化建造体系的一次系统总结和全面提升。希望通过本书稿能够推动数字化建造技术体系在建筑装饰工程领域的落地应用，以热点技术实现对工程项目建造全过程的数字化管控，实现更优秀的建造质量与更短的交付时间，全面提升建设效率，助推数字化建造技术的持续性发展。

未来已来，建筑装饰领域的数字化建造转型升级作为时代发展的必然趋势，必将进一步推动整个行业走上高质量、可持续的发展道路！

上海市建筑装饰工程集团有限公司党委书记、董事长

2023 年 9 月

目 录

第 1 章

Chapter 1

1.1 概述

现代信息技术的蓬勃发展，正深刻改变着人类社会生产和生活方式。以 BIM 技术、物联网、大数据、云计算移动互联网、人工智能等为代表的新一代信息技术，给各行各业带来了前所未有的冲击和更具效率的生产经营模式，推动传统产业朝着数字化、网络化和智能化方向转型升级。目前而言，全球范围内建筑业数字化水平仍处于相对较低的层面，信息技术正逐渐成为推动产业变革的重要力量，推动传统工程建造迈向数字建造，乃至智能建造的新发展阶段。

改革开放 40 多年来，伴随着工业化进程的加速及新型城镇化战略的推进，我国城市建设日新月异，建筑业作为国民经济和社会发展的重要支柱产业，各类重大工程不断刷新着世界纪录，在多个细分领域居世界第一。然而，尽管我国是建造大国，但还不是建造强国，粗放型的发展模式长期处于主导地位，由此也带来了资源浪费和环境污染等诸多问题。另外，行业的不透明性也导致了项目管理水平普遍低下，企业效益差等痛点。因此，建筑业急需一场变革来打破现状，而数字技术无疑为建筑业的转型升级提供了最好的契机。

科技发展始终是建筑业转型升级的强大推动力。德国"工业 4.0"、美国"工业互联网"和"中国制造 2025"等国家战略的出现昭示着新一轮技术革命的到来，为建筑产业的信息化发展提供了重要机遇。通过数字技术引领传统建筑行业转型发展，以信息技术为基础，数字化建造理论体系为支撑，实现建造过程的一体化和协同化，对工程项目的设计、生产、采购、施工、运维等全生命周期的各个环节进行革新，提高资源配置能力和使用效率。我国建筑业要把握新一轮科技革命的历史机遇，积极探索以绿色化为建造目标、工业化为产业路径、智能化为技术支撑的三位一体数字化转型之路，全面提升工程建造及管理水平，推动行业由传统粗放式、碎片化的建造模式向精细化、集成化方向转型升级，助力我国由建造大国迈向建造强国。

基于上述背景，本书通过系统梳理行业中数字化建造技术在装饰工程全过程中的知识点与重大工程，详细阐述了数字化建造技术在勘测、设计、加工、施工与协同管理等装饰工程全过程的技术应用点。希望通过生动的项目历程，为广大有志于发展数字化建造技术，提升专业能级的有识之士提供一定技术上的指引与帮助。

1.2 数字化建造重要发展政策

现代数字化建造技术是当今世界发展最快、影响力最大、渗透面最广的一门高新技术。

为贯彻落实习近平总书记重要指示要求，党中央、国务院出台了一系列推进数字化转型的国家战略和政策措施，总体上形成了横向联动、纵向贯通的战略体系。

从 2015 年 8 月起，国务院、中央全面深化改革委员会陆续印发《促进大数据发展行动纲要》《关于深化制造业与互联网融合发展的指导意见》等重要文件。2015 年，国务院印发的《中国制造 2025》将信息化和数字化放在了"通过三步走实现制造强国的战略目标"的首要关键步骤。2016 年，住房和城乡建设部在《建筑业发展"十三五"规划》中提出"十三五"时期的主要任务：推动建筑产业现代化、推进建筑节能与绿色建筑发展、促进建筑业企业转型升级。可见推动信息化与工业化在工程建设领域的并行与融合，实现工程设计、施工、运维全生命周期的数字化是我国建筑业的转型途径。2017 年 10 月，党的十九大报告中将"数字中国"作为"加快建设创新型国家"的一个关键词。2019 年 8 月，国务院办公厅印发《关于促进平台经济规范健康发展的指导意见》。2020 年 6 月，中央全面深化改革委员会审议通过了《关于深化新一代信息技术与制造业融合发展的指导意见》。

在 2021 年，更是在《中华人民共和国国民经济和社会发展第十四个五年规划和 2035 年远景目标纲要》中指出，要深化研发设计、生产制造、经营管理、市场服务等环节的数字化应用，培育发展个性定制、柔性制造等新模式，加快产业园区数字化改造。2022 年 1 月，《"十四五"数字经济发展规划》中指出，大力推进产业数字化转型，加快企业数字化转型升级，全面深化重点行业、产业园区和集群数字化转型，培育转型支撑服务生态。2023 年，《数字中国建设整体布局规划》中提出，要整体提升应用基础设施水平，加强传统基础设施数字化、智能化改造。在系统部署下，党中央、国务院关于推进数字化转型的战略举措稳步推进，成为数字化建造发展的重要依据。

在上海，2021 年 7 月，为贯彻落实上海市委、市政府《关于全面推进上海城市数字化转型的意见》相关要求，上海市城市管理精细化工作推进领导小组发布了《上海市进一步推进建筑信息模型技术应用三年行动计划（2021—2023）》。计划指出，到 2023 年底，BIM 技术应成为本市建筑业普遍应用的基础性数字化建造技术，未来 3 年重点任务为持续深化 BIM 技术应用，完善 BIM 技术的应用取费机制及基础规则体系建设，探索构建 BIM 建设和运维全生命周期管理体系，升级完善标准及评价体系，深化新业态、新技术融合和创新，构建人才高地，三年内逐步深化 BIM 技术在建筑运维和智慧城市管理方面的应用，为全面推进城市数字化转型、建设国际数字之都提供有力的技术支撑。

无论是在国家层面还是在地方层面，随着"互联网+"行动计划以及新一代人工智能发展规划等政策相继发布，智能设备和信息技术被逐步引入工业生产领域，并被应用于工程建造行业，数字化已成为时代发展的热点。它具有无穷的潜力，深刻地影响和改变着各行各业。

1.3 数字化建造的定义

随着科技的迅猛发展，建筑行业也在不断进行创新和改革，BIM 技术应运而生。BIM 技术是由完整信息构成，易于统整各方信息便于建筑生命周期的规划、设计、施工及营运维护等工程与管理的系统技术，通过数字化的建筑信息模型来达到管理和协调建筑项目各个方面的目的。BIM 技术的出现，为建筑行业带来了前所未有的变革。

近年来，随着 BIM 技术管理体系及地理信息系统（GIS）、物联网（IOT）、大数据（BD）等新兴技术的日益成熟，项目的数字化应用趋势已从 BIM 单点应用（模型设计、优化）衍生到区域应用（项目全岗位、全要素、全生命周期），逐步从技术要素驱动向数据要素驱动转化；从模型搭建、动画模拟等传统的本地端应用向多元化数据的发掘与分析转化；从以流程为中心向以数据为中心转化。通过数字化、信息化手段对海量数据进行深入、多层面和实时的挖掘、分析、应用、评价，让数据产生真正价值。

在这种背景下，2020 年由丁烈云院士在《数字建造导论》中提出了工程数字建造的概念。他认为，数字建造是利用现代信息技术，通过规范化建模、全要素感知、网络化分享、可视化认知、高性能计算以及智能化决策支持，实现数字链驱动的工程项目立项策划、规划设计、施（加）工、运维服务的一体化协同，进而促进工程价值链提升和产业变革。在新一轮科技革命大背景下，数字建造成为数字技术与工程建造系统融合形成的工程建造新发展模式。

1.4 数字化建造发展面临的挑战

当前数字化建造取得了一系列富有高科技含量的创新成果，较大地促进和带动了互联网、物联网、信息化、大数据等产业的发展，但同时仍面临着制约其进一步产业化、协同化发展的诸多问题。

首先，虽然从整个建筑行业来看，数字建造相关专项技术应用的工程案例繁多，但未能建立起完善的全产业链数字化建造技术体系，无法将土建施工、设备安装、装饰装修、运维管理、平台构建等众多环节进行有机串联。导致现阶段数字化建造技术产业链集成少，无法形成产业的联动、聚集和辐射等效应。

其次，系统高效的数字化建造协同管理平台开发不足。工程建设全生命周期涉及产品加工、工程设计、工程施工、工程管理等众多环节，参与单位、部门、人员多而杂，不同工种工作协同难度大、复杂性强。但目前缺乏数字化建造协同机制和协同管理平台研究，因此，设计、施工、运维等环节的数字流和信息不能进行有效交互。建立集模型、流程、设备源、制造、现场施工数字化及管理于一体，符合大型建设集团产业化发展的

数字化建造技术协同管理平台，使施工的各个环节均达到数字化、精细化、标准化、模块化，以解决数字化建造过程中的各种问题是当务之急。最后，从宏观层面看，数字化建造的发展对于整合工程建设技术资源，形成综合优势，推进建筑产业快速发展具有重大意义。

目前，"智慧工地"和"数字企业"的新理论、新方案不断被提出，向数字化建造新模式转型升级的呼声愈来愈高。以云计算、大数据、物联网、移动互联网、人工智能、机器人、数值仿真等数字技术为基础，实现从BIM到"数字化建造"的转变，是引领国内建筑业实现数字化转型，实现未来行业智能建造和智慧建造的基础，也是促进国家由建造大国向建造强国发展的必然道路

1.5 装饰工程数字化建造

1.5.1 装饰工程数字化建造的定义

建筑装饰工程数字化建造技术是以三维建筑信息模型（BIM）应用为基础，将高精度无接触测量、参数化设计、交互式可视化技术与室内外装饰工程深度融合应用，结合云平台、大数据、物联网、人工智能等跨界数字化建造技术，形成集勘测设计、加工、施工与协同管理装饰工程全过程数字化技术体系。

装饰行业发展至今，目前仍处于产业链条冗长、管理能级偏低、效率有待提升的发展阶段。因此，数字化建造技术与装饰工程领域的深度融合发展具有广阔前景和无限潜能。数字化建造的本质在于以数字化建造技术为基础，驱使工程组织形式和建造过程的转型升级，这不仅仅是建造技术的提升，更是经营理念的转变、建造方式的变革、企业发展的转型以及产业生态的重塑。数字化建造体系的出现，提高了资源综合利用效率，实现了高性能工程产品的交付及工程全生命周期的增值与生态可持续建造，同时也是未来实现智能建造和智慧建造的基础，使得传统装饰工程的产业转型升级进程迈入快车道。

1.5.2 装饰工程数字化建造框架体系

装饰工程数字建造框架体系，是一套以现代通用的信息技术为基础，数字建造领域技术为支撑，分析展示装饰工程数字建造构成要素内在逻辑关系的思维框架，能够实现建造过程一体化和协同化，并推动装饰行业进行工业化、服务化和平台化变革，交付以人为本的绿色工程产品与服务。

数字技术与装饰工程的融合，克服了传统碎片化、粗放式工程建造方式的弊端，结合先进的精益建造理论方法，集成人员、流程、数据、技术和业务系统，促进建筑全过程、全要素、全参与方的数字化、网络化、智能化。

通过组合式创新，形成工程多维建模与仿真、基于工程物联网的数字工地（厂）、工程大数据驱动的智能决策支持以及自动化、智能化的工程机械等领域关键技术，从而构建项目、企业和产业的平台生态新体系，实现工程全生命周期的业务协同，推动工程建造产业层面的工业化、服务化、平台化转型升级，最终向用户高效率地交付以人为本、智能化的绿色工程产品与服务（图 1-1）。

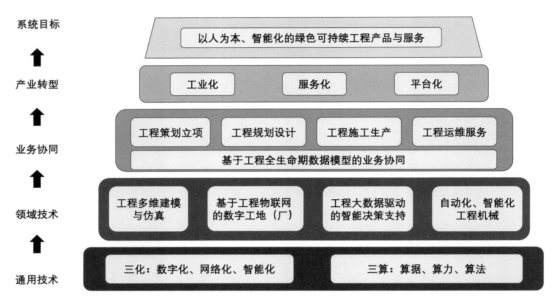

图 1-1 数字化建造框架体系

1.5.3 装饰工程数字化建造应用趋势

数字化建造是装饰工程领域实现可持续发展的必然选择。面对数字化建造技术带给行业的变革契机，切准数字化建造技术发展方向，以热点数字化建造技术实现了对建筑全生命周期的服务。通过借鉴工业智能制造的先进技术思路和方法，积极探索实施绿色化、工业化和信息化三位一体协调融合发展的数字化之路，实现传统装饰产业的技术改造和升级，推动产业数字化转型。其应用趋势主要从如下几个方面展开：

1）虚拟化发展趋势

虚拟建造将成为数字化建造发展的重要方向，其核心与关键技术包括虚拟现实技术、仿真技术、建模技术和优化技术。在工程施工前，对施工全过程进行仿真模拟，包括结构施工过程力学仿真、施工工艺模拟、虚拟建造系统建设等方面，并在施工过程中采用有效的手段实时监测和评估其安全状况，可以很好地动态分析、优化和控制整个施工过程。与此同时，基于虚拟建造技术，在施工前通过大量的计算机模拟和评估，充分暴露出施工过程可能出现的各种问题，并经过优化有针对性地加以解决，为施工方案的确定

和调整提供依据，实现施工建造的综合效益最优。

2）智能化发展趋势

数字化建造发展的必然趋势是智能化。智能建造技术是在工程建造过程的各个环节融入人工智能，通过模拟人类的智能活动，延伸建造过程中的部分脑力劳动。在工程建造过程中，自动检测运行状态，在收到外界干扰或内部数字流时自动调整参数，达到最佳状态，并充分利用信息化技术，实现建筑部品加工或工程建造过程的智能化。例如，在工程施工过程中，建筑机器人工作基本模式是通过与设计信息集成，对接设计几何信息与机器人加工运动方式和轨迹，实现机器人预制加工指令的转译与输出。建筑机器人的应用可以大大提高工效、保证质量和降低成本。再如，一种可以直接穿在身上或整合到衣服、配件上的便携式智能穿戴设备，将成为建筑工人的重要单兵装备。其通过借助软件支持以及数据交互、云端交互来实现强大的功能，与施工环境紧密结合，给建筑施工方式带来很大变革。

3）产业化发展趋势

产业化是数字化建造的发展趋势之一，以连续数字信息流为主线贯穿数字化建造全过程，实现数字化与工业化的融合发展，打造数字化建造产业链是数字化建造产业化发展的关键。基于数字化与工业化融合发展理念，建立建筑部品全生命周期的基础数据库，集成建筑部品的设计流程、工艺规划流程、制造流程等，综合运用计算机技术、虚拟现实技术、仿真技术、网络技术和人机工程技术等相关技术，在工厂里实现建筑部品的仿真、分析、实验、优化、生产加工、检测等一体化流水制造，并逐步往上下游延伸，构建数字化建造产业链。同时，依托工厂化制造的高效率、低成本、高质量的生产优势，充分发挥产业链的资源整合和协同优势，实现模型数字化、设计数字化、流程数字化、设备资源数字化、制造数字化与建造数字化，使数字化建造的各个环节均达到数字化、精细化、标准化、模块化发展水平，从整体上解决数字化建造过程中的各种问题，实现综合最优。

4）协同化发展趋势

一个工程建设项目，从收到客户需求，到完成设计方案自施工单位交底后进行施工建造，再到项目运行维护管理，业主、设计单位、施工单位、监理单位、供应商等不同单位或部门都不同程度地参与其中，在此过程中资源整合问题、沟通理解程度、工作协调效率、工作标准问题等在很大程度上影响和制约着工程建造的效率和质量。因此，协同化发展趋势是装饰工程数字化建造发展的重要方向。

通过建立贯穿项目全过程的数字化协同管理平台，使得各参建方在项目初期就能够介入管理工作，通过整合工程中模型、文档、图纸等各类静态数据，实现多用户之间的信息交互和共享。数字化协同管理平台，为装饰工程的项目全过程管理提升了效率与质量。以虚拟现实为基础，将工程项目置于数字化环境下，使项目各参与方在一个平台中进行沟通、决策、协调，最终完成项目协同管理。在设计阶段，能够保障各专业模型协调一致，在多专业协同设计下，提高设计工作效率；在施工阶段，优化项目进度、实施成本、施工质量，对项目管理工作进行合理协调；在运维阶段，借助全信息模型，可持续地对项目运营提供帮助。

装饰工程
数字化勘察测量技术

Digitalized Reconnaissance & Survey Technology
of Decoration Engineering

第 2 章
Chapter 2

2.1 概述

装饰工程前期勘察测量工作是指为满足工程建设的规划、设计、施工、运营及修缮等需求，对既有建筑或施工现场既有主体结构进行测量测绘作业，并提供可行性评价与建设所需的基础资料。作为一项工程的首要环节，做好前期勘察，可以对建设场地做出详细论证，保证工程的合理进行，促使工程取得最佳的经济、社会与环境效益。工程勘察设计水平的好坏，直接关系到工程建设项目的好坏，工程勘察设计对固定资产投资具有先导和决定性的影响。

随着数字技术及空间信息技术的快速发展，全球定位系统（GPS）、无人机航拍、倾斜摄影测量、三维激光扫描等技术凭借无接触、高速度、精度可靠等优势成为当下建筑装饰工程勘测数据采集的常用辅助手段，并以点云模型、建筑信息模型（BIM）等逐步丰富了测绘成果表达。数字化测绘技术的广泛应用及快速发展，使得现阶段建设工程的前期勘测数据从采集、获取、管理到展示利用的全过程实现了数字化和快速化。

2.2 无人机航拍配套技术

2.2.1 无人机航拍配套技术简介

无人驾驶飞机简称"无人机"（UAV）。是利用无线电遥控设备和自备的程序控制装置操纵的不载人飞行器，可以实现高分辨率影像的采集。

无人机航拍技术在工程建设领域有着广泛的应用，多用于城市规划、遥感测绘、电力巡检等方面。在装饰工程领域，由于无人机具有灵活性高、体积小、成本低等特点，能够在危险区域或不利于人工高空作业的区域进行勘查和拍摄，因此多用于既有建筑的外立面检查及无接触式测绘。

2.2.2 室外装饰工程无人机分类与分析

无人机从技术角度进行分类可分为：无人固定翼飞机、无人垂直起降飞机、无人飞艇、无人直升机、无人多旋翼飞行器、无人伞翼机等不同类型。相较载人飞机，其具有体积小、造价低、使用便捷等优势（图2-1）。在建筑装饰外墙施

图2-1 多旋翼民用无人机

工前的勘察阶段，一般选用多旋翼无人机进行航拍作业及测绘工作，其具有操控性强、可垂直起降和悬停等特点，由传感器、导航系统、控制系统、动力系统、故障诊断系统、决策及规划系统组成，主要适用于低空、低速、有垂直起降和悬停要求的任务类型。在建筑外墙勘测的设备选型中，应根据不同的作业需求，选择合适的无人机型号（表2-1）。拍摄小型建筑的相片及视频影像作为留档时，可选用体积小巧不占空间、机身可折叠便于携带等优势的机型。拍摄大型建筑、工作量较大或需倾斜摄影时，可选择续航能力强、抗风性能好、可定焦、可对焦的机型。对于精度要求较高的作业，选择可搭载单反级别高精度镜头的机型，支持双控、提供无损DNG格式图片视频，画质极佳，高精度的成果输出。

表2-1 常见无人机类型

分类方式	仪器类型				
飞行平台类型	旋翼	固定翼	扑翼	伞翼	无人飞艇
用途	军用（诱饵、侦察、通信中继、电子对抗、靶机、无人战斗机）		民用（气象、农用、巡查/监视、勘探、测绘无人机）		
尺度	微型（≤7kg）	轻型（7~116kg）	小型（116~5 700kg）	大型（>5 700kg）	
飞行任务高度	超低空（≤100m）	低空（100~1 000m）	中空（1 000~7 000m）	高空（7 000~18 000m）	超高空（>18 000m）
活动半径	超近程（≤15km）	近程（15~50km）	短程（50~200km）	中程（200~800km）	远程（>800km）

2.2.3 室外装饰工程无人机技术应用场景分析

无人机航拍摄影是以无人驾驶飞机作为空中平台，以机载遥感设备，如高分辨率CCD数码相机、轻型光学相机、红外扫描仪，激光扫描仪、磁测仪等获取信息，用计算机对图像信息进行处理，并按照一定精度要求制作成图像，是集成了高空拍摄、遥控、遥测技术、视频影像微波传输和计算机影像信息处理的新型应用技术。

近几年建筑行业的无人机增长率远高于其他行业应用。无人机技术可以运用在项目全生命周期的各个阶段，如前期勘察阶段、设计阶段、施工阶段、运维阶段等。在建筑装饰领域，通过无人机航拍，能够以更加高效和安全的方式实现高空勘察作业，完成数据采集，同步记录影像资料。无人机航拍在倾斜摄影技术、RTK技术，以及红外成像技术的加持下在城市修补和有机更新中发挥着至关重要的作用。

2.2.3.1　基于无人机勘测技术的外立面高效率劣化分析

许多既有建筑经过多年风雨的洗礼，已出现多处破损，现场的勘察体量大，使用传统手段无法快速排摸。而航拍技术可以根据现场破损情况拍摄大量照片，通过照片方便快捷地查看现场破损情况，并可以编制出一个外立面修缮内容分析表，在进场施工前就可以基本锁定外墙的修缮内容和相应工作量（图 2-2）。

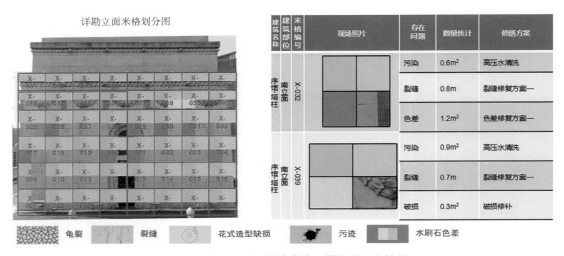

图 2-2　基于无人机航拍的外立面修缮方案策划

2.2.3.2　基于 720° 全景技术的建筑环境观感分析

720° 全景即水平 360° 和垂直 360° 环视的效果，在照片基础之上通过软件处理之后得到三维立体空间的 360° 全景图像，能给人以三维立体的空间感觉，使观者犹如身在其中，最大限度地保留了建筑环境的真实性。通过无人机勘察发现黄浦区 106 号项目外立面出现脏污、龟裂、裂缝、空鼓、脱落、色差等问题的照片合成到 720° 全景内（图 2-3），可以真实反映建筑劣化情况并且结合远近景特写照片，可确定修缮位置、修缮内容，进而用于制定外立面修缮方案。

图 2-3　基于 720° 全景技术的建筑环境观感分析

此外以720°全景图所提供的定位信息和近景照片提供的材质纹理及色彩信息为依据，日后的小样确认及现场施工样板的选址都可以提前确定。并且可以用网页端或者二维码方式进行分享、查看，操作简单，查看便捷，为后续建筑的修缮，存档以及宣传打下基础。此项目应用720°全景技术达到了以下效果：

① 现场任意角度查勘。通过自动全景加局部手动近距离拍摄的方式拍摄了近1000张照片后生成的图像模型。基本实现可以场地任意角度查看的要求，通过设置相应位置按钮实现场景切换。

② 局部放大勘察。通过手动近距离拍摄的方式可对画面重点部位进行细节处的放大。

③ 施工工艺标准。在重点破损部位可添加文字标注，确定施工工艺，使实施人员快速便捷地了解破损部位并对其进行精确修缮。

2.2.3.3　基于倾斜摄影技术的建筑外立面数字建模与分析

由于年代久远，许多老旧建筑修缮工程中存在原设计图纸丢失、损坏等情况，需要在改造前期进行旧建筑的重新测绘，以确保修缮工作的顺利进行。传统的测量需要在建筑外部搭设脚手架之后进行人工测量，效率很低，也容易出错和漏测。相比传统的测绘方式，应用无人机倾斜摄影技术进行测绘工作具有较大的优势，具体如下：

① 创新性。建筑改造前，一般仍然处于运营状态，因无明确身份，施工方往往无法通过应用传统测量方法展开工作，而无人机作为一种新兴技术不仅可以无接触式进行整体建筑群的查勘，还可以将现场查勘部分工作提前，不占用施工周期，实现不搭设脚手架进行查勘工作。

② 实用性。无人机技术的查勘实际操作仅需1~2人即可，相较于传统搭建脚手架方案，能够减少一半以上的测量难度和人工成本。

③ 功能性。不同于传统测绘技术需要大规模的上人实地测量，应用无人机倾斜摄影模型，可以在任何地点进行构件的测量，精准度高，误差小。并且可以实现不上人进行高空勘察工作。

无人机倾斜摄影技术是由传统航测技术发展而来，基于新型成像系统的倾斜摄影技术以其独特的优势，近年来在无人机技术的支撑下得到了飞速发展，颠覆了传统正射影像只能从垂直角度拍摄的局限。通过在同一飞行平台上搭载多台传感器，同时从一个垂直、四个倾斜等五个不同的角度采集航区地形地物全方位的高分辨率纹理信息及地理坐标信息，全面、清晰地感知复杂场景，高精度还原真实地形地物细节，弥补传统航空摄影的局限性，具有效率高、成本低、自动化等优势。

上海市建筑装饰工程集团有限公司在上海展览中心外立面修缮项目中利用无人机倾斜摄影技术进行建筑的高度、长度、面积、角度、坡度等测量（图2-4）。

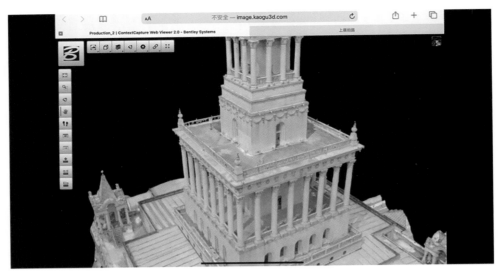

图 2-4　倾斜摄影技术

2.2.3.4　基于 RTK 技术的幕墙运维管控

无人机航拍在建筑工程领域中，较多应用于城市规划、勘察测绘等方面。在检测领域应用中，也多集中在电力线路检测、桥梁检测。在对建筑物既有幕墙安全可靠性检查鉴定方面的应用几乎未曾提及。由于无人机本身具有高灵活性、效率高、成本低的特点，并且能在特别危险的区域或不利于人高空作业的区域活动探测。因此使用无人机航拍进行既有幕墙的外观检查有着独特优势。

RTK 技术是基于载波相位观测值的实时动态定位技术，它能够实时地提供测站点在指定坐标系中的三维定位结果，并达到厘米级精度。

在既有幕墙工程中，必不可少的就是外观检查工作。使用无人机航拍录像与传统使用人力高空作业检查相比，主要优势表现在以下几个方面。

① 操作方面。无人机飞行方便，可执行向前飞行，向后飞、盘旋、垂直飞行等特殊任务，可以重复操作。而人员高空作业吊船每次只能在一处位置上下检查，部分转角，斜面或造型特殊的幕墙无法到达检查。

② 效率方面。无人机航拍空中飞行自由度大，一般电池的续航时间在 30min，30min 的飞行航拍检查，远比传统高空作业检查工作需要重复上下左右移动吊船，要高效。

③ 安全方面。无人机自身电力系统独立运行，具备双保险措施，防止无人机意外坠落。而传统高空作业过程中，不可预见因素较多。

④ 控制方面。航拍过程可根据设计高度自由控制，在短时间内完成从低空到几百米的飞行。同时在外部环境中没有障碍的情况下，无人机可以在 10m 的低空拍摄。而人员使用吊船或筏板高空作业时，上下飞行速度会受限。

使用无人机航拍对既有幕墙工程进行外观检查，是一项无人机在建筑行业领域上的

创新应用。既增加了对超高层幕墙工程外观检查时的检测手段，也解决了在异型幕墙工程中外观检查难题。在使用无人机航拍录像过程中，能对幕墙各部位进行全局拍摄查验。依据检查成果，相关方能够全面掌握幕墙故障信息，并采取相应措施进行整改，消除严重安全隐患。对故障程度较重但暂未处理的隐患，可持续监控其状态，做到心中有数。作为新型技术检测手段，可将无人机航拍后的录像和图片进行数据处理，结合 BIM 模型对建筑物的外幕墙的监控数据进行详勘记录存档，让管理部门能够对建筑的既有幕墙安全可靠性有详细的了解和掌握。

2.2.3.5　基于红外线成像技术的数字诊断

无人机红外热像技术是无人机搭载红外热像仪，利用一切物体都辐射红外线的原理，对其物体表面红外线进行分析和检测。红外热成像技术在装饰行业能够直观地快速地对外立面材料的缺损进行检测。

① 红外热成像仪的工作原理。使用无人机搭载摄像机和高精度热像设备的进行图像数据获取，检查其热成像图像，进行自动检测和分析，及时找出装饰外立面中的热异常点。

② 红外热成像技术的应用。热成像技术可以检测出如积水、腐蚀、脱黏、分层、结冰、空鼓、墙面脱落、外墙开裂、墙面渗透、结构胶断裂等，这是因为建筑物表面在自然条件下所形成的缺陷与损伤，造成物体表面产生较大温差，从而在图像中显示出差异（图 2-5）。

图 2-5　红外热成像技术比对图

该检测方式有着无接触式，无须人力就可以检测比较高的大楼，且效率高，应用面广的优点从而被广泛使用。

① 破损检测。饰面砖在建筑外立面装饰很常用，但是饰面的黏接不佳会导致装饰外墙的破损以及剥落，同时也很容易造成外墙的潮湿和渗漏等问题。无人机的红外热像技

术可以检测出外墙出现异常的地方，及时整改，减少安全隐患。

　　② 空鼓检测。在装饰外立面工程中，新旧混凝土黏结面脱黏，砂浆抹灰层与基层混凝土出现局部或者大面积脱开的现象，饰面砖与基层墙体局部或大面积的脱开等，通常称为空鼓。空鼓部位形成空气隔热层。若外墙饰面层表面温度比基层墙体的温度低时，由于基层墙体的热容量很大，热量会由基层墙体传递给外墙饰面层。此时也是由于空鼓形成的空气层的隔热作用，导致外墙饰面层表面温度长时间升不上去，那么在红外成像图中此区域对应的图像为"暗斑"（图 2-6）。因此，红外热像仪所拍摄的图像能帮助人们观测缺陷的位置和大小，具有检测迅速，工作效率高，区域位置和大小比较准确等的优点。

图 2-6　基于无人机航拍的外墙空鼓检测

　　③ 渗漏检测。墙体出现渗漏的部位通常会有积水，水的导热系数通常比墙体材料的大，也就是有积水的部位传热性能通常比无积水的部位好。建筑物墙体表面在升温过程或者降温过程中，存在渗漏的部位与未渗漏部位因热传导性能的差异，会导致表面温度出现差异，通过红外热像仪就可以很直观地捕捉到这一信息，从而帮助人们进行甄别。

　　④ 裂缝检测。裂缝检测建筑物施工时，砖、砌块砌体中砌筑砂浆铺浆不满，造成通缝；混凝土浇筑振捣不密实，或未受到良好养护，导致出现裂缝。建筑物在使用过程中也会因结构不均匀沉降、遭受撞击或地震等原因而导致开裂。裂缝不仅影响建筑物的承载力和安全性，而且导致雨水渗漏、潮湿、发霉等问题。建筑物墙体、屋面、地面较宽裂缝可以通过肉眼辨别并及时采取措施进行处理，但隐蔽的裂缝难以被人们发现。这时，红外热成像法就可以发挥其独特作用了。如图 2-7 所示，从墙体的红外热像图中可以清楚看到其中间部位有一条颜色不同于周围区域的绿色区域，而在实际墙体的对应部位却很难通过肉眼观察到裂缝的存在。该图于雨后通过红外热像无人机拍摄。下雨导致裂缝内部进水，待表面水分干燥后，由于裂缝中的水没有蒸发掉。与墙面其他部位相比，裂

缝部位因水分继续蒸发而显得温度较低，在红外图像中即呈现出与周围明显不同的冷色，由此可判断，这条线状区域墙体表面存在裂缝所致。

热成像无损检测是在建筑物质量检查方面具有良好应用前景的检测技术，具有非接触性检测、灵敏度高、检测覆盖范围广、检测结果可靠性高等优势。

图 2-7　基于无人机航拍的外墙裂缝检测

2.3　三维扫描技术

2.3.1　三维扫描技术简介

三维扫描是指集光、机、电和计算机技术于一体的高新技术，主要侦测并分析现实世界中物体或环境的形状（几何构造）与外观数据（如颜色、表面反照率等性质），并获得物体表面的空间坐标。

三维扫描技术也被称为"实景模型复制技术"，与传统的平面扫描技术不同，三维扫描的对象不再是平面图案（图纸、照片等），而是现实场景中的实景物体。得到的不是某一个平面的数据，而是具有三维坐标、实物色彩等信息的数字化模型。它是利用三维扫描仪采用非接触式高速激光扫描测量的方法，以阵列式点云的形式获取复杂物体表面的三维空间数据技术。现已经成为众多行业获取三维空间数据的重要手段。根据所采集的高精度三维点云数据，能够精确测量、逆向建模、结构提取、二次设计等多方面应用。具有非接触、扫描速度快、实时性强、精度高、主动性强、全数字特征等优势。

相比传统的测量方式，三维激光扫描仪测量具有很多的优势。

① 便捷：三维扫描仪可对空间的距离、标高、空间坐标同时测量，不需要其他测量工具的配合。

② 高效：三维扫描仪在短时间内可完成对各种形体的建筑空间测量，以 Faro X130 型号为例，可在 10min 内完成半径范围 20m 的空间测量，不需要其他任何辅助设施。

③ 高精度：目前市商用三维扫描仪测距精度最高可达 50m 内 1mm 误差。

④ 数据存储方便：三维扫描仪所测量的数据均可直接用 SD 卡储存，可传入各种计算机处理设备用于数据的处理、存档。能记录下整个建筑所有内外空间的外观、色彩、纹理特征、现存状态及历史信息等。

三维激光扫描技术目前在建筑领域已经得到了广泛的应用，包括古建筑测绘、隧道和桥梁检测、建筑装饰、轨道交通等方面。

2.3.2 三维扫描仪分类

三维扫描仪分类。三维扫描技术依据需求的不同（扫描精度、扫描范围和扫描环境的不同），所使用相配套的三维扫描设备也要随之改变。一般设备扫描的精度与适应的扫描范围成反比，按照精度由大到小排列依次可供选择的设备有工业级拍照式三维扫描仪、工业级手持激光三维扫描仪、非工业手持白光三维扫描仪、架站式三维扫描仪、手持 SLAM 三维扫描仪、车载三维扫描仪和机载三维扫描仪。三维扫描系统分类如表 2-2 所示。

表 2-2 三维扫描系统分类

分类		组成特点	应用特点
手持式三维扫描系统		手持测量或者配合机械手臂测量	小型物件扫描，狭窄空间扫描
移动式三维扫描系统	机载型	一种搭载在无人机、直升机等小型飞机上的三维扫描系统，搭配 GPS、计算机数据采集装置使用	大范围地面测量
	船载型	一种搭载在船上的扫描仪，搭配惯性导航及卫星导航系统使用	大范围海洋、江河湖泊测量
	车载型	一种搭载在车辆上的雷达系统，搭配惯性导航及 GPS 系统、CCD 相机使用	快速对地面移动测量
	星载型	一种搭载在卫星上的雷达系统，搭配光机平台、星敏、陀螺仪、激光测距传感器、激光测距相机与激光断面仪等装置应用	地球、太空其他星球测量
架站式三维扫描系统		一种集成扫描仪控制系统、内置数码相机等装置的设备	固定的大型建（构）筑物等近景测量

装饰工程中所使用的其操作特点可分为三类：架站式、车载式和手持式，其工作场景如图 2-8 所示。

（a）架站式 　　　　（b）车载式 　　　　（c）手持式

图 2-8 三维激光扫描系统

手持式三维激光扫描仪的数据精度为工业级，最高可达 0.02mm，一般用于对精度要求较高的场景。手持式三维激光扫描仪适用于扫描体量较小的物体，投影面积不超过 2m²。尤其在异形建筑构件、历史建筑雕花、装饰等小型构件的扫描中得到广泛应用。

移动式三维扫描仪可细分为机载型、船载型、车载型和星载型，日常使用时较为方便，但因其厘米级的精度限制，在装饰工程中使用场景较少。

架站式三维扫描仪的绝对精度通常为毫米级，偏差值不超过正负 3mm，能够针对建筑结构、外立面等工况需要，获取精确的数据质量。

2.3.3 装饰工程三维扫描技术应用场景分析

2.3.3.1 基于站架式三维扫描技术的高精度数字化测绘

随着计算机技术的普及与 CAD\CAM 软件的更新迭代，建筑设计技术也随之进步。出现愈来愈多的自由曲面形体的建筑空间。而欲使这些异型建筑能够完美地实施建造，对其进行精确的测量是不可缺少的前期工作。然而，依靠钢卷尺、水准仪、经纬仪等传统测量工具已无法满足测绘出这类自由形体及高大建筑的形态，即使勉强测量出的结果也存在着较大的数据误差，测量数据无法作为后期建筑应用的数据依据。如图 2-9 所示为北京大兴机场内部空间自由曲面形体建筑空间装饰效果图。

图 2-9　北京大兴机场室内空间装饰建造效果图

相比较传统测量方式，三维扫描仪更能胜任高大异型空间测量工作，测量数据更加精准、全面，无须借助其他大型辅助设施，如脚手架、爬梯等，从而实施安全系数也更高。

在上海九棵树艺术未来中心项目中，应用三维扫描仪，采用无标靶配准模式，对剧场内部主体结构实施三维扫描测量，扫描测站间距控制在 10m 之内，共测站点 33 个。通过专业点云处理工具对点云数据进行去噪、简化、配准以及补洞等处理，进而建立真

图 2-10　九棵树未来艺术中心剧院土建结构点云数据模型

实的物体数据模型。图 2-10 为九棵树未来艺术中心剧场的土建结构点云数据。基于点云数据进行模逆向建模，得到整体三维数字模型，基于土建结构三维数字模型对装饰木饰面模型尺寸进行优化调整，确保深化成果与现场结构的适配性，降低结构偏差对装饰预制构件的影响（图 2-11）。

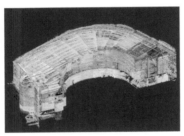

（a）东区大堂三维扫描数据

（b）东区大堂点云数据逆向模型

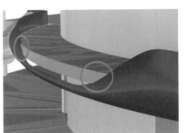

（c）GRG 设计模型与点云模型对比

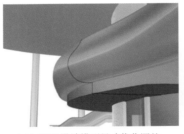

（d）GRG 设计模型尺寸优化调整

（e）东区大堂 GRG 效果图

（f）东区大堂 GRG 安装完成图

图 2-11　九棵树未来艺术中心东区大堂拦河基于三维扫描的深化设计、加工、安装图

2.3.3.2　基于手持式三维扫描技术的复杂构件工业级数字化还原

随着我国实行改革开放，社会经济飞速发展，人民的生活水平日益提高。历史建筑遗产的保护越来越重视，我国历史建筑的修缮数量逐年攀升。与此同时，老旧建筑功能与外观形式已逐渐不能满足当下人民日益增长的需求。从而城市既有建筑更新改造与历史建筑修缮项目越来越多。

由于历史原因，许多老旧建筑并未有原设计图纸存档或者存档图纸丢失损坏，原始设计数据丢失导致历史建筑的改建与修缮困难重重。为了使城市老旧建筑能焕发新颜，对老旧建筑进行重新测绘则是改造前不可缺少的基础环节（图 2-12）。水准仪，测距仪，钢卷尺等传统测量设备，面对体量大、内部结构空间复杂、建筑构件多样的老旧历史建

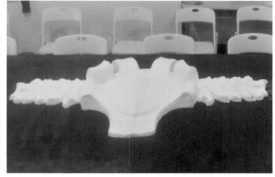

图 2-12　利用三维扫描系统对历史保护建筑构件进行扫描还原

筑测量时显得捉襟见肘，一是无法保证建筑几何尺寸的测量精度；二是耗时耗力，有时甚至需要搭设脚手架来辅助测量，工作效率极低。

以三维扫描的点云模型为依据逆向建模能快速获取建（构）筑物外轮廓、建筑构部件以及建筑空间的几何尺寸。利用这些数据不仅可以精准地还原既有建筑的现有风貌和设计图纸还能结合 3D 打印技术还原历史建筑零部件。从而利用三维扫描系统测量可以为既有建筑的改造设计提供翔实、准确的数据。

在新昌城老城区旧改项目中为了确保数字留档的真实还原，采用了手持扫描仪 1 ∶ 1 扫描还原了石库门门头（图 2-13、图 2-14）。手持式三维扫描仪工业级的数据精度，最

图 2-13　手持三维扫描设备扫描前贴点

图 2-14　现场三维扫描

小误差为 0.02mm，扫描获取三角网格模型后可以使用 Geomagic 系列软件的特征创建功能获取关键尺寸。可以使用圆柱拟合功能拟合此石库门头的圆柱形部分（图 2-15），可以获得此结构的直径、高度等尺寸数据（图 2-16）。

图 2-15 扫描成品

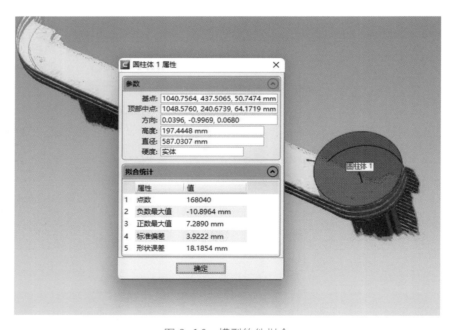

图 2-16 模型软件拟合

2.3.3.3 基于三维扫描的幕墙高精度定位技术

在幕墙工程建造中，由于土建主体结构施工队伍的质量控制水平参差不齐，建筑的主体结构在施工中难免会产生误差，相当多的误差都已经超出了施工验收规范。而幕墙必须依附于建筑主体结构安装，土建主体结构施工中的误差给幕墙的建造安装也随之带来了许多问题，其中以土建结构建造偏差过大导致幕墙构件无法正常装配最为常见。从而不得不对幕墙设计进行变更，而部分构部件尺寸不满足安装要求需重新生产造成浪费，影响工期。所以幕墙构配件在下料生产之前，首先必须对现有土建主体结构进行测量，其次通过获取主体结构的既有建造数据，根据土建的现场尺寸对幕墙的原设计图纸尺寸进行相应的调整，使之满足现场结构的安装需求。最后根据调整优化后的图纸进行深化设计，出具满足施工安装要求的幕墙构配件生产图纸，方能使幕墙建造安装与既有主体结构做到完美契合（图 2-17）。

图 2-17　钢结构外立面扫描模型比对（红色为设计模型，灰色为现场扫描模型）

由此而知，幕墙深化设计前对建筑主体结构测量，获取现结构场原始数据极为重要。在商业民用三维扫描仪普及之前，传统幕墙施工企业多是通过全站仪、线坠、钢卷尺等工具完成主体结构尺寸复核工作的。但利用这些工具对主体结构外轮廓的测量效率极低，且精度也会因人为操作的原因造成较大的误差。而通过三维扫描可以在短时间内完成测量，2 天内可完成对一栋占地 10 000m²、高 50m 的单体建筑进行测量，且测量精度之高也是传统测量方式所无法比拟的（部分三维扫描仪的精度可达到测距 50m 之内 1mm 的误差）。

上海市建筑装饰工程集团有限公司参与的成都天府国际机场旅客过夜用房外幕墙工程中，应用三维扫描仪对天府之眼钢结构进行全局扫描，然后将扫描后的点云模型与设计理论模型进行比对分析偏差（图 2-18）。根据偏差数值重新优化设计幕墙模型，避免了在施工中出现幕墙构件与钢结构主体不匹配的问题。

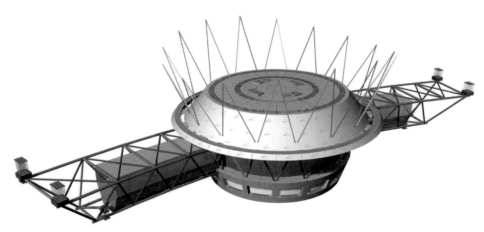

图 2-18 根据扫描数据优化后的外幕墙模型

2.3.3.4 基于点云分析技术的地坪验收技术

基于点云分析技术的地坪验收技术是建筑装饰行业中的一项新兴技术，它主要通过采用激光扫描技术，对地坪进行点云分析和三维模型重建等处理，并通过数据进行现场实时验收，从而提高了地坪验收的效率和准确度，为建筑行业的质量管控提供了新的手段和方法。

针对室内大空间，运用基于点云分析地坪验收技术可以大大提高地坪的验收效率和精度，并简化验收过程中的不必要的沟通和时间浪费，进一步缩短验收周期。通过三维扫描仪对地坪进行完整扫描并重建，预设算法求出各区域内起伏最大的差值，从而判断该区域地坪平整度是否符合验收标准。该技术不仅可以大幅提升现场验收的效率和质量，还可以实现地坪状态的数字化记录，有助于后期的维护和管理，进一步推动建筑装饰行业的数字化、智能化和高效化转型，为行业的可持续发展提供新的支撑和机遇。

在上海衡山宾馆大修及改造工程的验收工作中，采用了基于增强现实技术的施工质量智能复核，通过构建虚拟辅助模型，在拍摄的装配结果图像中定位检测关键区域，过滤冗余图像信息，进而基于图像检测模型对机电管线定位安装的关键节点位置进行判断，基于计算构件邻域平均重合度的方法求得了安装路径的重合度，基于相机逆投影的方法得到构件的弯曲半径（图 2-19）。最后，利用 HoloLens2 开发了基于增强现实技术的施工质量智能复核技术。借助 AR 技术对施工质量进行检测，有着传统靠尺、水平尺等局部人工检测的手段不可比拟的优势，其检测结果更加全面、客观（图 2-20）。

图 2-19 基于增强现实技术的机电管线施工质量智能复核

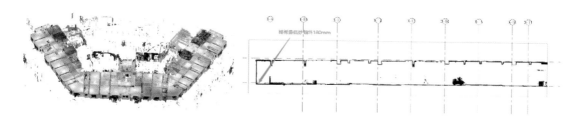

图 2-20　地面平整度检测

2.4　全站仪测量技术

2.4.1　全站仪测量系统简介

2.4.1.1　概述

全站型电子速测仪简称全站仪，是一种集光、机、电为一体的高技术测量仪器，可以同时进行角度（水平角、竖直角）测量、距离（斜距、平距）测量、高差测量和数据处理等功能于一体的测绘仪器系统，由电子测角，光电测距，微型机及其软件组合而成的智能型光电测量仪器。因其一次安置仪器就可完成该测站上全部测量工作，所以称之为全站仪，世界上第一台商品化的全站仪是 1971 年联邦德国 Opton 公司生产的 Reg Eld14。全站仪因其操作简单高效、测量功能齐全、快速安置、环境适应性强、自动双向修正等特点，被广泛应用于建筑、桥梁、隧道等工程测量和变形监测领域。

2.4.1.2　全站仪的基本构成

全站仪由测量系统（角度与距离测量）、数字计算机、输入输出单元三大部分组成（图 2-21）。全站仪的基本功能是测量水平角，竖直角和斜距，其基本原理是电子测距技术和电子测角技术，借助于机内固化的软件可以组成多种测量功能，可以计算并显示平距、高差以及镜站点的三维坐标，进行偏心测量、悬高测量、对边测量及面积计算等。

全站仪构造的四个特点。

三同轴望远镜：目前全站仪基本上采用望远镜光轴（视准轴）和测距光轴完全相同的光学系统，一次照准就能同时测出距离和角度（图 2-22）。

键盘：硬键（固定功能）、软键（变动功能）。

数据存储与通信：标准的 RS-232 通信接口，双向数据传输，数据传输记录有三种方式，通过电缆将仪器的数据传输接口和外接的记录器连接起来；仪器有一个大容量的内存，用于记录数据；采用插入数据记录卡。

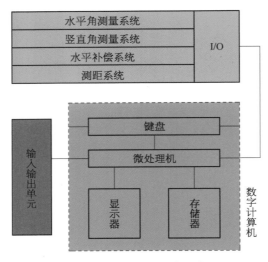

图 2-21　全站仪基本构成

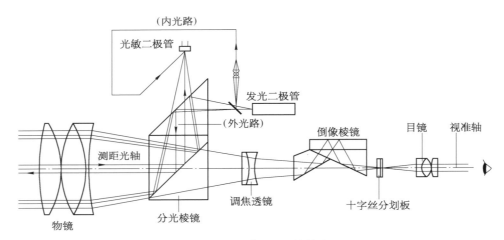

图 2-22　全站仪望远镜构造

　　电子传感器：用于竖轴误差消除，仪器能自动将竖轴倾斜量分解成视准轴方向与横轴方两个分量进行倾斜补偿，也即双轴补偿。

2.4.1.3　全站仪的测量原理

　　（1）电子测距技术。

　　电子测距的基本原理是利用电磁波在空气中传播的速度为已知这一特性，测定电磁波在被测距离上往返传播的时间来求得距离值。但是，这种直接测距的方法实现起来非常困难，当要求较高的测量精度时，对测量时间的要求很高，这在实践过程中非常困难的。因此，在实际的测距过程中可以根据此原理采取改进的方法进行测距。

（2）电子测角技术。

电子测角技术是角度测量的数字化，即自动数字显示角度测量结果，其实质是用一套角码转换系统来代替传统的光学读数系统。这套转换系统有两类：采用光栅度盘的"增量法"测角；采用编码度盘的"绝对法"测角（图2-23）。

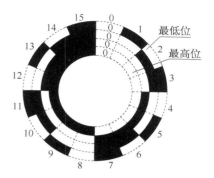

图2-23　刻度盘码道划分

2.4.2　全站电子测距应用分类场景分析

2.4.2.1　室外幕墙安装

室外幕墙构件安装依附于建筑主体结构，由于土建主体施工精度极难控制，与施工图设计尺寸有一定的偏差，所以在幕墙施工前需对主体结构的垂直度、幕墙预埋件、结构梁标高等数据进行复核，然后再根据测量的数据对幕墙的施工图进行优化调整，从而达到幕墙构件生产、安装尺寸数据与主体结构吻合的目的。

为了提高数据测量采集的效率，针对一些比较常规的几何体形的建筑，通常会采用全站仪来进行测量收集数据，只需针对一些建筑几何形体的特征点进行测量，即可处理得到建筑的基础体量模型或二维形体展开图纸，用于与幕墙施工图和施工图模型进行比对分析，检测其误差。

相对于传统的测量方式，比如线锤、钢卷尺等测量工具，全站仪具有精准、高效、简便、节省资源的优势。如全站仪测量建筑垂直度无须多人配合，也无须更多的安全防护措施与脚手架等辅助设施。

上海市建筑装饰工程集团有限公司在西安武隆酒店项目中，施工团队利用全站仪对100多米的超高层建筑主体结构与预埋件点位与垂直度进行核查，整个作业过程由两位技术人员花费三天时间完成，未借助任何其他的辅助设施与资源。

2.4.2.2　室内装饰装修

与室外幕墙构件安装同理，室内装饰构件也是依附于主体结构，所以在室内装饰构件加工安装前，也需要对主体结构数据进行采集测量。

1）异型平面构件测量

一般比较方正的、楼层不高的普通空间只需要用钢卷尺等简单工具进行测量，且效率和精度均能保证。当遇见弧形等非流线的建筑形体时，则常规测量工具显得有点捉襟见肘，不能满足测量的要求。此时可根据项目的要求利用全站仪对主体结构测量，采集适量的点数据，将点数据串联，即可提取现场结构构件的轮廓。

2）高大空间顶部测量

当室内楼层空间过高，借助升降车等施工装备无法测量时，可利用全站仪对顶部的梁底标高，机电管底标高，或者钢架转换层的连接点等数据进行采集，收集的数据用于指导装饰天花标高调整和天花基层龙骨安装。

全站仪与三维扫描仪测量精度平分秋色，都具有很高的数据采集精度，但全站仪测量效率和测量范围不如三维扫描仪，比如面对双曲面异型空间，全站仪则显得无能为力。但全站仪更经济，对距离较远的构件进行特征点测量更具有灵活性的优势。

上海市建筑装饰工程集团有限公司参与建造的成都天府国际机场航站楼室内装饰工程中，项目团队利用全站仪对高达 10 多米的网架结构的铰接球底进行数据采集，为装饰吊顶的钢结构转换层加工下料提供了精准的数据（图 2-24）。

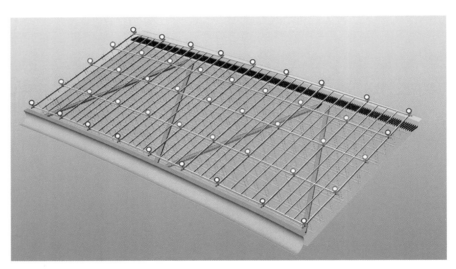

图 2-24 成都天府机场吊顶网架结构铰接球底部坐标

装饰工程
数字化设计技术

Digitalized Design Technology of Decoration Engineering

第 3 章

Chapter 3

3.1　概述

随着建筑相关行业及相关学科如智能制造、材料科学、环境工程的迅速发展，特别是目前大数据、云计算、人工智能、互动技术、虚拟及增强现实技术的不断开发，将数字化工具与装饰设计创新结合，从而形成装饰工程数字化设计技术，这种新技术可以帮助设计师更加高效地完成设计工作，提高设计的精度和质量，设计师可以在计算机上进行三维建模、虚拟漫游、材料选择、光影效果等多种操作，从而更好地呈现出设计效果。通过数字化设计技术，可以实现对装饰工程的全过程数字化管理，包括方案设计、施工图制作、材料采购、施工现场管理等各个环节。此外，依托互联网、物联网、CNC 数控设备、3D 打印、机械臂等智能机械，以此实现高精度、高效率、环保型的装饰工程数字化建造。

3.2　BIM 正向设计技术

3.2.1　BIM 正向设计技术简介

BIM 是建筑信息模型（building information model，BIM），在建设工程及设施全生命期内，对其物理和功能特性进行数字化表达，并依此设计、施工、运营的过程和结果的总称。BIM 正向设计技术是指利用模型的直观性，在三维空间中开展设计和协调并通过三维模型直接出图和提取建筑构件信息的行为。区别于先二维设计、后建三维 BIM 模型的"逆向"翻模行为，BIM 正向设计以 BIM 模型为中心，实现设计的数字化和信息化，提高沟通效率。可用于方案设计、方案比选、确定构件尺寸、下单下料、施工深化、工程算量等。早在 2013 年，上海市建筑装饰工程集团有限公司承建的上海迪士尼乐园奇幻童话城堡室内外装修工程时便尝试应用 BIM 模型进行正向设计工作，并取得了一定成果（图 3–1）。

BIM 正向设计通常是指"先建模，后出图"的设计方法，是对传统项目设计流程的再造，是以三维 BIM 模型为出发点和数据源，完成从方案设计到施工图设计的全过程任务。相较传统二维设计手段，BIM 正向设计的水平、质量和效率均有提高，专业协作更加完善，内容表达更加丰富，利用三维模型和其中的信息，自动生成所需要的图纸文档，模型数据信息保持一致完整，并可持续传递应用（图 3–2）。

3.2.2　装饰工程 BIM 正向设计技术应用场景分析

在装饰工程 BIM 设计过程中，应结合项目需求、团队实施能力、技术成熟度等方面确定应用范围。装饰工程 BIM 正向设计可应用于装饰方案设计、初步设计、施工图设计、深化设计等阶段。

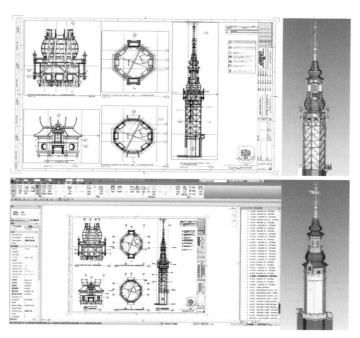

图 3-1　模型生成二维图纸

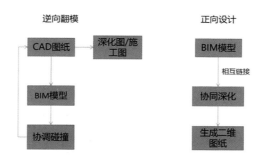

图 3-2　三维、二维设计异同

施工图设计是装饰工程中最重要的部分之一，BIM 正向设计主要可以应用在以下几个方面：

1）基层净空检查

在装饰模型建立完成后，整合建筑、结构、机电模型，检查是否存在装饰基层空间不足的问题，现有空间是否能满足饰面要求。若有问题，则需要与设计师及时沟通调整方案，减少现场返工率。

2）饰面排版、工艺优化

与方案设计更专注美观不同，装饰工程施工阶段深化设计需要调整饰面材料的分割排版，在不破坏原设计意图的情况下，形成更利于块材切割，更节省材料，易于运输安装的排版方案。同时利用 BIM 正向排版可直观地照顾到墙、顶、地的对缝和错缝关系（图 3-3）。上海市建筑装饰工程集团有限公司在 2019 年承接的大宁久光百货室内装饰工程中，应用 BIM 模型进行饰面的排版，并进行工艺优化。

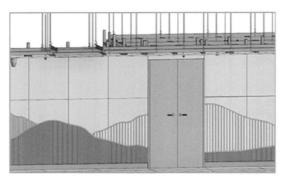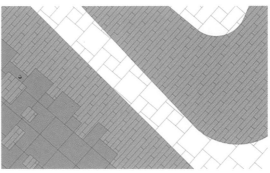

图 3-3　饰面排版

同时，现代装饰工程越来越多地出现曲面异形结构，常规二维设计和手绘均无法完成其分割深化。利用 Grasshopper、Catia 等 BIM 软件，可对其进行参数化分割，直接提取数据，生成料单。避免了传统工艺现场切割，大量浪费的现象。提高了效率，降低成本（图 3-4）。

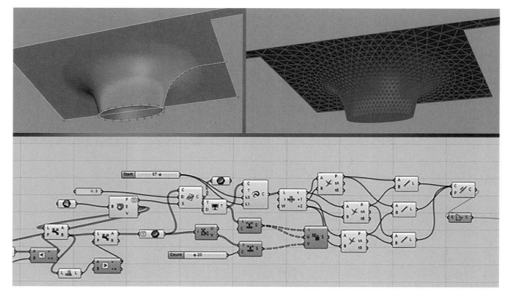

图 3-4　北外滩世界会客厅星空厅 BIM 优化分块设计

3）末端点位检查定位

在完成饰面分割后，检查原设计末端点位的位置是否满足其美观要求、应用标准，

以及所在位置的基层情况是否满足其末端的安装。可直接利用三维模型，及时与设计进行沟通协调，提高沟通效率。

4）基层构件方案设计及排布

装饰基层构件方案设计主要需要考虑荷载安全性要求和收口美观要求。在三维中观察其与其他专业的关系，确认内部节

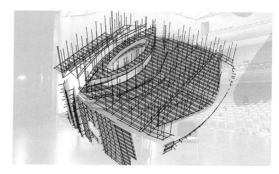

图 3-5　上海国际舞蹈中心饰面基层排布

点和收口节点，并根据版面排布完成基层构件的排布模型（图 3-5）。

3.2.3　装饰工程 BIM 正向设计技术软件分析

装饰工程包含的内容非常丰富，有住宅装修、工装装饰、幕墙工程和陈设装饰，而每个装饰工程设计风格又各不相同，导致材料种类繁多，工序复杂，涉及专业工种和需要与之协调的其他专业亦多。所以在装饰工程 BIM 正向设计的软件选择上，一般选择"核心建模软件 + 其他专业软件 + 模型检查软件"的组合模式。

核心建模软件是项目基础模型搭建和项目信息的集成整合传递的平台，统一出图的标准。常见的核心建模软件有：Revit、Civil 3D、Archi CAD 等。装饰正向出图不光需要装饰饰面和构件信息，还需要其他专业，如钢结构，机电等专业的模型衬底，Revit 的链接功能对其他模型的图面表达控制功能相对较方便，加之其使用范围最广，使用人数最多，周边开发的辅助插件多，其他专业模型也大多是由其建立的。所以装饰正向设计目前最为常用的核心建模软件是 Revit。

Revit 在建筑模型和机电模型方面优势明显，装饰设计的艺术性更强，室内往往会包含异形曲面造型。通过 Rhino 软件可以处理很多 Revit 难以实现的造型，在曲面的处理上，操作更加简洁精准，并且能够保证施工精度。BIM 出图可以选择利用参数化工具直接在 Rhino 模型上提取数据，加工图纸等。也可以利用 Revit 的体量功能，将其导入核心建模软件中，与其他专业协同出图。同时目前也有针对装饰工程开发的功能性插件可以用于辅助装饰 BIM 建模，例如：慧筑建筑模块可以协助完成装饰六面体的完成面分割等。

大型装饰工程的 BIM 模型设计工作往往是分专业、分区域进行，不同专业采用不同的软件进行建模，提交的时间和格式各不相同，需采用模型检查软件集成各种格式、各种专业的模型进行专业协调碰撞，阶段性提供轻量化的深化参考模型。常见的模型检查软件有：Navisworks、BIMsight、Navigator 等。BIM 软件选用及装饰专业应用能力如表 3-1、表 3-2 所示。

软件版本选择：选取与业主或总包规定的软件版本，避免后期由于版本不一致导致的无法整合等情况。

表 3-1 装饰设计阶段可用的主要 BIM 设计建模软件

软件工具			设计阶段		
公司	软件	专业功能	方案设计	初步设计	施工图设计
Trimble	SketchUp	造型、方案	◆	◆	◆
	Tekla	方案		◆	◆
Robert McNeel&Assoc	Rhinoceros	造型、方案	◆	◆	◆
Autodesk	Revit	方案	◆	◆	◆
	3ds Max	方案	◆	◆	
	Maya	造型、方案	◆	◆	
	ARCHICAD	方案	◆	◆	◆
Bentley	AECOsim Building Designer	方案	◆	◆	◆
	LumenRT	实景建模	◆	◆	
Dassault	CATIA	方案	◆	◆	
Geryechnology	Digital Project	方案	◆	◆	◆

表 3-2 装饰施工阶段可用的主要 BIM 设计建模软件

软件工具			施工阶段				
公司	软件	专业功能	施工投标	深化设计	加工图设计	施工管理	竣工交付
Trimble	SketchUp	装饰施工指导	√	√		√	
	Tekla Structures	钢结构深化设计	√	√	√	√	√
Robert McNeel&Assoc	Rhinoceros	材料下单	√	√	√	√	√
Autodesk	Revit	装饰建模	√	√	√	√	
	ARCHICAD	装饰建模	√	√		√	
Bentley	AECOsim Building Designer	装饰建模	√	√		√	
Dassault	CATIA	装饰建模	√	√	√	√	
Geryechnology	Digital Project	装饰建模	√	√	√	√	

　　模型应满足建设工程全生命期协同工作的需要，支持各个阶段、各项任务和各相关方获取、更新、管理信息。建设工程全生命各个阶段、各项任务的建筑信息模型应用标准应明确模型数据交换内容与格式。

　　理论上任何不同形式和格式之间的数据转换都有可能导致数据错漏，因此在有条件的情况下应尽可能选择使用相同数据格式的软件。当必须进行不同格式之间的数据交换时，要采取措施（例如实际案例测试等）保证转换以后数据的正确性和完整性。目前大多项目模型交付多以 Revit 格式文件提交，常用装饰建模软件多输出 *.ifc 格式与 Revit 进行对接。

3.3 参数化设计技术

3.3.1 参数化设计技术简介

参数化设计是一种创新的设计手段，其核心思想是将设计全要素变成某个函数的变量，通过改变算法，改变参变量的值来改变设计结果。被广泛应用于工业产品设计、建筑设计、内装设计、景观设计等不同领域。

目前常用的 BIM 软件 SketchUp、Revit、Digital Project 等，都属于"参数化辅助设计"的范畴，即使用一种或多种软件改善工作流程、工作效率的工具；通过这些工具的使用虽然能提高协同工作效率、减少错误、或实现较为复杂的造型形体，但却不是真正意义的参数化设计。

3.3.2 装饰工程参数化设计技术应用场景分析

建筑的曲面化，导致建筑的外部和内部装饰为适应这样的变化，也大量出现曲面。装饰工程参数化设计技术应用场景很多，对于一定规模的公共场所设施的装饰工程，或多或少都会包含曲面造型。常见场景包括：大型会展场馆类、主题乐园类、商业综合体类、剧场类、装饰幕墙类等。

大型场馆类：大型场馆类项目多为大跨度空间设计，结构复杂多变，室内多包含异形旋转楼梯、曲面结构构件、复杂的曲面幕墙设计等（图 3-6）。

图 3-6　北京大兴国际机场航楼效果图

主题公园类：主题乐园是为游客有偿提供休闲体验、文化娱乐产品或服务的园区，其建筑是根据特定的主题创意而建造，特点多为奇特、量大且类型多样（图 3-7）。

商业综合体类：商业综合体，以建筑为基础，融合商业零售、商务办公、酒店餐饮、公寓住宅、综合娱乐五大核心功能于一体的"城中之城"。其室内空间较大，曲面造型位置多集中于商业零售大空间中庭区域及酒店餐饮大堂、办公楼大堂等区域（图 3-8）。

（a）上海迪士尼乐园奇幻童话城堡 BIM 模型　　　　　　（b）城堡大堂吊顶实拍图

图 3-7　上海迪士尼乐园奇幻童话城堡 BIM 模型、城堡大堂吊顶实拍图

（a）商场中庭区域　　　　　　　　　　　（b）新开发银行大堂

图 3-8　大型商场中庭区域、新开发银行大堂效果图

剧场类：剧场为表演艺术形式或艺术流派的剧场。剧场的主要组成多为两种，公共大厅和观众厅。这两部分设计师都喜欢融入曲面元素，或根据整体建筑设计风格做整体曲面处理（图 3-9）。

图 3-9　哈尔滨大剧院室内外效果图

装饰幕墙类：建筑装饰幕墙是现代大型和高层建筑常用的带有装饰效果的轻质墙体。由面板和支承结构体系组成。其不仅广泛用于外墙，还应用于各类项目的建筑内部。建

筑外立面通常决定了建筑的视觉特征。随着参数化技术的发展，越来越多的外幕墙造型从四四方方的盒子演变为具有个性特征的异形建筑幕墙（图3-10）。

（a）凤凰国际传媒中心　　　　　　　　　　（b）上海外滩金融中心文化综合体

图3-10　凤凰国际传媒中心、上海外滩金融中心文化综合体效果图

3.3.3　装饰工程参数化设计技术软件分析

计算机技术飞速发展，在设计工具上，BIM设计软件应用门槛一降再降，十年前我们做参数化设计还需要自己进行编程，要学习了解大量的VB/C等基础语言，但是现在参数化设计软件不断涌现与升级，插件不断研发已可以应付各种复杂设计所需。操作曲面造型已无太多难处。这些软件可以囊括建筑行业的单个或多个阶段。对于建筑行业BIM及数字化建造技术板块，具体参数化软件包括Rhinoceros+Grasshopper、Revit+Dynamo、CATIA等。装饰专业最为常用的是前两者。两者通过使用电池组件或节点相互连接取代繁琐的程序代码做法。都属于"图形代码"的软件和插件，操作性更灵活，普及性更高。常用软件包括：

1）Rhino+Grasshopper

Rhino软件的英文全称为"Rhinoceros"是由美国Robert McNeel公司于1998年推出的一款基于NURBS为主三维建模软件。可用于创建精细、弹性和复杂的三维模型，其安装软件大小只有约200MB，对硬件的要求不高。被广泛应用于工业制造、三维动画制作、科学研究及机械设计等领域。同时在建筑行业也可以用于建筑设计、幕墙及室内设计等。对于装饰工程在方案、曲面材料下料加工、定位放线指导安装等阶段都有着不可替代的地位。

Grasshopper是一款在Rhino环境下运行的采用程序算法生成模型的插件。Grasshopper其很大的价值在于它是以自己独特的方式完整记录起始模型和最终模型的建模过程，从而达到通过简单改变起始模型或相关变量的调整直接改变模型形态。这无疑是一款极具参数化设计的软件。Grasshopper的出现开始是建筑工程师们摆脱枯燥繁复的计算机代码限制，开始有了一个更友好更直观，可互动的方式进行参数化设计的探索。

2）Revit+Dynamo

Revit 是 Autodesk 公司 2002 年收购的一套系列软件的名称，其结合了 Architecture、MEP、Structure 三大功能。利用 Revit 软件，用户可以实现建筑、结构、机电等专业的规划、设计与建造，同时对建筑和基础设施等进行管理。几乎可以贯穿建筑全生命周期各个方面的应用。是目前应用最广泛的 BIM 软件之一。

Revit 的一大特点是族库，也就是把大量的族文件按照特性、参数等属性进行分类归档而形成的数据库，不同行业、不同企业都会随着项目实施的累积去积累自己独有的族库，便于更快地调取与使用。族也可以称为参数化构件，它是一个开放的图形系统，可以通过不同类型的族样板文件及族编辑器去创建可参变的组件。所建构件可以将尺寸、标注、可见性等进行相互关联，一旦一个参变量进行调整，整个组件将会调整。Revit 文件通过系统族、内建族、标准构件族等三个不同形式的族文件来完成整个项目的创建。当然，相对于 Rhino 而言，Revit 的最大的优势是建筑信息的获取与管理而不是塑形，其建模的方式仅有拉伸、放样、旋转、融合以及空心形状。对于塑造复杂的曲面的造型需要通过很多时间去细琢，或者其他软件完成导入。而 Dynamo 使复杂曲面造型的塑造多了一种可能。

Dynamo 同 Grasshopper 有着极大的相似性，是一款开源的三维可视化编程软件，能够让用户直观地编写脚本，操控程序的各种行为。是由 Autodesk 公司于 2011 年推出的一款用于支持 Revit 及 Maya 等软件的插件。2015 年又推出了可以独立运行的版本。

Dynamo 最大的好处是能够使 Revit 用户调用 Revit 的 API，从而实现快速建模、参数化设计、批量处理模型数据信息等操作。Dynamo 是一款典型的树状架构的基于流可视化编程软件，程序由小方块（节点）与连接线段组成，用户在节点的左边连线输入（Input）数据，再从节点的右边输出（Output）结构，层层节点，依次逻辑相连，最终构成一个完整的脚本。

3）CATIA

CATIA 是法国达索系统公司开发的一款三维计算机辅助设计（CAD）和计算机辅助制造（CAM）软件，是当前建筑数字化建造最重要的设计软件之一。在建筑设计领域中，CATIA 提供了高级的 3D 建模工具、面板工具和可视化分析工具等，来帮助设计者、工程师和施工人员更有效的设计和建造。使用 CATIA 可以实时检查不同布局、材料和结构的装修方案，降低设计和施工成本，并提高工程效率。CATIA 可以帮助设计师更快速、更准确地计算部件应该的尺寸和结构类型，使得设计更加精准，减少在建筑装修过程中的泛化误差。

此外，在装饰设计中，CATIA 还可以模拟光线、纹理和颜色效果，实现不同光线和方向下的实时渲染。这些实时的模拟可以帮助设计师尽早发现问题，并在早期解决，从而减少瑕疵和问题，提高设计效率和精度。

CATIA 拥有领先的造型设计和曲面设计工具，可以创建复杂的幕墙外壳，包括平面和曲面、几何图形和材料的选择等，提高幕墙的美观度和类别性。同时，CATIA 提供了先进的结构设计和分析工具，可以进行静力和动力分析、模拟运行状况，确定幕墙的结构布局和所需材料，确保幕墙的安全性和可持续性。

3.4 可视化全景展示技术

3.4.1 可视化全景展示技术简介

可视化全景展示技术是一个集计算机技术、计算机图形图像技术、建筑工程等多专业跨领域融合技术。今年，该技术又结合互联网、人工智能、数字孪生等众多相关专业，已经从一个"辅助"型技术逐渐成为了建筑工程中一项具有巨大发展潜力的核心技术。

广义上，当建筑图纸从传统手绘图纸升级到以 CAD 为主的计算机图纸开始，人们就已经开始探索将纸张为主要媒介逐渐转为计算机图像的可能。而 BIM 技术的成熟发展，则是将可视化全景展示技术从二维转向三维的主要推力，不久的将来，建筑工程的大多数信息传递会脱离二维、脱离"图纸"，全面转向三维可视化阶段（图 3-11、图 3-12）。

图 3-11　中共一大会址室内装修工程虚拟现实辅助深化设计

图 3-12　中共一大会址实拍

目前阶段三维的可视化全景展示技术可以理解为使用计算机图形图像技术及相关的软硬件，实现在二维媒介（显示器、手机屏幕、虚拟现实眼镜等）表达三维图形信息的一系列技术的总称（图3-13），而其在建筑行业的分支包含但不限于：效果图、漫游动画、工艺模拟动画、720°全景图、720°全景视频、VR虚拟现实、AR增强现实、MR混合现实等。

（a）720°全景效果图

（b）移动端查阅全景图

图3-13 某航空指挥室

有别于建筑、结构、机电等专业，装饰专业是建筑领域中对外观可视化要求最高的专业。可视化全景展示技术的不断进步，对于建筑装饰领域尤其是设计阶段的提升和帮助最为显著。三维可视化全景展示技术在整个设计阶段的核心作用就是"表达"

图3-14 基于VR技术的三维可视化

和"沟通"。在绝大多数项目中，设计师需要通过各种方式来表达设计理念，最终使得业主，尤其是决策层能够理解他们的设计语言，从而更快地做出更准确的决策。在西湖大学校长公寓室内装饰设计中，应用基于虚拟现实技术的三维可视化功能进行了设计方案的不断优化（图3-14）。

三维的可视化全景展示技术在视觉效果上有其不可替代的优势，如今其对建筑空间的材质、灯光效果、空间氛围等信息的表达已非常接近真实。从信息传播的方式而言，可视化全景展示技术也逐渐从静态的效果图向动态的模拟动画发展；从普通显示设备向大屏幕、3D屏幕、环幕乃至球幕发展；从电脑终端走向手机等移动终端；从被动的数据流向有着一定交互能力的现实、增强现实领域发展。九棵树（上海）未来艺术中心1 200个座位剧场的深化设计过程中，应用具有交互式虚拟现实的可视化全景展示技术进行木饰面飘带造型的确认（图3-15）。

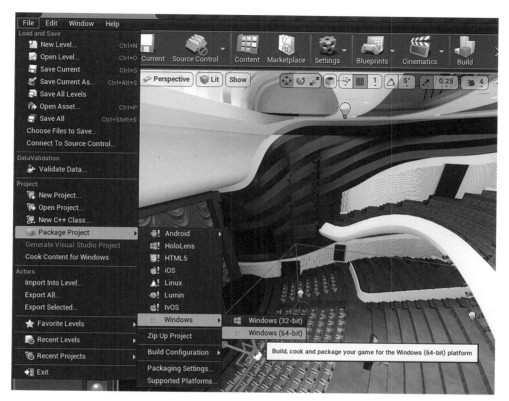

图 3-15　具有交互式虚拟现实功能的可视化全景展示技术应用（九棵树未来艺术中心）

3.4.2　装饰工程可视化全景展示技术应用场景分析

　　可视化全景展示技术应用按实际使用阶段划分，主要涵盖三部分，其一为局部应用，比如设计阶段的建筑性能分析等；其二为整体应用，为了保证设计到竣工落地期间延续设计、施工、运维等阶段的一贯性，以达到建筑全生命周期中的数据贯通，而在每个阶段都使用三维可视化应用；其三为管理应用，是应用于运维管理、智慧城市和数字孪生技术的半永久性数据应用。

　　可视化全景展示技术的局部应用场景较多如主要确定外观的各类效果图、动画、虚拟现实等应用，这类应用主要是通过可视化手段，对建筑室内外的外观进行模拟。得益于 BIM 技术介入项目的越来越早、深度逐步加深，许多可视化全景展示技术的应用时间节点也会逐步提前，例如现在利用实时渲染技术的可视化全景展示平台 Lumion、Fuzor、Twinmotion 等，都逐渐可以在设计阶段较早的时期就开始使用，完成效果图、动画甚至虚拟现实的部分应用，并且随着软硬件的升级，早期使用更多可视化全景展示应用的趋势还在逐渐加强（图 3-16）。

　　可视化全景展示技术局部应用的另一大类是主要用于确定建筑性能的各种模拟，如光照模拟、力学模拟、人流动线模拟、温度模拟或一些剧院等特殊场景的声场模拟等等。

图 3-16 Lumion 2020 版与 Revit 软件实时同步工作（图片来源：Lumion 官网）

这些模拟本身并非基于可视化全景展示技术，但可视化全景展示技术却能对模拟结果进行更为直观的表达，沟通交流中作为数据支撑相对枯燥的数据，往往几十页数据报告只需通过几张位图就能表达清楚，这类应用中，数据是核心，可视化全景展示则帮助各专业从这些庞大的数据中快速获取想要的信息。新开发银行总部大楼室内装饰工程中，在首层大堂的大面积异形干挂石材的设计过程中，通过颜色能够清楚区分大堂钢架的受力情况（图 3-17）。

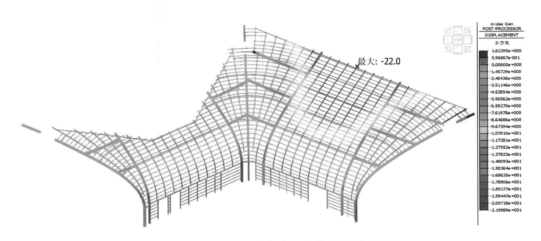

图 3-17 新开发银行大堂设计阶段力学计算图

交互式可视化全景展示应用是为了保证各阶段的数据贯通，在设计阶段就开始介入直至施工、竣工阶段的三维可视化应用。这种数据贯通的主要方式，就是基于 BIM 技术的建筑全生命周期的数据使用方式。这一类应用成果，都应该融入整个数字化建造整体流程中，而非单纯的服务于某一阶段或某一方。因此无论是效果图、三维动画、可视化模型、可视化力学及声光电能耗分析、720° 全景图、全景动画再到 VR、AR 技术，都应

尽可能基于项目的整体数字化建造流程。

第三部分是营销及运维部分，利用可视化全景展示技术生成的 720° 全景图、视频图像等资料，能够在项目全周期内提供宣传手段，对在线看房等营销手段都起到了支撑作用。在项目运维阶段，利用最终的竣工模型，可结合运维系统达成各种应用，例如商场三维地图、房屋在线租赁、酒店网上订房、共享办公等等。而最终所有的数据在不久的将来将成为智慧城市大板块中，数字孪生技术的重要组成部分。

3.4.3 装饰工程可视化全景展示技术软件分析

最常见的三维可视化实施流程包含模型建立、场景优化和成果输出三大方面，就建筑领域而言根据实际需求不同也有不同选择（以下评分仅针对建筑装饰虚拟现实、BIM与可视化全景展示的角度）。

如表 3-3 所示，三维可视化软件能够大致通过项目的性质和应用的具体需求得出具体的实施流程，从而选择更加适合的软件。需要特别指出的是，软件的选择还取决于成本、数据转换及学习的难易程度。

表 3-3 各三维软件可视化全景展示实施能力表

软件	建模精度	建模速度	渲染能力	动画	施工模拟	VR	交互式	实施成本
3ds Max/Maya	★★★★	★★★	★★★★★	★★★★★	★★★★★	×	×	较高
Revit	★★★★	★★★	★★	★★	★	×	×	较高
Navisworks	×	×	★★	★★	★★★	×	×	低
SketchUp	★★★	★★★★★★	★★★	★★★	★★	×	×	较低
Rhino	★★★★☆	★★★	★★★	★★★	★	×	×	较高
Catia	★★★★★	★★★	★★	★★	★	×	×	高
Lumion	×	×	★★★★	★★★★	★★	×	×	较低
Fuzor	×	×	★★★	★★★	★★★★	√	√	低
Twinmotion	×	×	★★★★	★★★★	★★	√	×	中等
UE4	×	×	★★★★★	★★★★	★★★★	√	√	很高
Unity	×	×	★★★★	★★★	★★★★	√	√	很高

3.5 虚拟现实技术

3.5.1 虚拟现实技术简介

图 3-18 虚拟现实示意图

虚拟现实（Virtual Reality）技术，简称 VR 技术。是使用电脑计算机，通过对视觉、听觉、嗅觉、味觉、触觉、平衡感知等人体感官的模拟，通过各类虚拟现实相关硬件的辅助，将模拟的数字信号转换为图形图像、声音、味道、触觉模拟电流、力学反馈模拟、机械力等，作用于人体后对大脑进行"欺骗"，使之"以假乱真"，仿佛身临其境的一种综合性技术（图 3-18）。

3.5.2 装饰工程虚拟现实技术应用场景分析

3.5.2.1 全景式效果展示

虚拟现实技术在工程技术领域被划分为三维可视化板块，其视觉表现力强大。在 U3d、UE4 等三维引擎的强大渲染能力支持下，现今的虚拟现实在图像画面已经逐渐接近效果图，能够正确地表达出设计意图，对建筑材料、灯光照明、环境气氛等内容真实还原度也很高。虚拟现实技术可以帮助设计师向业主展示设计效果，通过虚拟现实技术创建数字化的三维模型，令使用者可以通过 VR 头戴式设备或者智能手机 App 亲身体验，以便更好地理解设计方案和呈现效果。

3.5.2.2 沉浸式空间规划

相较于传统的效果图或视频的表达方式，利用虚拟现实技术创造内装三维模型，借助头戴式 VR 眼镜或头盔在所制作的三维场景中进行漫游，从 VR 眼镜中更直观地观察空间规划的合理性、实用性、美观性和安全性。同时，利用 VR 眼镜、耳机甚至一些更先进的辅助手段，VR 技术正一步步地模拟人的感官，除了视觉外，听觉、触觉甚至于嗅觉，能够身临其境感受整体空间设计的舒适度。

3.5.2.3 交互式功能评估

不同于一般三维可视化技术的被动接收信息，虚拟现实技术与三维场景之间可以实现一定的交互性。在建筑装饰工程中，设计人员可以运用众多感官场景中的"情感载体"，

以互动交流方式与使用者进行互动，对设计功能的舒适性和安全性进行评估。例如利用虚拟现实技术评估不同灯光、温度和声音的组合对装饰空间的影响，拓展了设计维度，从而充分考虑使用者的感知，习惯和需求，打造"智能、舒适、互动和开放"的现代空间环境。

3.5.2.4 一站式教育与培训

虚拟现实技术可以在虚拟环境中模拟出施工现场、装修设计、材料展示等多种场景，可以帮助新人学员或工人更好地了解和掌握所有实际装修的细节和操作过程。通过虚拟现实技术的虚拟场景，学员可以在安全、低风险的环境中体验各种施工、装修技巧，不断地练习、磨炼自己的技能，提高自己的实际操作能力和技巧。

3.5.3 装饰工程虚拟现实技术软硬件分析

3.5.3.1 常用商业虚拟现实技术软件介绍

常用商业虚拟现实技术主流引擎如表 3-4 所示。

表 3-4　常用商业虚拟现实技术主流引擎

	开发商	引擎
美国	Unity Technologie	Unity3D
	Epic Games	虚幻 4（UE4）
法国	Virtools	Virtools Dev 2.1
荷兰	Act-3D	Quest3D
瑞典	DICE	寒霜
德国	CryTek	Cry Engine 3

建筑领域大多使用 Unity3D 与 UE4，这两款引擎性能强大，与建筑装饰领域契合度较高，并且各自对建筑领域都有专门的优化。都比较适合建筑装饰工程应用，但因为各自底层语言不同（Unity3D 为 C#，UE4 为 C++），技术偏向也不同，各有优劣，需要综合判断项目需求进行选择。而除了这两款相对功能全面的虚拟现实引擎，近年也有一些基于这些引擎二次开发的产品，作为建筑装饰行业，使用深度不同于影视游戏业。像基于 UE4 引擎开发的 Twinmotion 就是近年比较优秀的虚拟现实引擎，其优点是简单易用，且在当下基本属于免费状态，这大大降低了实施成本，缺点是它基本没有可以自由设定的交互模块，作为虚拟现实漫游是一个不错的选择（图 3-19）。再比如 Fuzor，这款软件主要面对的就是建筑行业，支持与 Revit 等一些 BIM 软件模型同步，同时加入了一些建筑

图 3-19　基于 UE4 引擎的虚拟现实

工程常用的施工工序模拟、场地布置模拟等模块，但是其缺点是画面真实度较差，对于室内的表现力较弱。整体而言最终的软件选择仍然要看项目具体需求。

3.5.3.2　硬件配置

虚拟现实技术的软硬件配置直接决定了虚拟体验的优劣，因此在选择设备和配置时，应综合考虑显卡、处理器、内存等方面，并确保电脑系统和 VR 设备兼容。只有在硬件设备的基础上，搭配合适解决方案，才能获得令人满意的虚拟现实体验。虚拟现实（VR）的硬件配置主要由电脑主机和 VR 设备组成。

VR 设备主要分为移动式、分体式、一体式三种形态（表 3-5）。

（1）移动式 VR 设备（VR 手机盒子）为 VR 设备早期形态，设备本身只配置有由镜片组成的光学系统，显示系统以及计算系统需要依靠智能手机，作为产业过渡性产品，其使用体验以及应用场景都十分局限。

（2）分体式 VR 设备则主要连接电脑和游戏主机等外接设备，在外接设备硬件性能有足够保障时，使用沉浸感将明显优于移动式 VR 设备，但是分体式 VR 设备也存在便捷性方面的问题，除了使用时需要同时启动外接设备之外，其设备间的连接线缆也会影响使用体验。

表 3-5　VR 设备的主要三种形态

	CPU	特点	发展瓶颈
移动式 VR 设备	无	需搭配手机使用	内容少，体验差，入门过渡性产品
分体式 VR 设备	无	需外接 PC 设备	对外接设备性能要求高，交互受连接线束缚
一体式 VR 设备	有	内嵌 CPU 处理器，交互自由	厚重，综合性能仍有差距

（3）一体式 VR 设备通过内置独立处理器，解决了线缆束缚的问题，使用自由度更高，尽管存在机身过重等方面的问题，但各大厂商也在不断探索优化方案。

硬件配置主要包括电脑主机和 VR 设备。虚拟现实软件相比大多三维软件，对硬件的要求更高。不同于 3ds Max、Maya 等需要后期渲染的软件，虚拟现实软件的工作环境基本都是"即时渲染"，也称为实时渲染，本身没有后期渲染过程，制作中比较接近"所见即所得"，因此对显卡要求较高。如果项目场景较大，如商场、机场、大型游乐场等大型空间，由于同时需要计算机处理的三维模型"三角面"数量巨大，此时就需要较高的内存配置（表 3-6）。

表 3-6 虚拟现实技术硬件分类表

序号	类别	主要设备	功能介绍
1	图形生成设备	图形生成系统	由单台或多台工作站组成
2	输出设备（视觉）	头戴式 VR 显示器	基于双眼视差 Binocular Parallax 原理，通过计算机技术和显示成像技术为左右眼分别提供一组视角不同的画面，提供一个双眼视差的环境，从而让人感觉到立体画面
		三维显示器，投影机	3D 立体显示技术主要依靠投影技术和显示器技术来实现的
		裸眼 3D 显示器	
3	输入设备（触觉）	力反馈设备	利用高精度机械马达的反作用力和各种传感器配合完成
		动作捕捉或位置跟踪	利用红外光学实时反射或陀螺仪传感器或超声波传感器对人体动作的捕捉完成
		数据手套或手势跟踪控制	
		眼动追踪，脸部跟踪	
		体感设备，座椅等	
4	输入设备（听觉）	立体声道，环绕	5.1 以上声道音响设备
5	输入设备（嗅觉）		

装饰工程
数字化加工技术

第 4 章

Chapter 4

4.1 概述

数字建造是参数化设计和数控建造的集合，数字建造按照建造方式可以分为增材制造和减材制造。如今，工程师们不仅能够通过计算机完成设计工作，也可以使用计算机控制数字建造设备进行数控加工。使用数字建造系统能够将头脑中的形态或构造逻辑转变为设计结果，然后通过数字加工，使之变为物理结果。完成从空间想象和逻辑思维转化为视觉效果再转化为物质结果的闭环，实现数据向物理实体的蜕变。

装饰部品部件的数字化加工与拼装也是装饰工程数字化建造体系的关键技术之一。随着工业化建造体系、一体化集成产品设计及智能化控制系统等先进理念及前沿技术的不断完善，基于数字化加工模型，采用 3D 打印、CNC 数控设备、加工机器人等自动化生产加工装置、装备，实现对部品部件的高精度、高效率、环保性加工与拼装。一方面，精密的加工装备可对所需生产的部件进行自动控制，使得制造误差相对较小，提高了生产效率；另一方面，实现了部品部件经异地加工后运输至工地现场进行拼装，可大幅提高生产和施工效率与质量。

4.2 数字加工贯通（应用）技术

4.2.1 数字加工贯通（应用）技术简介

BIM 模型中包含了建筑构件生产所需的几何和构造信息，并在多专业协同工作的过程中可以进行实时更新。然而，目前 BIM 的模型更多地运用于建筑设计和管理阶段，而不是建筑生产制造的阶段，BIM 数据和生产设备的加工程序之间需要进行较为复杂的转化，缺乏统一的接口和软件工具。上海市建筑装饰工程集团有限公司通过研发自有平台在仿真环境中导入详细和结构化的三维模型，将 BIM 数据端包含的建筑模型的几何、材质、构造、性能等相关信息有序的和机器人建造过程中的生产工艺进行连通（图 4-1）。

4.2.2 数字加工贯通（应用）技术应用场景分析

近年来，在生产端的各类机器人设备在智能化控制系统和自动化加工工艺上都取得了长足的进步，为 BIM 的数据流和机器人生产的信息流之间的联通打下了基础。集团自主研发软件平台通过图形化的算法编译器打通了多款主流品牌机器人的工业控制器，并且提供轨迹规划、碰撞检测、运动优化等深度学习算法，为复杂的多轴机器人系统提供准确高效的模拟和仿真（图 4-2）。

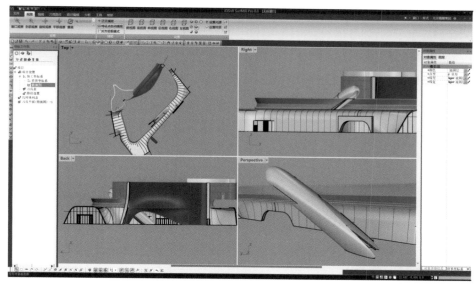

图 4-1　BIM 模型导入工业软件进行数据处理

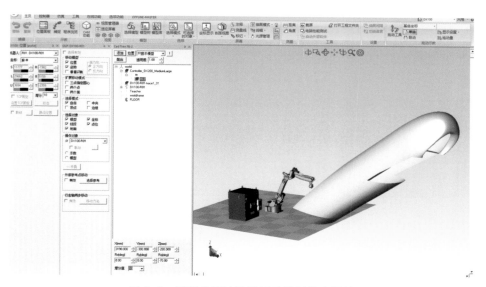

图 4-2　异形曲面构造机械臂模拟仿真焊接

4.3　3D 打印技术

4.3.1　3D 打印技术简介

　　3D 打印技术是一种数字化、智能化的定制化生产技术，可以实现各种材料的快速成型和制造，涵盖机械制造、建筑装饰、艺术设计等领域。在建筑装饰行业中，3D 打印技术可以实现各种模型、雕塑、墙面装饰、构件等的快速成型，提高了建筑装饰行业的生产效率和自定义性，为建筑装饰行业注入新鲜的活力和创造性的设计理念。

根据不同工作原理，3D 打印技术可大致分为 6 种类型。

1）SLA：光固化成形

主要材料光敏树脂。

光固化成形是最早出现的快速成形工艺。其原理是基于液态光敏树脂的光聚合原理工作的。这种液态材料在一定波长和强度的紫外光照射下能迅速发生光聚合反应，分子量急剧增大，材料也就从液态转变成固态。

光固化成形是目前研究最多的方法，也是技术上最为成熟的方法。

2）FDM：熔融沉积快速成形

主要材料 ABS 和 PLA。

熔融挤出成型（FDM）工艺的材料一般是热塑性材料，如蜡、ABS、PC、尼龙等，以丝状供料。材料在喷头内被加热熔化。

3）3DP：三维粉末黏接

主要材料粉末材料，如陶瓷粉末、金属粉末、塑料粉末。

三维印刷（3DP）工艺是美国麻省理工学院 Emanual Sachs 等人研制的。E.M.Sachs 于 1989 年申请了 3DP（three-dimensional printing）专利，该专利是非成形材料微滴喷射成形范畴的核心专利之一。3DP 工艺与 SLS 工艺类似，采用粉末材料成形，如陶瓷粉末，金属粉末。

4）SLS：选择性激光烧结

主要材料粉末材料。

SLS 工艺又称为选择性激光烧结，是利用粉末状材料成形的。由美国得克萨斯大学奥斯汀分校的 C.R. Dechard 于 1989 年研制成功。

将材料粉末铺洒在已成形零件的上表面，并刮平；用高强度的 CO_2 激光器在刚铺的新层上扫描出零件截面；材料粉末在高强度的激光照射下被烧结在一起，得到零件的截面，并与下面已成形的部分黏接；当一层截面烧结完后，铺上新的一层材料粉末，选择地烧结下层截面。

5）LOM：分成实体制造

主要材料纸、金属膜、塑料薄膜。

LOM 工艺称为分层实体制造，由美国 Helisys 公司的 Michael Feygin 于 1986 年研制成功。该公司已推出 LOM-1050 和 LOM-2030 两种型号成形机。LOM 工艺采用薄片材料，如纸、塑料薄膜等。片材表面事先涂覆上一层热熔胶。

6）PCM：无模铸型制造技术

PCM：无模铸型制造技术（patternless casting manufacturing）是由清华大学激光快速成形中心开发研制。将快速成形技术应用到传统的树脂砂铸造工艺中。先从零件 CAD 模型得到铸型 CAD 模型；由铸型 CAD 模型的 STL 文件分层，得到截面轮廓信息；再以层面信息产生控制信息。

4.3.2　装饰工程打印技术应用场景分析

1）比例模型打印

作为沙盘展示，将已经完成的项目打印成等比例模型，相对于建筑与机电工程，装饰工程需要将模型切剖后展示内部，以最直观的视角对项目的成效进行还原。

2）构件模型

在工程实践中，为满足业主、设计师的使用需求，经常需要在现有通用安装节点的基础上，深化加工出适合本项目的节点，但通过图纸深化出的节点不一定能够满足实际使用需求，其连接的可靠度也难以进行验证。使用传统的开模验证方式，需要面对高昂的开模费用。使用 3D 打印技术则省去了开模、加工等费用，用低成本的光固化树脂直接打印出节点构件，整个过程最多仅需 3 天且成本极低，适合反复推敲修改使用。

装饰工程存在大量构件，配合这些构件存在许多有价值的施工工艺工法，虽然 3D 打印无法作为施工材料生产方式，但可在投标、设计和施工阶段打印 1∶1 或等比例模型作为实体方案论证，尤其是金属件的打印，类似城堡尖顶的构件使用 3D 打印技术，投入的时间、质量、经济成本都优于开模铸造。

3）艺术模型

在大型主题乐园类装饰工程中存在大量的艺术造型，例如塑像、铁艺和雕花等，利用 3D 打印技术能快速打出可活动的构件模型供设计师进行方案比选。近年来，3D 打印技术已在历史建筑保护和既有建筑改造领域中得到较为成熟应用，3D 打印技术配合三维扫描能够将有历史价值的木结构、石雕等进行三维数据采集、保存，以及复刻（图 4-3）。

图 4-3　柔性临时支撑模组

4）原模制作、方案探讨

设计阶段的方案探讨及优化需要精度更高的模型构件，使用光敏打印机可打印出更细腻的模型，该模型可反映构件的纹理和连接结构等，但可打印尺寸较小（115mm×65mm×155mm），也可以打印等比缩放模型与设计方和业主方进行方案讨论使用，同时用于后续工厂翻模加工使用。

5）投标配合

对于重点投标项目，可针对项目特色及技术难点部分的大、中型构件，使用熔融型3D打印机打印等比缩放模型，呈现建筑整体构造以及中型构件的形态等，提高投标技术含量体现公司技术实力。

4.3.3　3D打印技术软硬件配置分析

4.3.3.1　3D打印机类型

1）光固化打印机（SLA/DLP）

这类打印机通过光固化成型，主要材料光敏树脂。价格相对FDM打印机更贵一些，但它的精度很高，可以满足模型玩家和家庭用户的使用要求。

近年由于技术革新，出现了几款利用紫外线及高分辨率液晶屏作为固化手段的光敏树脂打印机，虽然成型尺寸较小（约100mm×60mm×150mm），但价格低廉，其耗材颜色选择较少，价格较传统光敏树脂便宜，打印效果相当接近传统SLA打印机，非常适合作为前期研究使用。

2）熔融式打印机（FDM/FFF）

市场占有率最高的打印机，据不完全统计，市场六成以上在售打印机都是FDM打印机。FDM打印机通过熔融沉积快速成型，主要材料ABS和PLA。优点是价格便宜，可以打印任何想打印的东西。缺点是精度不高，打印速度慢，表面过于粗糙。

FDM即Fused Deposition Modeling，熔融挤出成型工艺的材料一般是热塑性材料，如ABS、PLA、软材质等，以丝状供料。材料在喷头内被加热熔化。喷头沿零件截面轮廓和填充轨迹运动，同时将熔化的材料挤出，材料迅速固化，并与周围的材料黏结。每一个层片都是在上一层上堆积而成，上一层对当前层起到定位和支撑的作用。

3）激光烧结打印机（SLS/SLM）

选择性激光烧结工艺是一项分层加工制造技术，主要是利用粉末材料在激光照射下高温烧结的基本原理，通过计算机控制光源定位装置实现精确定位，然后逐层烧结堆积

成型。与传统 3D 技术打印通过喷射黏结剂来黏结粉末的方式不同，SLS 是利用红外激光烧结粉末。先用铺粉滚轴铺一层粉末材料，通过打印设备里的恒温设施将其加热至恰好低于该粉末烧结点的某一温度，接着激光束在粉层上照射，使被照射的粉末温度升至熔化点之上，进行烧结并与下面已制作成形的部分实现黏结。当一个层面完成烧结之后，打印平台下降一个层厚的高度，铺粉系统为打印平台铺上新的粉末材料，然后控制激光束再次照射进行烧结，如此循环往复，层层叠加，直至完成整个三维物体的打印工作。与其他快速成型技术相比，激光烧结制备的部件，具有性能好、制作速度快、材料多样化，成本低等特点。

4.3.3.2　3D 打印主流耗材

1）光敏树脂材料

3D 打印所用的光敏树脂初始状态是液体，俗称紫外线固化无影胶，或 UV 树脂（胶），主要由低聚物、光引发剂、稀释剂组成，其中加有光（紫外光）引发剂，或称为光敏剂，在一定波长的紫外光（250～300nm）照射下便会立刻引起聚合反应，完成固态化转换。光敏树脂材料有很多可选项，从颜色，透明度到硬度，最常用的3D 打印材料之一。

目前光固化 3D 打印机所用耗材均为光敏树脂，所打印构件均为树脂材料，可以根据情况使用各种不同种类的树脂，但无论何种树脂，其材料性能都相差无几（图 4-4）。其优点是打印无层纹，手感细腻，打印精度高。但其硬度低，60℃即会发生软化现象。

2）热熔材料

熔融式 3D 打印机主要是依靠高温将高分子线材融化，并堆积成型，最常见的耗材有 PLA、ABS 等，这种材料优点是硬度较高。缺点也十分明显：耐候性不佳、材料形变大、难以拼接、层间连接性差，由

图 4-4　光敏树脂材料 3D 打印

于是线材堆积原理成型，所以其堆积层纹十分明显。但其耗材和设备价格低廉。

PLA（polylactide 聚乳酸）。PLA 作为一种可生物降解的新材料，使用后可降解，不污染环境，相对 ABS 更不容易翘边，气味也更小。PLA 无法与丙酮等材料发生反应，打印后横纹明显，需要靠砂纸等物理方法进行打磨（图 4-5）。

| 传统光敏树脂 | 柔性光敏树脂 | 聚氨酯（填充率 20%） | 聚氨酯（填充率 40%） |

图 4-5 PLA 材料 3D 打印

ABS（acrylonitrile butadiene styrene 丙烯腈，丁二烯和苯乙烯的共聚物）。ABS 塑料强度高、韧性好、耐冲击，变形温度 90℃，干燥时会比较硬，但当它与丙酮接触时就变得有一定的可塑性。

将打印完成的 ABS 模型浸入到丙酮一小会就能够去除模型表面的一些粗糙感，使得模型表面变得非常光滑。少量的丙酮还可以把两块 ABS 塑料黏合到一起。作为 3D 打印耗材使用时，ABS 常会出现一些小问题，那就是：在一个没有经过加热的打印平台上打印时，模型常常会发生翘边问题。在打印大模型时，这个问题尤其明显。另外 ABS 加热时，材料有时会释放出气体有强烈气味。

3）激光烧结材料

目前，可用于选择性激光烧结技术的材料种类较多，高分子材料、陶瓷、金属、石蜡、生物材料等材料都在 SLS 领域有所应用。其中高分子材料由于其特殊的物理化学性能、烧结成型时条件要求比较低、烧结精度比较高，是应用最早、最多、最成功的 SLS 成型材料。同时因其具备不同品种以及各种改性技术为其提供的性能多样性而使得它在激光烧结成型领域存在广阔发展空间。

理论上，一切受热后可互相黏结的材料都可应用到 SLS 中，但在实际应用中 SLS 粉末材料种类依然较少。对于 SLS 的粉末材料一般应有如下要求：粉末材料有一定的导热性，这样可使受热均匀，翘曲减小；粉末材料在成型后有一定的力学强度，用于功能零件或模具生产；粉末材料的粒度均匀在 10～100μm；粉末材料具有良好的热塑性与加工性等。

4.3.3.3　3D 打印机软件介绍

建模软件主要采用 3ds Max、Autodesk CAD 3D 等三维建模软件，用于 3D 打印的配套控制软件因不同厂家及机型而异。于建模软件中导出 STL 格式文件至配套控制软件，将打印物体于虚拟打印板上显示，可对打印物体的位置和比例进行调整，通过设定打印参数即可进行拟打印物体的打印。

4.4　CNC 雕刻技术

4.4.1　CNC 雕刻技术简介

计算机数字控制（computer numerical control，CNC）。CNC 雕刻设备又称数控雕刻机，为精密数控设备。可以满足各种平面材质的切割、二维雕刻及三维雕刻。数控的一大特点就是能够满足规模化的生产，深度利用了编程技术在后台用软件控制雕刻机，使得 1 个人操作数台 CNC 雕刻设备成为现实，加工的效率提高，替代了原先的传统加工机床设备。在建筑装饰邻域，需要根据不同的加工材料、加工复杂程度来选择合适的 CNC 雕刻设备。CNC 的雕刻精度一般能达到 0.001mm，已覆盖装饰领域内的大部分加工需求。

4.4.2　装饰工程 CNC 雕刻技术应用场景分析

1）装饰施工的特点

装饰工程 CNC 雕刻主要运用于木材、石材、金属、等饰面材料加工，以及定制装饰构件的模具加工。

2）木材的加工

木雕是中国传统的装饰工艺，主要以手工作业代代相传。而在现代化的工程施工中，传统的手工作业显然无法满足大批量生产需求。利用 CNC 雕刻技术，既能满足传统木雕的美感，又能保障施工进度的要求。木材相对较软，二维、三维的雕刻都可实现。如图所示，在某大型会场墙面上，选用了整体山水画雕刻的木饰面墙板，尺寸达到了 1m×13m。生产中选用了三轴的雕刻机，将山水画模型导入后细分成 0.5mm 的若干密集小点，每个点的 X、Y、Z 坐标就是雕刻机所有雕刻的下刀位置。雕刻完成后通过手工打磨上色，能很好地还原出原山水

图 4-6　基于 CNC 的木材雕刻

画的效果（图 4-6）。通过 CNC 雕刻机的加工，相比传统手工雕刻加工效率提高了 5 倍多，并且雕刻的数据准确性高、更适合于装饰工程项目大批量运用。

3）石材的加工

随着设计师对石材用于装饰造型的要求越来越高，石材的加工也从最初的平板，演变成了曲面板，双曲面板和给中雕刻花纹的板块。通过 CNC 雕刻机可以快速、精准地对石材进行加工，保障曲面板块的尺寸精度的同时，更节省了石材荒料选择时的厚度，在大批量加工时可提高产能，节约成本。

4）金属的加工

装饰工程中金属多以板材的形式为主，因此金属的雕刻即是金属板材的切割加工（图 4-7）。因而金属的雕刻多以三轴为主。可以将金属的装饰构件进行拆分，展平成二维图像，通过排版后进行雕刻，之后利用金属的韧性，对其二次加工，折弯打磨等等，形成最终的成品（图 4-8）。利用雕刻机加工金属构件，可做到大规模、批量化、高精度的生产，可满足装饰项目上各种金属件的加工需求。

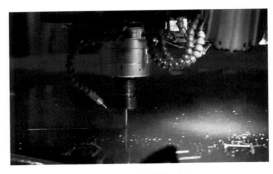
图 4-7　板材切割

图 4-8　二次折弯加工

5）模具加工

在一些艺术性较强的装饰项目上，通常会遇到各种各样的装饰构件，定制化的艺术产品等，用传统的泥塑雕刻时间较慢，且不利于反复利用。利用 CNC 雕刻机来进行模具的制造加工，很好地解决了装饰工程上复杂构件制造的难点，利用木材、金属等材料雕刻出来的模具高效准确，可大范围在工程上批量生产加工。

4.4.3　CNC 雕刻技术软硬件配置分析

CNC 雕刻机的关键技术点主要分三大类：刀头、雕刻设备以及操作软件。

1）刀头类型

CNC 雕刻机的刀头大种类众多，根据不同的雕刻内容进行选取，主要分为粗雕刻和精雕刻两大类。粗雕刻时切割量大，容易产生晃动，因而刀头的选用一般考虑雕刻时的稳定性。根据不同的装饰饰面雕刻需求，选用不同类型的刀头。如雕刻一些曲面双曲面的复杂造型时，需要采用直径小的刀头，而雕刻材料相对硬度较大时，应选用刀头强度、刚度大，耐磨性好的，一般会采用大尺寸的刀头。在精雕刻时，需要根据实际雕刻的形状材质来取决刀头的选用，一般有锥形的，球形的和锥形几种。球形的刀头适用于简单的曲面加工；锥形的则更适用于复杂的类似双曲面加工。精雕刻的刀头尺寸一般控制在 0.5mm 以内，满足各种细部的处理。

2）雕刻机类型

CNC 雕刻机可以分为木工雕刻机、石材雕刻机、玻璃雕刻机、广告雕刻机、激光雕刻机等，根据雕刻的构件复杂程度又有三轴和五轴的区分，在装饰项目上，通常使用的是木材、石材、金属等常用饰面材料的雕刻机。三轴雕刻是指刀头沿着 X、Y、Z 轴三个方向进行移动切割，对于机器的编程要求简单，可对绝大多数的形状进行雕刻。五轴雕刻是在三轴的基础上增加了角度的变化，通过更复杂精细的编程控制，实现五轴精雕，对于复杂的装饰构件，五轴雕刻功能更好地胜任。如图 4-9、图 4-10 可见三轴与五轴在加工上的一些原理区别。

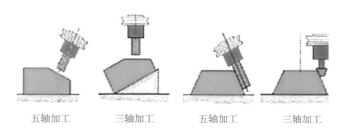

五轴加工　　三轴加工　　五轴加工　　三轴加工

图 4-9　五轴与三轴雕刻机加工方式对比

图 4-10　五轴 CNC 雕刻机

3）操作软件

要做到 CNC 雕刻机的高效精准，最关键的一步就是操作软件的运用，有别于传统的建模软件，精雕软件是专门为 CNC 雕刻机定制的制造业加工软件。通过其他软件绘制的模型转换格式后，在精雕软件内进行数据录入和优化，进一步可实现工艺操作的编程、刀具零件编程、三轴和五轴的坐标定位编程等，实现数字化加工生产。通过编程更可在软件中模拟工艺做法，实现虚拟加工，预判工艺风险，优化工艺的方案。确定完善了工艺做法后，将实际的生产构件信息和工艺参数数据化，确保人员、材料、雕刻机三者间的无缝衔接，提升生产过程的准确性和流畅性。

4.5　机器人智能加工技术

4.5.1　机器人智能加工技术简介

1）背景概述

改革开放 40 多年来，中国建筑业总产值居世界第一，广义上讲，建筑工程建造是一种特殊的制造业，建造行业的发展同样受到原材料生产、建造设备自动化等因素的严格限制。当前，建造行业的工业化、信息化程度远落后于制造业等其他行业，生产方式粗放、效率低下、材料浪费、环境污染等问题十分突出。结合建造领域劳动力严重短缺，成本逐渐增加的现状，面向绿色化、工业化和智能化方向的智能加工及建造技术是实现传统建筑业产业化转型升级的核心方向之一，是我国新型城镇化发展的重要战略方向。

基于信息物理系统的智能建造通过充分利用信息化手段以及智能加工装备的优势，加强了环境感知、建造工艺、材料性能等因素的信息整合。作为建筑业智能建造的核心环节，机器人智能加工技术是一种多自由度、高精度、高效率的数字化设计与建造工具，超越了传统工艺的加工局限，可以更高效地完成大批量建筑构件的定制加工生产。同时，机械臂能够突破臂展和负重的限制，实现人工作业所无法达到的极限值，从而完成大型或复杂的多尺度、多功能的建造任务。在解放大量生产力的同时大大强化了部品部件的加工质量。

2）机器人智能加工技术

国际标准化组织（International Organization for Standardization，ISO）对机器人的定义为"机器人是一种自动的、位置可控的、具有编程能力的多功能机械手，这种机械手具有几个轴，能够借助于可编程序操作处理各种材料、零件、工具和专用装置，以执行种种任务"。按照 ISO 定义，工业机器人是具有多关节机械臂或多自由度的机器人，是自动执行工作的机器装置，是靠自身动力和控制能力来实现各种功能的一种机器；它接受人类的指令后，将按照设定的程序执行运动路径和作业。工业机器人的典型应用包括焊接、

喷涂、冲压、组装、采集和放置（例如包装和码垛等）、产品检测和测试等。

机械臂是诞生于 20 世纪 60 年代的数控机械工具，它由一定数量的可移动的相互链接的刚性关节组成。关节通过轴相互链接，各个轴的运动通过电机有针对性地调控实现，轴的数量越多灵活性也就越强。

在工业 4.0 时代，建筑师将智能化软件和机械臂建造技术相结合，能够完成个性化的独立的数字建造。从前的工业机器人很难理解建筑师的设计思维，工业机器人软件非常复杂，涉及很复杂的机械臂编程（图 4-11）。工业工程师通过点对点示教或线对线示教告诉机械臂怎样运转，而且不同机械臂的语言是不一样的，这对建筑师来讲是一种障碍。数字化软件则打通了设计软件与数控设备控制交互的端口，如今通过在数字化设计软件中植入插件，就可以通过插件内置的算法把设计师的几何语言转化为机械臂的编程动作，使得设计师不需要懂数控设备的语言，只需要将自己设计的造型转化成点或转化成线，再使用插件把点和线转化为机械臂的空间运动指令即可，不再需要复杂的编程，而通过图形转化和三维建模，就能控制数控设备。对于机械臂来说，只要数据准确，大多数加工都比人工加工容易。例如几百个相同杆件和几百个不同杆件的加工处理对于工人来说难度差别较大，而对于机械臂来说则没有难度上的差别。

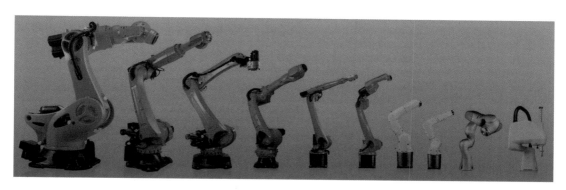

图 4-11　机器人 / 机械臂产品示意图

4.5.2　装饰工程机器人智能加工技术应用场景分析

基于机器人智能加工技术的"减材制造"应用场景。减材制造是传统的生产工艺。传统的减材制造是由工匠师傅用工具将原材料加工和雕琢成所需要的形态的加工方法，传统的减材制造中工匠每一次下刀都是独立的，不可控的。好的匠人需要数年甚至数十年的培训才能掌握精湛的技能，而使用数控设备可以精确的重复某一类工作。数控加工的优点是对于复杂的面的加工具有绝对优势。数控加工自动化程度高，操作人员不需要直接对刀具进行控制。使用数控加工能够降低人的劳动强度，减少工人介入加工过程的时间。

在数控设备中，机械臂与数控机床相比可以在无空间限制的地方完成多种工艺，且机床对于建筑师而言可操作性不强，而控制机械臂可以通过建筑常用软件完成操作。机械臂使用减材制造的手法实际上是通过机械臂以及相关设备的配合达到数控加工的优势。同时由于机械臂本身具有的特点，又可以突破传统数控加工的限制。建筑师使用机械臂进行 CNC 减材制造有利于提高创造性。

4.5.2.1　预制板机器人

由于制作工序较为简单，施工难度不大且需求量大，预制板材生产成为机器人切入建筑业的一个重要环节，通过自动化建筑机器人替代预制化模台上的加工中心，不但可以生产统一的标准构件，还可以定制加工非标构件。常见机器人自动化生产的板材包括预制水泥板、预制水磨石板、预制钢筋混凝土板等，包括搅拌、吊车、挤压、切割、抽水、拉钢丝、浇捣等不同工艺。

4.5.2.2　预制木结构机器人

大型木结构建筑构件由于加工难度较大、规范要求严，通常采用工厂预制方式。现在，预制木结构自动淋胶、数控胶合、多功能加工中心机器人等种类很多（图 4-12），包含了不同的增材与减材制造工艺。木结构机器人加工中心主要包括胶合、切割、铣削、检测、装配等多种类型，以及木缝纫机器人等新型的木结构装配机器人。

图 4-12　预制木结构机器人

1）木材切割工艺

机器人与传统锯切工具可以以两种方式进行协同工作。第一种方式较为普遍，即将传统锯切工具改装后作为机器人工具端，通过机器人带动工具端的运动完成固定工件的锯切加工（图 4-13）。考虑到机器人的负载能力有限，这种方式适用于一般电动手工工具及重量较轻的机械工具如小型带锯。第二种方式是将锯切工具固定，由机器人加持材料进行锯切，一般电动和机械锯切工具都可以采用这种方式。这种方式的优势在于适宜流程化加工，例如利用固定的不同工具，机器人通过一次夹持可以先后完成锯切、铣削、辅助搭建等系列流程。而弊端在于机器人的运动轨迹设计相对复杂，同时其负载能力也限制了材料的尺寸。

图 4-13　木材切割机器人

机器人带锯切割是最具潜力的切割加工方式之一。带锯以环状锯条绷紧在两个锯轮上，沿一定方向做连续回转运动，以进行锯切的锯木机械带锯机效率高而锯路小，可以实现带锯的切割方面的连续变化，从而切割出复杂的直纹曲面形式。广泛用于木材原木剖料、大料剖分、毛边裁切等作业。

2）木材铣削工艺

铣削是一种典型的减材建造方法，以高速旋转的铣刀为加工刀具对材料进行逐层切削加工。在铣削加工中，被加工木材称为工件，切下的切削层称为切屑，铣削就是从工件上去除切屑，获得所需要的形状、尺寸和光洁度的产品的过程。木材铣削主要包括两个基本运动：主运动和进给运动。主运动是通过铣刀旋转从工件上切除切屑的基本运动。进给运动是通过机器人或加工台面的运动使切屑连续被切除的运动。机器人铣削的进给运动主要通过机器人移动路径的编程来完成。在铣削复杂形式或大尺度构件时，一般需要附加外部轴的辅助，比如加工台面的辅助运动等。铣削根据铣刀与工件的接触面可以分为圆柱铣削与端面铣削，根据铣刀旋转方向和工件的进给方向又可以分为顺铣与逆铣。成形铣削主要采用大直径圆柱铣刀进行圆柱铣削和端面铣削，一般采用顺铣方式。

根据加工对象的不同可以将机器人木构成形铣削分为两种：二维轮廓铣削和三维体量铣削（图 4-14）。二维轮廓铣削主要针对木板材的外形加工，根据设计在平面板材上铣出所需工件的外轮廓或内部开口；三维体量铣削是通过从毛坯中去除多余材料逐层实现所需曲面造型的过程，一般分为：①利用大直径平头铣刀进行粗铣，去除大量毛坯，然后用小直径铣刀或球头铣刀进行曲面半精铣和精铣。受刀具强度和加工质量等因素的限制，铣削过程需要分数层完成。②刀具切去一层切屑后，退回原处，让工件或刀具在加工深度方向做垂直直线运动，然后再切下一层木材，如此循环往复，直至加工完成。刀具的运动轨迹设计时需要首先考虑毛坯与所需表面之间的材料差，即需要去除的体量大小，将其均匀划分为等厚

图 4-14　木材铣削机器人

度的多层切削面。通常铣削厚度需要根据材料硬度、刀具质量等因素综合确定。

4.5.2.3 金属加工机器人

金属具有良好的可加工性能，利用其良好的延展性能，可实现冷弯、冷拉、冷拔或冷轧等冷加工；利用其塑性变形和再结晶，可实现铸造、锻造、焊接等热加工；数控加工机可对金属进行切削、折弯、张拉、冲压、铸造、焊接等操作，结合金属表面处理工艺，可满足建筑结构和表皮的加工需求。在数字技术的影响下，金属的使用逐渐呈现非线性、表皮化的变化，机器人的空间运动能力为金属的复杂形体加工提供了自由度；机器臂与多样化的工具端相结合，相比功能单一的数控加工机床，更具有灵活性和适应性。目前，工业机器人在金属成形领域主要有折弯、焊接、打印、渐进成形等几个方面。

1）金属弯折工艺

金属弯折工艺利用金属的塑性变形实现工件加工，目前，金属折弯作业主要使用数控折弯机，数控折弯机的轴数已发展到 12 轴，可满足大多数工程应用的需要。将待加工的工件放置在弯板机上，工件滑动到适当的位置，然后将制动蹄片降低到要成型的工件上，通过对弯板机上的弯曲杠杆施力而实现金属的弯曲成形。同时，折弯机器人已经发展为钣金折弯工序的重要设备，折弯机器人与数控折弯机建立实时通信，工业机器人配合真空吸盘式抓手，可准确对应多种规格的金属产品进行折弯作业（图 4-15）。

图 4-15 金属折弯机器人

自动折弯机器人集成应用主要有两种形式：一是以折弯机为中心，机器人配置真空吸盘、磁力分张上料架、定位台、下料台、翻转架等形成的折弯单元系统；二是自动折弯机器人与激光设备或数控转台冲床、工业机器人行走轴、板料传输线、定位台、真空吸盘抓手形成的板材柔性加工线。

2）金属焊接工艺

焊接机器人在整个机器人应用中占比 40% 以上，焊接机器人的发展基本上同步于整个机器人行业的发展。随着建筑焊接结构朝向大型化、重型化、精密化方向发展，手工焊接的低效、不稳定无法适应建筑钢结构工程发展要求，建筑钢结构采用机器人自动焊接是大势所趋。建筑钢结构焊接机器人适用于预制及现场全位置焊接，可沿着固定轨道往复运行，辅以跟踪和控制系统，实现稳定高效的建筑钢结构焊接。

焊接机器人系统包括机器人本体、机器人控制柜、焊机系统及送丝单元、变位机、工装夹具等基本组成部件，建筑钢结构现场施工作业主要采用移动式轨道焊接机器人

（图 4-16）。除了刚性轨道外，柔性焊接的轨道的出现提高了复杂曲线焊缝的焊接质量，柔性轨道由磁性吸附，其柔性好且装卸方便。

　　焊缝跟踪技术保证了机器人在运动的焊接环境中的焊接质量，其技术研究以传感器技术和控制理论方法为主。电弧传感器和光学传感器在弧焊机器人传感技术研究中占突出地位。此外，超声波触觉传感器、静电电容式距离传感器、基于光纤陀螺惯性测量的三维运动传感器，以及具有焊接工件检测、识别和定位功能的视觉系统等传感系统也不断发展。近年来，随着模糊数学和神经网络的发展，焊缝跟踪理论很好地实现了智能化，可以根据模糊的源数据输入以机器学习的方式实现焊缝跟踪。

图 4-16　金属焊接机器人

4.5.3　机器人智能加工技术软硬件配置分析

4.5.3.1　机械臂硬件系统

　　机械臂系统是指拥有高精度，多输入输出，能够完成高度非线性工作的复合系统。其本身具有独特且灵活的操作性。机械臂系统包括机械臂和末端执行器以及控制系统、操作设备、连接电缆等部分，以及保护装置、传送装置、传感器等外围设备。机械臂系统具有模仿人类手臂的功能，能够完成各种作业可以使用脚本编程控制也能够手动遥控。通过 SmartPad 遥控或者 PLC 语言编程可以为机械臂的运动和末端执行器的运转方式提供信号指令。在世界各地的工厂里，工业机器人系统已经可以完成多项操作任务。例如上下料、搬运工作、焊接工作、喷涂工作、打磨工作等。早在 20 世纪中叶，机械臂系统就被用在汽车制造行业中。机械臂系统能够高精度地完成指定的工作，能够在恶劣的环境中持续并高效地完成工作。

　　通过安装相应的末端执行工具，机械臂系统可以拥有 CNC 数控机床的部分功能，却比数控机床更灵活。通过 CAM 可以实现计算机软件和机械臂系统的对接，使得机械臂系统可以完成数字化建造，能够满足建筑建造的需要，机械臂本身拥有很高的重复精度，在建筑构件的定制生产工作中拥有很强的优势。

4.5.3.2 软件系统

传统工业机械臂的软件是非开源的且内置程序较为简单，并且出于对产品的保护，不同品牌机器人的编程语言是不一样，使用者需要学习该品牌机器人的编程语言才可以在"示教器"上对机器人进行点对点的编程，因此建筑师在示教器上在线编程做定制化建造是有难度的。

为了解决以上痛点问题，业内基于机器人原有的平台开发出了机械臂建造插件。这些插件可以同建筑师使用的数字化设计软件相结合，使建筑师不需要了解各种品牌的机械臂语言就可以同其交流，因此这些插件成为建筑师从设计到建造的"数据桥"。

相关插件由建筑师主导研发，因此无须过多软件工程领域知识，即可帮助建筑师了解将原型的几何形态进行面化、线化、点化之后，如何将其转换为机器人的运动路径，即让机械臂依次完成在所有规划路径上的轨迹移动。针对不同类型的几何形体，譬如平面、单曲面、双曲面、自由曲面等，将其几何信息，譬如坐标、曲率、法向量等依据被加工材料的特性和机械臂建造的运动轨迹，转换为机械臂加工的动作参数，如位置、角度、速度等，这一过程被称为"路径规划"。

装饰工程
数字化施工技术

Digitalized Construction Technology of
Decoration Engineering

第 5 章

Chapter 5

5.1 概述

随着 BIM 技术、虚拟化仿真建造技术、数字化协同管理、智能化生产加工、精益化施工建造等领域的快速发展，极大地促进了装饰工程数字化施工的发展。数字化施工的本质在于以数字化建造技术为基础，驱使工程组织形式和建造过程的数字化转型升级。通过信息化技术集成、虚拟化仿真建造、数字化协同管理、智能化生产加工、精益化施工建造等技术手段，在计算机上实现建筑全生命周期可视化虚拟建造、数字化施工建造与管理，解决装饰设计与装饰施工之间的鸿沟。

积极发展数字化施工能够改变工程建设的传统建造模式，实现工程建造由劳动密集型向科技密集型转型升级，大幅度提高劳动生产率、生产工效以及资源利用率，最大限度地降低工程建造对环境的影响，实现绿色建造、精益建造。

5.2 施工模拟技术

5.2.1 施工工艺模拟技术简介

施工工艺模拟技术即通过创建模型，根据实际施工情况进行动画制作，模拟施工，以可视、直观的方式将施工现场的现有条件、施工顺序及重难点展示。

施工工艺模拟的基本流程：模型创建（主建筑、周边建筑创建），资料收集（施工方案、现场情况等），设计脚本，视频制作，最终成果。

施工工艺模拟技术的特点在于可视化和模拟性。可视化，即"所见即所得"的形式，以直观、形象的方式应对传统建筑施工设计中的问题。传统建筑施工的设计工作主要以 CAD 为载体，将方案通过二维图纸的方式展示，在其施工时难免出现与设计表达不同的偏差。利用模拟技术可视化的特点，尽量避免信息传达的偏差，提高精确度、效率等。模拟性，即模拟设计建筑模型，根据施工组织设计模拟施工，从而确定合理的施工方式，进而指导施工。利用其可视、模拟的特点，通过相关 BIM 软件与施工工序、工法相结合，对项目中的难点及重点进行提前预演，给施工提供方便，具有非常强的指导性。

5.2.2 装饰工程施工工艺模拟技术应用场景分析

以往的项目管理中，施工工艺模拟方面通常采用横道图表示进度，直方图表示资源计划，缺乏直观性，无法表示复杂的关系，对于施工中动态的变化及施工现场真实状况无法表达，由此造成施工进度计划不切实际、现场变化反应不及时、资源分配不均等现象，对于工程进度及安全性有一定影响（图 5-1）。

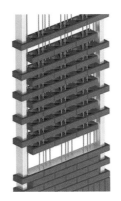
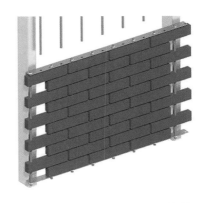

（a）设计方案一：陶板干挂方案1–通长拉筋　　　　　（b）设计方案二：陶板干挂方案2–错位拉筋

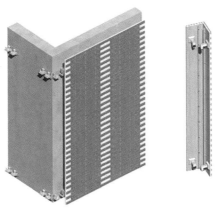

（c）设计方案三：陶板干挂方案3–单打法　　　　　（d）设计方案四：镂空陶砖砌筑方案

图5-1　施工工艺模拟

近几年来建筑行业提出新理念BIM即建筑信息模型，BIM以其可见性、模拟性、参数化性、协调性等特点在建筑行业应用越来越广泛。首先被应用的领域是建筑设计，在其发展过程中施工单位因其工作需求对BIM技术应用较为主动，利用其特点结合施工情况，应用解决施工出现的信息传达偏差、进度计划存在的问题，从而优化施工方案、减少返工和整改，提高效率和节约成本。

装饰工程中施工工艺模拟技术应用场景分析如下：

（1）运用BIM可视化功能，对单元板块进行板块组装及现场吊装模拟。

运用BIM可视化对单元板块组框进行模拟（图5-2），形象系统地讲解单元板块工厂化组装的特点。对单元板块现场吊装模拟，在模拟中及时发现问题提前解决（图5-3），确保设计方案的可行性，避免实际施工应该方案缺陷造成不必要的损失。

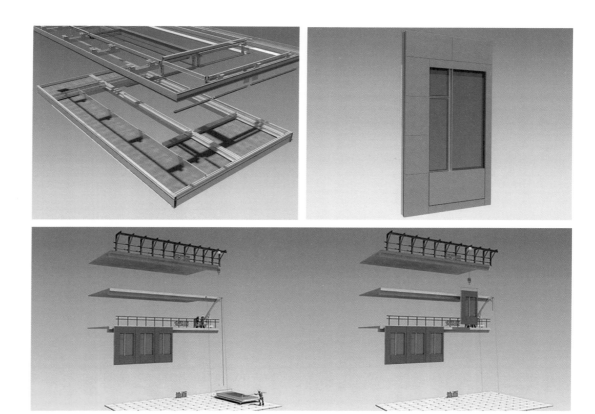

图 5-2　项目单元体组框及板块吊装模拟

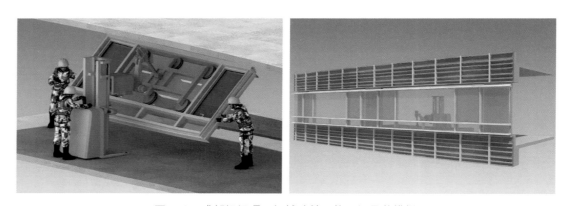

图 5-3　成都机场项目机械臂单元体现场吊装模拟

（2）对复杂构件式幕墙系统进行安装步骤模拟。

积极响应绿色施工号召，优化大型钢结构构件的加工与安装作业，在阿里巴巴五期项目中存在大跨度中庭采光顶，在塔吊难以满足现场施工要求的前提下，搭设钢结构施工平台，避免满堂脚手架搭设提倡绿色施工。

对本项目重难点部位：折线幕墙、拉锁幕墙，龙骨及面板施工措施进行整体部署，通过 BIM 可视化直观表达施工组织方式方法。

（3）对双层呼吸式幕墙进行空气交换可视化模拟。

基于 BIM 的可视化特性对双层幕墙进行空气交换可视化模拟（图 5-4 ~ 图 5-12）。夏季在太阳照射下，双层幕墙内部空气被加热，被加热的空气形成向上运动趋势，将设计的通风设备打开主动抽出被加热的空气，此时双层幕墙通道内应负压形成进风口。利用空调的送风余量，对双层幕墙内部进行空气补充，气流不断运动从而带走热空气，降低室内温度，提高室内舒适度。

图 5-4　阿里巴巴五期项目模型

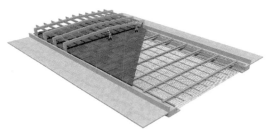

图 5-5　钢结构施工平台搭设

图 5-6　折线幕墙龙骨采用脚手架安装

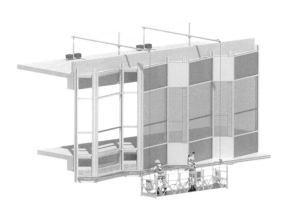

图 5-7　折线幕墙面板安装采用吊篮施工

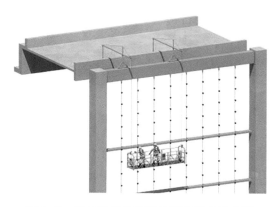

图 5-8　门厅拉锁吊篮架设及幕墙龙骨安装

图 5-9　拉锁幕墙面板采用吊车配合吊篮使用

图 5-10 双层幕墙空气交换模拟

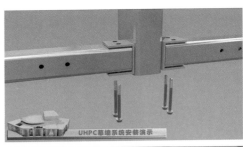
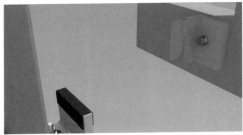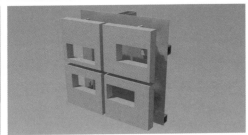

图 5-11 超高性能混凝土（UHPC）板块施工方案模拟

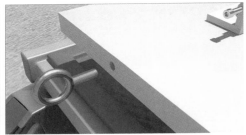

图 5-12 吊装方案模拟

冬季在太阳照射下，双层幕墙内部空气同样被加热形成向上运动趋势，此时关闭通风口双层幕墙通道内空气不流通，被加热的空气热量通过底部预留进风口不断向室内渗透进行热交换，从而提高室内温度提高舒适度。通过 BIM 进行呼吸式幕墙空气交换可视化模拟，形象、生动的阐述节能方案技术特点。

（4）运用 BIM 对重点工程重难点部位进行安装工艺模拟。

上音歌剧院幕墙面积总计约 15 000m²，其中超高性能混凝土 UHPC 面积约 7 000m²，包含很多单块面积超 6m² 的超大板块 UHPC 板，该材料用于幕墙在国内为首次采用。因此对新技术、新工艺的 UHPC 板的构造连接吊装进行施工模拟，通过施工模拟直观展示施工工艺流程，对 UHPC 系统中存在的问题，及时发现提前解决确保新工艺、新材料的施工方案可行。

5.3 智能放样技术

5.3.1 智能放样技术简介

目前建筑行业已经步入转型升级阶段，传统的作业管理方式已不能适应迅速发展的信息化时代需求。数字化定位技术是建筑装饰行业的一项先进专项技术，该技术可以利用高精度放样设备结合规范且精准的 BIM 模型，实现建筑结构物的快速、高精度地定位放样。通过该技术的运用，可以有效地解决建筑装饰行业中部分复杂的结构定位问题，提高了施工效率和精度。

应用数字化定位技术完成安装的立体结构，可以准确地表达出各种复杂立体棱柱风格，增加了建筑装饰的艺术性。面对复杂的设计、紧张的工期，数字化定位技术是唯一能够短时间完成大面积的异形完成面定位放样工作的技术措施，也将是未来行业广泛采用的方案。

常用数字化定位设备有三维扫描仪、全站仪和 BIM 放样机器人等。

5.3.2 装饰工程数字化定位技术应用场景分析

数字化定位技术在装饰工程中的应用多样化，以幕墙设计为例。幕墙设计的过程中会有一些异形曲面幕墙设计，通过二维的图纸施工精确定位有一定难度，若建立相应的三维模型，对其模型进行分析，提取相应的数据进行定位，指导施工，将降低施工难度，提高施工精确度及效率，节约成本。

1）参数化精确定位幕墙龙骨

对于曲面及异形建筑，相应的平面图纸难表达幕墙构件的定位。为了准确表达幕墙构件的定位安装，可以通过提取构件的坐标点信息，通过已知坐标点来控制龙骨安装角度以实现精准定位（图 5-13）。

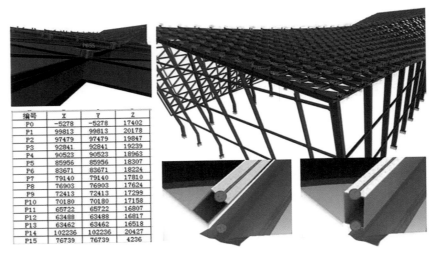

编号	X	Y	Z
P0	-5278	-5278	17402
P1	99813	99813	20178
P2	97479	97479	19847
P3	92841	92841	19239
P4	90523	90523	18963
P5	85956	85956	18307
P6	83671	83671	18224
P7	79140	79140	17810
P8	76903	76903	17624
P9	72413	72413	17299
P10	70180	70180	17158
P11	65722	65722	16807
P12	63488	63488	16817
P13	63462	63462	16518
P14	102236	102236	20427
P15	76739	76739	4236

图 5-13　参数化定位

在 BIM 模型上提取坐标点前，需自定义设置坐标原点，提取的坐标点数值都是相对于坐标原点的距离，坐标原点设置不一样，对应的坐标点数值也不一致。圆盘连接件的定位安装，如采用传统测量放线方式，需要先测绘放样出施工控制网，再通过施工网控制定位建筑的主轴线，通过跟圆盘连接件与主轴线的距离来控制连接件的平面定位，最终结合 Z 轴向标高最终确定连接件定位。

采用坐标点配合全站仪通过打点方式定位模型，测设点直接跟坐标原点关联，避免了过多地去标注点与轴线的距离工作。对于幕墙龙骨定位点数量的设置，一般 1 根龙骨要提取 2~3 点，从而固定龙骨的旋转角度及定位。

天府之眼项目超大面积飘顶龙骨施工放样定位作业中，进行飘顶位置幕墙施工时，通过全站仪逐个复核网架螺栓球坐标（图 5-14），复核钢网架施工误差。分别在上下螺

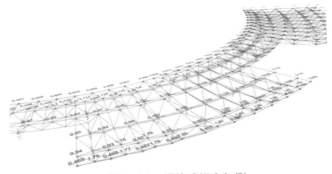

图 5-14　螺栓球标高复测

栓球上建立幕墙龙骨模型，通过模型提取龙骨加工及安装信息，实现飘顶大规格蜂窝板的数字化建造。

2）异形幕墙龙骨空间定位

施工阶段幕墙异形龙骨的安装对后边面板的安装起重要作用，为了确保安装精确度可通过建立 BIM 三维幕墙龙骨模型，提取每根龙骨的三维坐标点，利用全站仪准确定位，确保每根龙骨准确安装。

案例示意具体过程：

① 建立龙骨模型（图 5-15）。

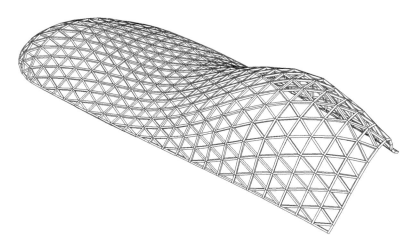

图 5-15　龙骨模型

② 提取龙骨三维坐标（图 5-16）。

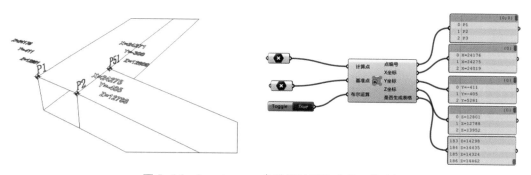

图 5-16　Grasshopper 参数设计提取龙骨三维坐标

③ 全站仪定位龙骨坐标点（图 5-17 ~ 图 5-19）。

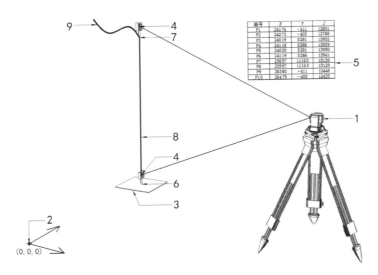

图 5-17 全站仪定位测点

1—全站仪；2—坐标原点；3—楼层地面；4—全站仪棱镜；5—待测点坐标；6—平面测设点（X，Y）；
7—最终测设点（X，Y，Z）；8—竖向导向线；9—测设点位固定件

	A	B	C	D
1	编号	X	Y	Z
2	P1	24176	−411	12801
3	P2	24275	−405	12788
4	P3	24019	5281	13952
5	P4	24118	5286	13939
6	P5	24020	5281	13950
7	P6	24119	5286	13941
8	P7	23857	11160	15139
9	P8	23957	11165	15129
10	P9	26380	−411	12448
11	P10	26479	−405	12435
12	P11	26227	5263	13681
13	P12	26327	5269	13668
14	P13	26228	5264	13679
15	P14	26328	5268	13670

图 5-18 定位点坐标

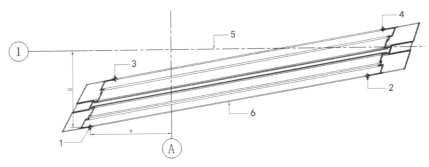

图 5-19 测点示意图

1—全测点 1；2—全测点 2；3—全测点 3；4—校核点 4；5—轴网控制线；
6—幕墙构件；7—测设点与轴线投影距离 A；8—测设点与轴线投影距离 B

④ 龙骨施工效果（图 5–20）。

图 5–20　龙骨施工现场

3）滴水湖南岛会议中心异形建筑板块定位

屋面定位系统采用全站仪，既能测角度也能测距离，借助 Grasshopper 和 Rhino 系统化出来的模型坐标点及编号图（图 5–21），导入全站仪测得现场三维坐标点（图 5–22）。

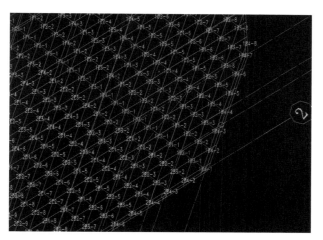

图 5–21　模型坐标编号图

图 5–22　现场三维坐标点

5.4　智能施工装备技术

5.4.1　智能施工装备简介

建筑业作为劳动密集型行业，劳动力成本是其主要成本之一，而劳动力成本支出由其所使用的劳动力数量及工资水平所决定。长期以来，成本低廉、供应充足的农村转移劳动力为建筑业的快速发展提供了重要支撑。但随着中国劳动年龄人口在 2012 年迎来了拐点，我国劳动力供应减少以及人工成本上升正在成为一种不可逆转的趋势。在全行业劳动力资源增长缓慢的市场环境下，建筑业作为仅次于采矿业的第二高危行业，露天的作业环境、混乱的工地现场、艰苦的居住条件都阻碍了劳动力进入建筑业的步伐。这些都使建筑业正在成为劳动力短缺波及的行业。

一方面建筑业的快速发展对劳动力需求巨大；另一方面劳动力短缺、生产技术落后、工人技能素质偏低等问题不断凸显，建筑生产工艺的转型升级不可避免地成为促进建筑业健康发展的必然需求。通过研发建筑机器人等智能建造装备及创新工艺，应对建筑预制建造与现场施工过程中的劳动力短缺及粗放式生产问题，实现高精度、高效率的建筑工程建造，推动了传统建筑行业人工操作方式向自动化、信息化建造施工方式的转型升级。

建筑机器人是指应用服务于工程建设领域的机器人，不仅可以替代人类执行简单重复的劳动作业，而且还有着稳定的生产质量和高产能的生产效率。此外，机器人可以在各种极端严酷的环境下长时间工作，避免了人工作业的安全隐患，适应性极强，操作空间大，且不会感到疲惫，这些特征都使得建筑机器人拥有比人类更大的优势。以建筑机器人为代表的智能施工装备不仅能够提高劳动生产率、应对劳动力供给等问题，同时有助于建筑业走上工业化、信息化、智能化的道路，在高性能、集约化、可持续性发展方面形成重要抓手与支撑。

5.4.2 智能施工装备应用场景分析

按照建筑工程施工的工序特点，智能施工装备在建筑施工中主要应用在建筑施工场地的处理、建筑主体工程的施工、建筑装饰装修工程三大方面以及对建筑的检查清洁。

1）处理施工场地

建筑施工场地处理上主要包括测量放线、基坑挖掘、岩石开凿、管道排水、基坑支撑面喷涂和场地平整等，对应工序都开发有相应的机器人进行施工。

2）辅助主体工程施工

主要的主体工程施工包括混凝土的搅拌浇筑、钢筋的配置、墙体的砌筑等。主体工程工程量大，施工复杂，是建筑工程施工过程中耗时最长、用量最多的程序，建筑机器人的使用能提高施工效益，缩短工期，降低工程造价。

3）辅助装饰装修工程

建筑工程中，装饰装修工程包括地面平整、抹灰、门窗安装、饰面安装等。建筑装饰装修工程对于作业精度要求非常高。以抹灰为例，其平整度不得超过 3%，人工作业要达到相应要求常常需要反复检查和返工，而抹灰机器人的作业平整度能达到 1%，基本一

次完成，避免返工，从而提高工效。

4）运营维护器人

高层建筑表面装饰很容易出现开裂、破损，如果完全依靠人工来进行检查，一方面由于其检查频率高带来较大工作量；另一方面人工通过眼睛或借助工具很难发现问题，使用建筑自动检查系统能全面精确地发现建筑存在问题。此外，随着建筑高层化的发展，建筑使用玻璃幕墙十分频繁，但玻璃幕墙沾染灰尘会影响透光度和建筑整体形象，因此需要对其进行清洁。传统清洁依靠人工系挂安全绳或搭载安全工作面从上而下进行，存在高空坠落的安全隐患，且人工清洁效率低下，工作效果不佳，需要反复进行。依靠自动清洁机器人能安全、高效地完成建筑玻璃幕墙清洁工作。

5.4.3 装饰工程智能施工装备分类介绍

1）三维环境建图智能机器人

配备 3D 扫描仪、单反相机和热成像仪，以此收集施工现场实时信息生成具有坐标、色彩和热量信息的点云数据及云图。同时，移动平台还配备了用于即时定位与环境建图的自主导航附加传感器（GPS 接收器，惯性测量单元、车轮中的编码器等）。

2）砖构机器人

尽管预制砖墙以及其他重要的建筑材料（如混凝土、钢铁和木材）的预制加工和使用都取得了重大进展，砖结构的现场生产仍然是非常重要的施工环节。如今砖砌块有许多不同的形式，甚至不乏各类高科技砌块，例如集成和高度绝缘等特征。砖砌块性能的发展以及对砖砌建筑的需求导致了使用机器人在场建造砖砌结构方法的复兴，市面上已经有多种不同类型的砌砖机器人（图 5-23），各大建筑高校也纷纷将砌砖机器人作为数字化建造技术应用的一个重点研究方向。

图 5-23 砖构机器人

3）单元构件定位机器人（起重机终端）

单元构件定位机器人可以作为单个实体或群体，并沿着桁架结构移动以组装、拆卸、定位和重新定位单个桁架元件。该系统可用于利用桁架元件建立多种形式的建筑结构（图 5-24）。

图 5-24 单元构件定位机器人（起重机终端）

图 5-25 建筑立面单元安装机器人

通过机器人定位辅助装置与起重机端部执行器的技术融合，可以实现精确的吊装与对位操作，从相对简单的机器人末端执行器，还可将柱或梁定位到允许精确定位和组装的多自由度末端执行器。一些特色系统原型在试验和演示中还配备了小型可控的涡轮机和陀螺仪，以获得更精准的位置以及方向控制，带来更先进的自动化解决方案。

4）建筑立面单元安装机器人

建筑立面单元安装操作包括窗户的定位和调整、完整的立面单元安装或建筑物的外墙安装。预制外立面单元的安装操作涉及将重型部件或单元构件精确地定位在建筑工人难以接近的位置。立面单元安装系统一直是科研机构的重点研发方向，该类别包括可在单个楼层上使用的移动机器人及用于安装立面构件的具有高度移动性的蜘蛛式机器人起重机等（图 5-25）。

5）室内装修机器人

该类别建筑机器人系统包括多种类型，例如配备操纵器的用于定位、安装墙板的机器人移动平台系统，全自动化安装天花板的机器人系统；安装大型管道或通风系统的机器人系统；墙纸、片材等材料铺贴机器人系统；墙壁上的砂浆／石膏刮平机器人系统；墙壁和天花板的自动钻孔机器人；可进行室内复杂图案瓷砖高精度铺装的铺砖机器人等等，一些系统甚至被设计为可以定制或适应各种现场条件和任务的模块化机器人系统。

图 5-26 室内装修机器人－铺砖机器人
（图片来源：Gramazio Kohler Research，ETH Zurich）

以铺砖机器人为例，基本所有类型的建筑物通常都有各类地面铺装材料。在建筑施工中的操作包括瓷砖运输、砂浆涂抹、瓷砖定位以及平整铺设等步骤。大量

单元瓷砖构件的相同或差异化铺设以及通常难以攀爬立面的事实使得铺装自动化系统研发具有巨大的潜力。铺砖机器人的发明，可以提高精度，甚至可以实现复杂图案的铺设，而不会过分增加所需的工时或成本。该类别的建筑机器人系统包括将瓦片安装到垂直墙面（如墙壁、外墙等）及水平地面（地板等）的系统（图5-26）。

6）立面喷涂机器人

立面喷涂机器人通常具有能以同步模式操作的多个喷嘴，喷嘴通常也被封装在被覆盖的喷头构造中，可以防止涂料溢出。连续喷涂的质量由喷嘴尺寸、喷涂速度和喷涂压力决定，这些因素都能得到有效的参数化控制，运行效率大致分布在 $200 \sim 300m^2/h$。喷涂机器人可以安装在不同的立面移动系统中，例如悬挂笼／吊舱系统、轨道导向系统和其他立面运动的系统机构（图5-27）。

图5-27 立面喷涂机器人
（图片来源：Kuka Roboter，https//youtu.be/8ug OT-ZpE8Y）

5.5 数字验收技术

5.5.1 增强现实技术简介

增强现实技术（Augmented Reality，简称AR技术），是通过计算机技术，将计算机模拟的以图形图像为主的信息，与现实世界环境进行叠加，两者内容相互补充，从而得到一个实景与虚拟相结合的画面的技术（图5-28）。增强现实技术所涉及的核心技术主要分为镜头跟踪定位技术、图像计算与叠加技术和虚拟部分的图像运算能力。

图5-28 增强技术在建筑工程中的应用

1）镜头跟踪定位技术

为了实现三维模型与现实场景的正确叠加，需要由摄像头、红外探测器、激光雷达等硬件设备对所处显示场景进行扫描并自动生成周围环境的准确轮廓及三维空间信息，并实时将这些空间信息赋予需要叠加的三维图像，使得三维图像始终处于正确的位置并显示正确的三维信息。这部分的技术本身并不难理解，但却受到硬件设备性能的制约。以智能手机（平板电脑）为代表的一系列硬件设备中集成了红外线传感器并大幅提升处理器性能，同时，AI 技术的快速发展也推动了图像识别技术的突破，使得图像跟踪定位技术已逐渐达到了 AR 技术的使用需求。

2）图像计算与叠加技术

AR 技术要求虚拟场景和现实场景叠加，两部分内容各自需要一套图像处理方式，建筑工程中，实景一般通过移动设备（手机或平板电脑）的摄像头获取，同时设备还要参与三维图像的渲染，对硬件要求非常高。因此 AR 图像的最终刷新率（每秒显示图像的帧数 FPS，一般 30 帧 /s 以上视觉不会感觉明显卡顿）一直是重要参数指标，直至近两三年，民用市场的软硬件才逐渐达到标准。

3）虚拟部分的图像运算能力

得益于 VR 虚拟现实技术的发展，其显示的虚拟部分的图像效果越来越好，比如现在的 AR 技术能够从摄像头中获取周围的环境信息，如亮度、光影、反射等，从而反馈到三维模型中，从而使得虚拟部分的内容与实景能够更真实地融入在一起。

综上所述，AR 增强现实技术是一门综合性很强的技术，受许多相关硬件技术的影响，因此具有非常大的发展空间与使用前景。针对建筑工程领域，已经具有一定的实用价值，而未来的发展更是值得期待。

5.5.2　装饰工程增强现实技术应用场景分析

在装饰工程中，AR 增强现实技术主要的应用点可分为三个大类，一是设计验证，二是辅助审核与验收，三是指导施工。

1）设计验证

此项应用相对较为成熟，基于工程各阶段 BIM 模型，进行优化及材质设定后导入 AR 软件，即可在指定位置观察设计成果，验证方案合理性，或者对部分设计思路进行比选优化。另一类应用场景则是通过 AR 技术，将三维模型投射于会议桌上，项目各方就能够全方位立体地观察模型，从而进行更有效的沟通交底。

2）辅助审核与验收

通过项目现场的实景与 BIM 模型的叠加，快速进行工程质量的审核与验收，这种方式无论是对机电还是对装饰基层、面层都有很好的适应性。以 2020 版的 iPad pro 为例，该设备 AR 的精度约在每 10m ± 5cm，在非大层高的空间内，通过设置多个检查点，可将进度控制在 10m±1cm，完全满足大部分作业的验收工作，随着软硬件的不断升级，这个精度也会越来越高。项目上也可通过专门的程序，将 AR 图像与高清监控摄像头结合，完成远程 AR 审查项目现场的功能，并且通过 AI 技术的加持，可以通过 AR 技术进行自动识别和半自动验收，同时通过施工管理平台进行同步数据更新（图 5-29）。

图 5-29　新开发银行总部大楼 AR 基层验收

3）指导施工

AR 技术不仅能叠加三维模型，还可以将各种设置好的信息迭加入实景中，比如自动识别材料构件，进行辅助安装，或者载入一段简单的动画，进行施工工艺的技术指导。这些信息不单能通过移动设备的屏幕，还能通过专门的 AR 眼镜，实时叠加于工人的视野中，而这些 AR 技术在将来也能够通过数据的积累，最终应用于机器人自动施工当中。

除了建筑设计、施工到竣工阶段能够使用 AR 技术，在运维阶段也有许多应用，比如应用于运维阶段机电、设备或隐蔽工程维修维护工作，而这些应用大多可以通过施工阶段的 BIM 模型和数据进行延续使用。

数字化
协同
管理

Digitalized Collaborative
Management

第6章
Chapter 6

6.1 概述

数字化建造的协同化发展是一个系统化工程，对于所涉及的各个单位而言，信息互联互通、数据整合共享、工作协同联动是重点。在信息互联互通方面，要加强顶层设计，构建信息交互体系，集中管理工程项目全过程中产生的各类信息，如三维模型、图纸、合同、文档等。在数据整合共享方面，要统一数据交互标准、统一建模标准、实现模型轻量化，充分整合和共享建筑项目信息在规划、设计、建造和运行维护全过程中各类数据资源，无损传递，使建筑项目的所有参与方在项目整个生命期内都能够在模型中操作信息和在信息中操作模型，协同开展工作，从而实现建筑全生命期得到高效的管理。在工作协同方面，通过协同管理平台以连续数据流为主线将项目各参与方联系起来，所有的模型数据和设计、施工的全过程信息都保存在网络云端服务器内，对信息进行动态地记录、追溯、分析，及时沟通协作，做到工作流与数字化资料管理的无缝结合，实现项目各参建方全过程全要素的可视化、数字化、精细化协同管理。

6.2 智慧工地管控平台

6.2.1 智慧工地管控平台简介

装饰工程智慧工地管控平台的核心是改进工程中人、机之间、各级管理层之间的交互方式。建立互联协同、安全监控、数据收集、经验共享等信息化生态圈，并将数据进行实时分析，实现工程的远程监控和智能管理（图 6-1）。

以物联网技术为核心，利用传感网络、远程视频监控、地理信息系统、物联网、云计算等新一代信息技术，依托移动和固定宽带网络，打造智慧工地管理平台。围绕智慧工地管理平台，整合视频监控、智能安全帽、实名制系统、环境噪声扬尘监测、安防监控、升降机监控、物料管控、临边防护、工程进度施工管理等专项管理业务，实现智慧化、统一化的远程监控、自动监督、调度指挥，进一步提升建设工地监督管理水平，促进建设工程科技创新。

装饰工程智慧工地的终极目标是以"互联网 +"为手段，管控项目质量、监管作业安全、降低施工成本、减少环境污染，解决建设施工过程中的各类问题。

6.2.2 装饰工程智慧工地管控平台核心功能模块简介

（1）人员定位与管理：利用定位技术如 RFID、蓝牙等，对工地人员进行实时定位和管理，包括进出记录、考勤管理、区域限制等，以提高人员安全和管理效果（图 6-2）。

图 6-1　装饰集团智慧工地管控平台

图 6-2　人员定位与管理功能模块

（2）施工监控：通过视频监控、摄像头和无人机等技术，实时监测工地的安全状况、人员活动和设备运行情况，以提高施工现场的安全性与效率（图 6-3）。

（3）安全预警与管理：通过传感器、监测设备等，实时监测工地的环境和设备状态，及时预警潜在的安全风险，通过预警信息和报警系统提醒管理人员采取相应的措施（图 6-4）。

（4）物资管理：利用 RFID、条形码等技术，实现对施工材料和设备的追踪、盘点和管理，提高物资使用效率、防止丢失和浪费，通过视频监控对材料堆场状况进行实时反馈（图 6-5）。

（5）环境监测与管理：利用传感器监测工地环境的空气质量、噪声、振动等指标，提供实时的环境数据，方便管理人员对施工环境进行监管和调整（图 6-6）。

图 6-3 工地安全状况视频监控功能模块

图 6-4 常态巡检功能模块

图 6-5 材料堆场视频监控功能模块

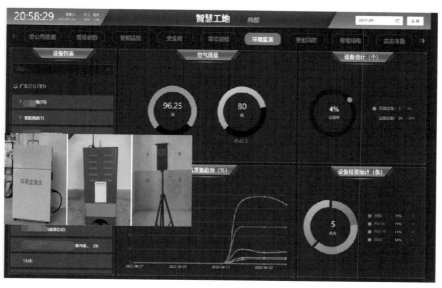

图 6-6　施工现场环境监测功能模块

（6）利用信息技术和智能化手段来管理和维护工程项目的相关文件、资料和信息，以实现档案的数字化、集中化和便捷化管理（图 6-7）。

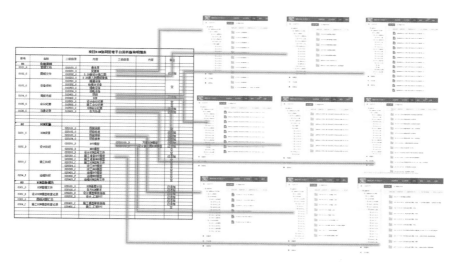

图 6-7　项目资料平台数字化管控功能模块

6.2.3　装饰工程智慧工地管控平台关键技术

1）信息服务平台开发技术

采用主流管理平台、大型关系数据库技术（SQL server 2008）、主流软件开发技术和现代网络通信技术，充分考虑与其他信息系统的开放互联、多源数据接口、数据之间的关联以及网络环境的开放性的基础上，形成以完备的工地各项信息数据库为基础，以开放的专题系统数据信息服务平台为依托，集成系统的其他相关应用，建成信息化建设的重要空间基础智慧工地运行管理平台。

2）统一的基础平台和应用平台

充分考虑到工地各部门的业务需求，充分保证数据的共享和功能互操作。同时，平台具备良好的可维护性和扩展性。因此，本系统采用统一的基础平台。包括操作系统平台、数据库平台、信息系统平台和应用平台。采用统一平台，可避免不必要的系统间数据的转换、功能的接口以及系统升级扩展时大量的维护工作量，保证系统的一致性和稳定性。

3）基于物联网技术的数据传输终端

装饰工程的周期短，不适合大规模部署固定机位的监控和传感设备，信息收集主要应用便携式可移动设备，采用有线无线混合网络，实现施工现场信号全覆盖；采用最新无线通信技术，具备低功耗、传输稳定、信息全面功能完整、报警方便、方便携带等特点，安全性高。

4）基于关系数据库的空间与非空间数据一体化管理技术

基于关系数据库统一管理空间数据与非空间数据可以有效地实现空间与非空间数据关联和集成。而且由于空间数据与非空间数据都以数据表或视图的形式存贮，可以方便地采用数据库逆向工程的方法自动提取元数据，因此，可以方便地实现基于元数据信息资源管理。

5）人工智能技术

人工智能技术已经被广泛运用到建筑行业中，包括设计、材料配比、质量检测等环节均应用到机器学习算法的一些成果，而 AI 图像识别在施工人员管理及安防方面的表现，更是跨越式的发展，目前已经是非常成熟的技术解决方案。

6.3　可视化协同管理平台

6.3.1　可视化协同管理平台简介

可视化协同管理平台是一种新型的用于帮助项目团队更加高效协同管理工具。它是将装饰工程实施过程中的信息进行收集、整理、处理、存储、传递与应用，为工程的规划、决策、组织、指挥、控制、检查、监督和总结分析提供及时、可靠的数据依据，从而保证工程管理的准确与高效。

可视化协同管理平台通过建立数据协同和管理机制、设置数据访问权限、数据备份和恢复控制，使参建各方的 BIM 数据和建造资料能够在灵活、安全的环境中实现交互共享（图 6-8）。

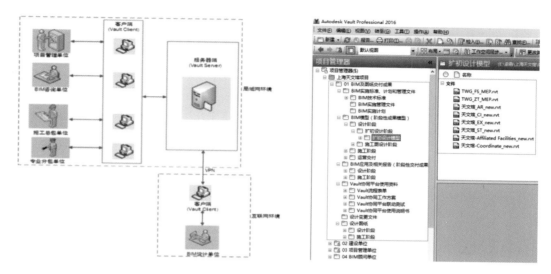

图 6-8　协同平台示意图

6.3.2　可视化协同管理平台功能分析

1）基本信息管理

在项目管理过程中，对项目的基本信息进行收集、整理、存储和更新的活动。并将其余功能板块的信息进行统一的展示，通过项目基本信息管理，项目团队可清晰了解项目背景、目标范围、进度等关键信息，可以更好地对项目动态调整（图 6-9）。

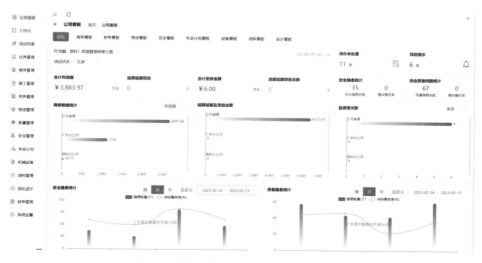

图 6-9　协同管理平台项目信息总览界面

2）施工进度管理

进度管理对于项目协同管理来说是至关重要的，通过任务计划、进度跟踪、任务分配、里程碑管理、实施协调与冲突检测等功能，实现对项目进度的全面管理和控制，提升项目团队的协同效率和项目交付的准时性（图 6-10）。

图 6-10　协同管理平台项目进度管理界面

3）图纸、模型管理

协同管理平台提供图纸、模型的版本管理、协同编辑、信息关联、一致性检查、分发共享和权限控制等功能，提升设计文件和模型的组织、版本控制、访问权限、共享和备份的有效管理。利用平台信息记录可查询的特点，确保项目团队在设计和施工过程中使用最新、准确的图纸和模型，设计文件的一致性和可追溯性，并促进团队之间的协作和沟通（图 6-11）。

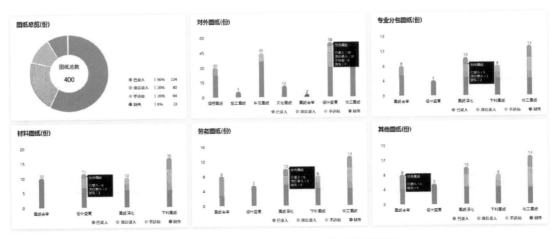

图 6-11　协同管理平台图纸、模型管理界面

4）项目级节点数据库

在协同管理平台中搭建装饰工程项目级节点数据库，将装饰参数化标准节点与项目模型进行系统关联，实现节点快速查询、可视化交底等应用。帮助装饰工程师和设计师更快捷地选择和应用适合项目需求的节点，提高工作效率和项目质量（图6-12）。

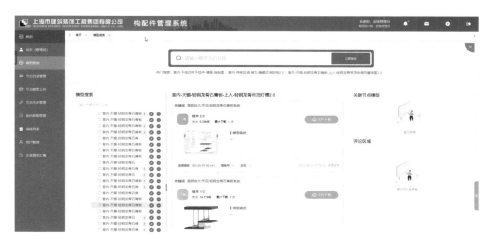

图6-12　协同管理平台节点数据库界面

6.4　项目信息远程协同平台

6.4.1　项目信息远程协同平台简介

项目信息远程协同平台是一种以720°全景照片为信息载体，基于互联网技术的协同工作平台，旨在帮助装饰工程项目团队实现远程协作和信息共享，以便团队成员可以在不同地点、不同时间进行项目沟通、协调与合作（图6-13）。

图6-13　项目信息720°云端远程协同

6.4.2 项目信息远程协同平台应用场景分析

1）既有建筑修缮改造及功能提升

既有建筑改造项目中，利用全景相机记录项目现场的现状图文资料并在平台上对进行展示，各参与方可通过平台远程确定改造位置、内容及都已经技术措施，辅助改造方案的制定（图 6-14）。

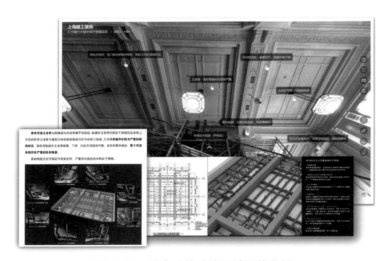

图 6-14 既有建筑改造区域现状分析

2）项目远程指挥

项目信息远程协同平台通过实时监控和数据共享，加强了项目场内、外的紧密联系。场外管理人员可以通过平台对项目的进展、质量和成果进行监控和评估，及时发现和解决问题。监控指标、报告和数据可以通过远程技术传输和分析，为项目管理团队提供准确的数据支持，帮助制定决策和调整策略（图 6-15）。在特殊情形下，项目远程指挥成为一项至关重要的措施。

图 6-15 项目成果远程展示平台

6.5　工艺节点数据库

6.5.1　装饰工程工艺节点数据库简介

基于 BIM 技术进行装饰工程的深化设计工作时，经常遇到个人知识盲区、传统二维深化模式效率低下、不同维度信息分散、分享知识途径单一、工作缺少规范标准等几大问题。针对上述问题，装饰工程标准化工艺节点数据库应运而生，为 BIM 深化设计工作带来了巨大的改变。

通过建立并完善装饰工程标准化工艺节点数据库，实现构造节点的参数化设置、体现施工工艺逻辑关系、内嵌设计规范和施工验收规范的具体条文、充实精品观摩工程全套施工图与实体效果照片、加入部分战略合作第三方产品数据库，从而形成集团数字化设计深化集成工作平台，为 BIM 深化设计工作带来了巨大改变，打破知识孤岛，发掘数据价值，完善设计标准，提高深化设计工作效率及质量。

6.5.2　装饰工程工艺节点数据库核心功能模块简介

1）云端管理——打破知识孤岛

项目深化设计师或项目工程师大多依靠的是个人能力进行图纸深化工作，这种个人能力的积累是个长期、持续的过程，且每个人都有自己的知识盲区，必须有一个知识分享的途径帮助深化设计师更好成长。通过节点数据库的使用，可以实现线上知识分享，打破知识孤岛，缩短深化设计师的培养周期，有效改善深化经验不足导致的深化效率低、出错率高的问题。同时，这种知识分享方式也能有效建立标准化的信息管理，便于评估模型图纸的工作成果，通过图形化展示，让汇总信息一目了然；详细按钮可进入详细列表，通过点击节点名称，快捷进行模型信息查阅；通过各种图表迅速了解知识分享的变化趋势、下载热门、用户贡献和最新使用信息（图 6-16）。

2）快速搜索——发掘数据价值

传统的工作模式，图纸的版本管理和文件中转一般通过纸质媒介或电子拷贝，查找和传递均存在效率低下的问题；存放过程中，很容易出现丢失，遗漏的情况；特别是项目结束后，图纸的保存和查找更是困难重重。通过节点数据库的使用，可以有效提升工作效率；提供树形菜单结构和模糊搜索两种快速检索形式，满足不同类型用户的需求；解决了原来纸质资料及文件夹模式管理的快速查找的难题。模糊搜索可对模型进行多个维度的搜索，包括名称、存储路径、关键字、数据编码等；搜索结果可直接点击查阅和下载，并提供自定义打包下载功能，可将关联模型一次性下载，让沉淀的模型数据发挥最大价值（图 6-17）。

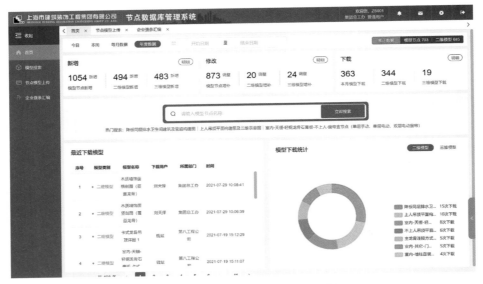

图 6-16　工艺节点数据库系统界面

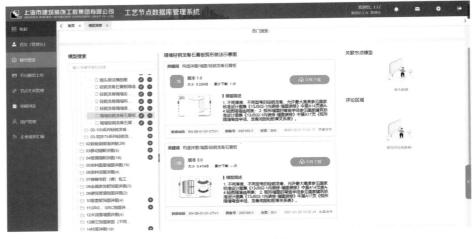

图 6-17　快速搜索

3）多维联动——汇聚模型信息

在深化设计师经验积累过程中，对节点构造的理解往往停留在二维平面的维度上，很难形成完整的三维空间概念。而相关信息往往散落在不同的文件、不同的部门、不同的参建单位中，获取存在一定障碍。节点数据库的应用方式，等于提供了一套同时具备二三维互相参照的学习资料，让项目工程师的学习和理解达到事半功倍的效果。系统还提供了评论功能，帮助使用者对这些资料随时提出建议和要求，并加入模型在实际工程中使用情况的反馈（图 6-18）。

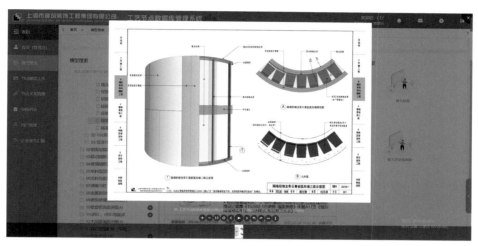

图 6-18　多维联动

4）便捷上传——建立知识图谱

当前工作模式下，由于项目深化设计师人才紧缺，一些项目的深化设计工作只能由项目工程师兼任。绘图水平的高低是造成深化图纸质量无法持续保证的重要原因；一个合格的深化设计师往往需要一到两个甚至更多项目的培养，也需要经验丰富的带教。而节点数据库平台相当于一个能将培养过程中的经验和知识积累起来的渠道，为后续工作学习提供大量帮助。用户可在节点模型上传页面的树形菜单添加编辑，快速完成节点模型上传，节点名称及编码均采用自动编码，关键字等信息为内置下拉列表，熟悉操作后，一个节点的上传工作仅需 1~2min，且支持多点上传；节点模型审核状态直接在菜单上可见，管理员用户可一键审核（图 6-19）。

图 6-19　模型节点上传

5）强制性条文规范——完善设计标准

建筑工程的施工过程中，必须遵从设计规范、验收规程的要求，一些大型超大型企业还会有自己的企业规范来约束现场的施工，这就对项目深化人员除了绘图水平以外，提出了更高的要求。模型缺少规范标准的约束，往往会引发参建单位之间的工作交接问题。系统强制性条文规范模块，包含强条管理、模糊搜索、全文搜索等功能，支持自定义多级目录，灵活管理企业强条，提供名称模糊搜索及在线阅览。在深化设计过程中，可以有效地帮助使用者避免由于对最新规范了解不足，以及不同规范标准之间的差异所造成的设计错误，完善设计标准（图 6-20）。

图 6-20 企业强制性条文规范汇报

6.6 构配件物流管理平台

6.6.1 基于 BIM 技术的构配件物流管理平台简介

BIM 技术具备三维可视化特点和协同管理的功能。因 BIM 技术是利用三维数字技术建立起来的一种工程数据模型。因此 BIM 技术可将工程建设的各种要素用图表的形式表示出来，使其更加直观地呈现在物流管理人员的面前。在项目物流管理中互联网 +BIM 技术的应用能够显著提高企业的生产能力与创新能力，进而提高企业物流管理水平。同时，BIM 技术加强了工程各参与方之间的信息交流频率与效率，提高了物流管理工作的协同性。

BIM 技术能够对互联网 + 建筑材料进行精细化管理。BIM 技术应用的基础是计算

机，通过计算机精确的计算，能够将物流管理中建筑材料的管理工作变得更加准确、精细，并通过图表等呈现出来，帮助物流管理人员更加有效、快速地开展工作。同时对建筑材料进行精确的管理，还能够有效地避免资源浪费情况，提高建筑施工企业成本管理的水平。

应用 BIM+二维码或无线射频技术能够对装饰构配件进行信息化溯源管理。传统的工程数据信息均采用线下二维存储方式进行保管，不仅不利于查询分析，而且容易发生丢失，导致工程材料信息的不完整。而应用 BIM 模型的物流管理技术能够有效地避免这一情况。BIM 技术是利用计算机进行信息储存，最大程度确保信息的完整性，为企业进行信息化溯源管理提供保障（图 6-21）。

图 6-21　装饰构配件物流管理平台

6.6.2　装饰工程物流管理作用分析

建筑装饰领域主要包含两方面基于 BIM 模型的物流管理。

1）提高采购计划制定的准确性

监控物流成本 BIM 技术的应用能够极大改善原有信息储存方式中，信息出现割裂的情况。完整的 BIM 工程模型中，用平面图、剖视图、立体图、透视图等呈现设计元素，任一模型发生改变都会使其他元素发生变化。可通过 BIM 模型直接生成工程清单，将工程建设所需的人力物资直观且准确地体现出来。同时，利用基于 BIM 模型的物流管理还可以实现对物流成本的有效监控。通过 BIM 技术不仅可以对材料用量进行精确的控制，还可以有效的监控建筑材料在采购、运输、保管阶段的物流成本，并对其进行动态调整。

2）实现资源的动态式管理

提高信息平台的开放性。应用 BIM 工程模型，不仅能够实现对施工资源的动态管理，而且能显著的提升企业物流管理水平。资源动态管理主要包括两方面：第一是装饰施工资源的使用计划管理；第二是施工资源的动态分析与查询。同时，应用 BIM 技术还能够对施工管理工作进行实时的分析，主要包括正确评价已竣工的工程项目以及按照已竣工项目的工程用量，对其他装饰项目的资源量进行预测，方便资源采购。此外，应用 BIM 模型还能够提高建筑各参与方的信息交换程度，减少信息流失，避免形成信息孤岛，帮助物流管理工作人员全方位地开展工作（图 6-22）。

上海市建筑装饰工程集团有限公司在参与首届国际进口贸易博览会主场馆国家会展中心功能提升工程在全装配化的施工过程中，研发了基于 BIM 模型的装饰构配件物流管理平台。

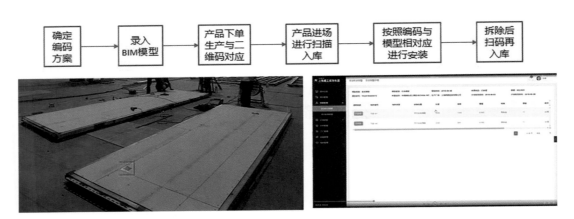

图 6-22　基于 BIM 模型的装饰构配件物流管理平台工作流程图

装饰工程
数字化建造应用案例

Application Cases of Digitalized Construction of
Decoration Engineering

第 7 章
Chapter 7

7.1　大型公建装饰工程数字化建造技术应用实践

7.1.1　世界顶尖科学家论坛永久会场室内装饰工程

7.1.1.1　项目概况

图 7-1　世界顶尖科学家论坛全景图

世界顶尖科学家论坛永久会场作为今年上海市的头号工程、临港新片区一号工程，集合主会场、宴会厅、会见厅、圆桌峰会厅、多功能厅等七大重要功能区（图 7-1）。建成投入使用后作为"世界级的新时代重大前沿科学策源地"，聚焦重大科学问题和前瞻性基础研究，对上海加快建设成为具有全球影响力的科技创新中心意义重大。

2022 年 11 月 4 日下午，由上海建工承建、总建筑面积达 6.5 万 m^2 的世界顶尖科学家论坛永久会场（临港中心）正式亮相启用。11 月 6—7 日，第五届世界顶尖科学家论坛开幕式在临港中心分会场顺利举行（图 7-2）。

图 7-2　顶尖科学家论坛永久会场启用仪式

7.1.1.2 数字化建造应用点

本项目应用目标为通过数字化建造技术应用有效解决项目实施中的重难点问题；优化精装修工程效果；提高精装修设计深化工作效率；节约工期降低成本，并辅助精装修工程出图下单、勘察测量、碰撞检查、现场施工等；利用可视化模型进行模型协调、会议沟通等工作。

项目应用主要内容包括，现场扫描、逆向建模、整合多专业模型、深化调整饰面、确认材料工艺做法、对接工厂与现场安装等工程建造全过程。团队在深化设计、精装施工过程中需要和项目各参建方及时沟通、协调；定期组织 BIM 会议；通过数字化建造技术，在深化设计及施工阶段提前发现并协调可能出现的问题；对于异形装饰面，更是要保证装饰面从深化至最终安装完成的顺利实施。

1）宴会厅数字化应用

在项目宴会厅顶面施工中，鉴于其设计思路为群雁归"潮"（图 7-3），数字化团队采用模块化单元盒子的方式来表达曲面造型，由单元盒子的吊装高度组合变化表现曲面起伏，以盒子的竖向角度渐变扭转表现流动感，通过随机分布的内部发光的盒子以实现波光粼粼的效果。团队应用参数化设计技术，编写算法电池，借鉴微积分思想，将曲面细分，并通过优化减少模块的尺寸规格。最终将 7 140 个盒子统一成 800mm × 186mm × 104mm 的规格，便于后续生成加工（图 7-4）。

图 7-3 宴会厅效果图

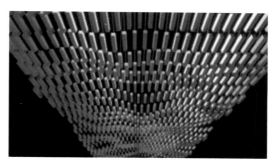
图 7-4 模块单元盒子的分布效果图

整个宴会厅吊顶通过表皮曲面的起伏自然形成立体单元不同吊装高度，以立体单元的竖向角度渐变来表现流动感，通过分区域设定控制函数和变化主轴，确定每个立体单元的扭转角度并逐一编号，最终确保流动曲面设计效果现场落地。基于参数化设计和可视化模拟确认自发光灯具单元的布点，打造波光粼粼的视觉盛宴。

项目宴会厅墙面则是通过穿孔板的图案变化，来模拟出山水画的视觉效果。数字化团队根据山水画的深浅阴暗关系，划分出了四种不同的穿孔造型，将山水画按照明暗关系进行分区，再通过参数化逻辑电池，将不同的穿孔比例叠加到不同的明暗区域，真实还原宴会厅墙面设计效果，并基于参数化加工模型，对接工厂进行高精度数控雕刻。

2）主会场数字化应用

主会场顶面设计灵感来源于豪华汽车内饰的门把造型，每一排菱形尺寸都是变化的，数字化团队对单个造型也进行了参数化设计，构建单排菱形的创建逻辑，对菱形各尺寸进行约束，调节相应的变量模块，分别对菱形的尺寸、圆弧角度、折边宽度进行调整。通过拆分参数化模型，使得生产厂家可以基于模型直接导出 CAD 图纸，进行加工下单（图 7-5 ~ 图 7-7）。

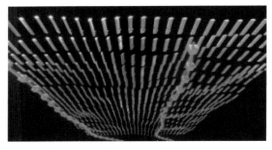

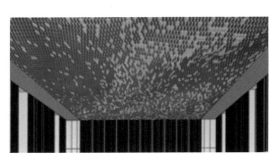

图 7-5　模块单元盒子旋转效果图　　　　　图 7-6　内部发光单元盒子的分布效果图

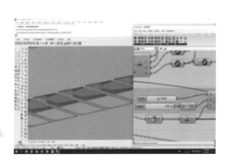

图 7-7　主会场效果图、单元模块和顶面逻辑图

3）会见厅数字化应用

在会见厅水波纹造型顶面深化设计中，通过计算曲线的数学逻辑关系，建立参数化的驱动，在调整曲线的同时，顶面水波纹造型会同步进行调整。通过逻辑电池批量调整造型，提高了设计修改的效率，也优化了设计质量（图 7-8）。

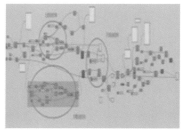
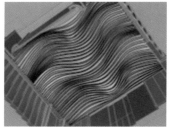

图 7-8　会见厅效果图、顶面逻辑图和参数化编程

　　于施工前对重点区域开展三维激光扫描工作，将逆向建模模型与方案模型进行整合，发现结构碰撞点位并及时进行调整，最终形成可用于下单生成的饰面模型。于重点空间内开展延时摄影工作，同步记录施工进展，也验证了工艺模拟的准确性（图7-9）。

图7-9　三维扫描及模型碰撞

　　会见厅墙面石材安装使用了上海市建筑装饰工程集团有限公司研发的超大型墙面板块高精度智能遥控安装机器人，以及集团与同济大学依托上海市科委《全域感知的移动机器人智能建造一体化关键技术研究及示范》项目通过产学研合作联合研发的智能化机械手臂，通过人机协作，机械辅助，极大减轻了工人劳动强度，原本需要3人搬运的作业现在仅需1人移动及安装即可完成，提升超大板块石材墙面安装效率2倍以上，为集团后工业时代智能化发展行稳致远打下了坚实的基础（图7-10）。

图7-10　石材人机对比图、玻璃机械安装图

　　4）装饰工程智慧工地管理平台

　　在世界顶尖科学家论坛永久会场室内精装修工程中，项目团队采用"设计施工一体化"模式整合产业资源，应用集团自主研发的装饰工程智慧工地管理平台，建立信息自动化采集、管理互联协同、构件智能加工、数据科学分析、过程智慧预测的施工现场立体化信息网络，实现工程施工可视化智能管理的自定义高效迭代，有效保障了现场信息的持续获取和管理问题的及时响应，提升装饰工地现场的精益化、智慧化管理水平，降低现场管理成本，促进装饰现场施工提质增效的同时践行智能建造理念（图7-11）。

图7-11　顶尖科学家论坛智慧工地管理平台

7.1.1.3　小结

1）应用效果

（1）针对项目体量大、工艺复杂、施工难度大的特点，项目团队在顶尖科学家论坛永久会议中心装饰工程中大量应用了数字化建造技术。

（2）通过参数化设计优化分割曲面，将复杂的异形曲面解构为7 140个立体式的标准化模块单元产品，以单元化标准模块作为定量，丰富组合形式的多样性。

（3）基于数字化测量、参数化设计、工业化加工，将非标的14 000余根钢丝绳吊装方案深化为定制加工单曲弧板基层＋钢骨架分段拼装的模块化基层连接体系。通过模型迅速匹配、精确定位，实现顶面7 000多个金属造型精确快捷开孔定位安装。

（4）研发超大墙顶一体化涡轮扭曲铝板造型单元体系并申请集团自有知识产权，突破性选用适于超长异形板块的二次加工与施工的钎焊蜂窝复合铝板，优化墙顶板块立面切分工艺，现场仅需装配安装，实现墙顶一体化效果。

（5）在项目数字化协同设计、标准化工业加工、模块化集成产品的基础上，结合剪刀式、直臂式、曲臂式登高车相结合、卷扬机辅助提升的机械化施工方案，实现超大板块单元模块现场装配安装。

这些数字化建造技术的应用，在现场施工阶段确保施工工艺落地实施，形成装饰工程无接触查勘、智能化监测、数字化施工、信息化管理关键技术体系，整体提高项目施工质量、进度、安全和造价管理水平。

2）社会效益

作为2022年上海市的头号工程、临港新片区一号工程，集合主会场、宴会厅、会见

厅、圆桌峰会厅、多功能厅等七大重要功能区。建成投入使用后作为"世界级的新时代重大前沿科学策源地"，聚焦重大科学问题和前瞻性基础研究，对上海加快建设成为具有全球影响力的科技创新中心意义重大。社会效益如下：

（1）研究最大程度避免湿作业采用装配式施工，不仅可以减少施工现场的工作量，同时也可以降低容错率、加快现场安装效率，能够通过标准化的手段控制现场施工质量，确保施工进度。在装配式施工大力推广的今天，通过对超大尺寸、特殊饰面复合材料、配套装饰部品产品工厂模块化制作和现场装配化施工的研究，实现真正意义上的工业化、装配化施工，为后续类似项目提供经验借鉴。

（2）大型建设项目自身可以带动区域的经济发展，同时配套设施的开发如商店道路等会给城市区域发展带来无穷动力。

（3）在建设项目开发的同时利用最新的材料和技术，不断创新，促进相关先进建筑、经济技术行业的发展。

3）经济效益

顶尖科学家论坛永久会址会议中心装饰工程通过参数化设计技术，有效提升设计效率，建立了从设计、加工、施工直至运维阶段的全生命周期数字化精致建造体系。通过工业化施工，持续提升了分公司在此类大型公建项目中的核心技术优势，实现工业化、装配化、绿色化三位一体的有机融合应用。通过数字化协同管理平台，将数字化工具贯彻到施工的方方面面，帮助现场提升管理效率，提高施工质量，降低建造成本，更为公司的工业化转型打下坚实的基础。

7.1.2 首届进博会国家会展中心功能提升工程

7.1.2.1 项目概况

2018年11月，首届中国进口博览会在国家会展中心顺利召开，旨在坚定支持贸易自由化和经济全球化，主动向世界开放市场。为了保障今后每年都能在特定时间内举办此类会展，要求所有饰面与基层均要满足"可装、可拆、可运、可藏、可换"，因此场馆的装饰工程首次采用了基于全装配化建造方法与应用 BIM 模型的数字化施工管理模式，在4个月内完成了平行论坛及WH展厅共计34 000m²的精装修设计、施工工作（图7-12）。

7.1.2.2 数字化建造应用点

1）三维扫描技术应用

以往传统的测量方式主要以二维测量为主，其普遍存在着以下问题：传统测量所用到的工具对人的依赖性过大，因人而造成的误差不可控，效率低下且无法对数据进行追

图7-12　国展中心功能提升项目效果图

溯；对于施工现场复杂的环境，许多场地限制了人工的测量，对数据的采集造成困难。

　　本项目在前期测量阶段，现场工程师对场馆整体钢结构体系进行了三维扫描。通过使用国际领先的移动式三维扫描设备，相较于传统站点式扫描仪节约时间近50%，在2h内可扫描完成1 000~1 500m²以上，完成扫描后根据得到的点云模型与原模型进行比对，进行相应的修改后，就能为标准与非标准板块的产品下单提供精确的依据（图7-13）。

图7-13　可移动式三维扫描设备与点云模型

　　2）超大板块装配化隔墙系统整体设计

　　针对会场墙面超大板块隔墙系统的设计，在多次利用BIM模型对工期、造价、运输等因素进行可行性对比分析后，采用了移动隔断＋隔墙单元板块＋穿孔木纹铝板三层式装配技术。三层构架分别在工厂生产完成后，再在现场进行细部衔接。这种设计方式具有吸音隔声、防火隔烟、安装便捷、结构稳定、可拆可装、反复利用的六大特点。

　　墙面板块节点设计是超大尺寸集成化单元板块设计的重要环节。在隔墙基层板块上，设计了一套超大的组合式单元板块，即将钢架与轻钢龙骨形成的框架，加上岩棉以及火

克板，现场吊装后，上下利用螺栓将其与主钢结构梁固定。通过模型性能计算，这样的设计可以有效增加45dB以上的隔音效果、3h以上的防火时间。另外由于墙面基层板块中70%是标准板块，通过工厂预制化的加工，提前完成50%的标准板块的下单，对项目的工期提供了有效的保障。

针对火克板尺寸设计，BIM工程师应该用模型进行设计比对及优化。原设计标准板块宽度为1680mm，但火克板标准板块宽度为1200mm，原设计使用拼接方式加工费工费料，将其优化为宽1380mm（带框），整体节省用料8%，缩短加工周期15%。

在超大木纹铝板饰面的安装方式上，项目部利用BIM模型进行了方案的对比，方案一的设计是直接利用连接件和螺栓固定，但通过模型模拟发现其调节余地小，转角收头难以处理，因而又在第二个方案中考虑在钢架外部搭设一个钢结构转换层来实现二次转换（图7-14）。然而通过基于BIM模型的对比统计发现，原方案是直接与基层进行连接，而转换层则多增加了一层钢架构支撑体系，虽更便于安装，通过模型工程量统计得出，此方案用钢量较之前增加了40%，将导致成本增加。最终通过BIM模型和施工动画模拟及反复论证，确认了最终挂杆的接连方式，即将饰面板直接挂在挂杆上，不但省去了人工安装螺丝的工序，也便于今后的拆除。通过计算，挂杆式的安装方式在成本不变的前提下比方案二节省30%的安装时间。

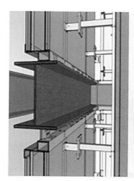

图7-14　板块安装方案对比（图中分别为方案一、方案二与最终方案）

3）挂杆式单元吊顶设计

论坛吊顶采用了顶面弧形铝板加弧形铝方通吊顶。天花采用单元板块的装配式的设计方式，将顶面板块拆分、组合、编号，划分为1500mm×3000mm的多个单元板块，并自主设计了多功能角钢和定制挂件等装配式构件，延伸了墙面"挂杆式"的理念。

在设计过程中，使用Rhino＋Grasshopper参数化建模，使得多方案对比的时间成本大大降低，在有限的深化设计阶段尽可能比选出更优的方案，且确定方案后能够继续深化至加工图生产加工。在天花铝方通的设计上，数字化团队尝试了工业化的加工方式，将铝方通、转换的钢架和吊杆作为一个整体，工厂组成单元，现场整体吊装（图7-15）。

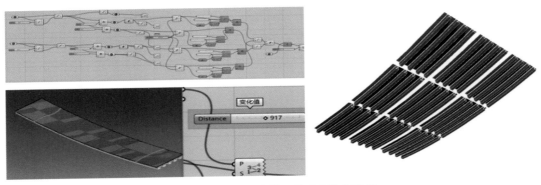

图7-15 挂杆式单元吊顶参数化建模

4）装配化专用器材研发

在装饰墙面板块的安装过程中，墙面的铝板尺寸为2 200mm×10 000mm，铝板厚度2mm，板块巨大，从运输到安装都具有很大挑战。为了便于此类超大板块的集成安装，公司自主研发了半自动安装机器人，目标是通过编程控制结合BIM模型定位，实现机器人半自动装配安装。在实际安装过程中，通过半自动机器人编程控制，做到了起吊，移动，精确定位，大大提高了安装效率，并保障了安装质量。半自动机器人的底部采用了麦克纳姆轮的设计，利用了成角度的机械轮转向力转换的分力来做到万向移动，并保证了安装的精度。本视频模拟了机器人工作的整体流程。目前，此项技术已经申请发明专利1项，实用新型专利6项（图7-16）。

图7-16 超大墙面板块机器人开发与安装图

5）装饰构配件物流管理平台

在全装配化的施工过程中，材料的物流和仓储格外重要，因此项目团队自主研发的二维码物流管理平台，不仅能够为该项目提供物流管理，随着使用项目的累积，目前逐步成为项目团队材料、节点、工艺的数据库，已从项目级转化为企业级。下单—到货可实现物流全程控制管理，与BIM模型的相结合，使平台模型可视化，监控范围也从收货

延伸到了安装、验收、运维。

6）拆除阶段 BIM 技术应用

在进博会结束后对场馆进行拆除工作，90% 的装饰面板将进行存储以便后续使用。其工作流程为，将地毯拆除后，按照从上到下的原则进行饰面拆除。将可再次搭建的构件进行数据编号，而已经有所损坏的部分则在模型中进行记录，便于后期的二次加工，用于紧固的螺栓等构件则统一报废处理（图 7-17）。

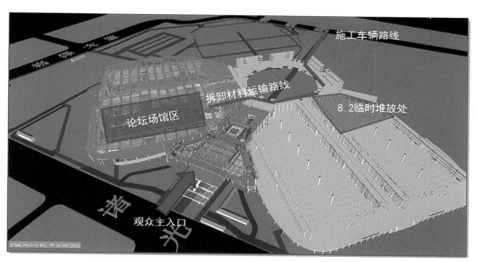

图 7-17　项目拆除及运输路线方案模拟

拆除节点的设计研究是与施工前期的基层深化同步进行的，在研究饰面安装的连接方式时，不仅考虑了装配式第一次安装的可行性，同时也考虑了拆卸及重复安装时可能发生的情况。

7.1.2.3　小结

通过国家会展中心功能提升项目的实践，看到了 BIM 和装配式建筑相结合带来的成果。以往装配式建筑的建造模式是从设计到工厂制造再到现场安装这样一个流程，施工中这三块是相互分离的，这会造成安装后才发现设计不合理，造成经济损失和工期的延误。而 BIM 技术从设计源头解决了以上问题，它与装配化是紧密相连。利用 BIM 的信息化推动工业化的发展，使得装配式的建筑在标准化设计、生产、加工过程有了统一的载体，从而建立起一整套装配化施工的体系。

本项目装配化 + 数字化结合应用的模式，为今后装饰工程的装配化的体系化应用提供了一套完整解决方案及技术路线，从装配化整体系统建立、装配式设计施工一体化、数字装配化节点库建立，材料加工运输方法再到拆装运维的管理办法等，为今后大型公共建筑精装修工程的装配化应用带来技术及管理上的有效支持。通过本项目装配化 + 数字化结合的应用模式，更有利实现前沿技术与专业技术在建筑装饰行业的融合应用，为行业提供全面解决方案与更有价值的增值服务。

7.1.3　九棵树（上海）未来艺术中心室内装饰工程

7.1.3.1　项目概况

九棵树（上海）未来艺术中心是全国首座森林剧场，也是沪郊第一座全国 A 级剧场（图 7-18）。位于奉贤新城 7 000 亩生态林地内，整个剧院通过中间通透的树荫雨篷分成两个主体建筑，每个主体建筑可以单独运行，不会造成能源浪费。其建筑面积 77 000m²，精装修面积 33 000m²。

图 7-18　九棵树未来艺术中心效果图

7.1.3.2　数字化建造应用点

本项目全阶段采用以 BIM 模型为基础的数字化建造技术进行模型深化、技术交底、下单加工、现场定位、现场安装、跟踪检测、细节完善，最终达到成品交付。保证不同阶段进行数字化控制达到最终的精确施工。采用数字化建造技术从深化设计开始至检测安装完成的全过程，这不仅仅是数字化辅助施工，更是前沿技术与专业应用在建筑装饰行业的融合应用。

1）观众厅声学分析

主剧场将用于歌剧、舞台剧、戏曲、综艺演出及各类音乐，包括交响乐演出，同时还兼有会议的功能，属于真正意义上的多功能剧场。从声学角度来说，对于不同的使用

功能所要求的最佳混响时间是不同的。

针对不同使用功能混响时间不同的特点，本剧场的观众厅及舞台采用电声声场增强系统，即采用美国 Meyer Sound 公司研发的 Constellation 系统。

声学顾问将数字化团队提供的 Rhino 剧场表皮模型导入室内声学模拟分析软件 Odeon，并对所有的界面材料赋予相应的声学参数进行反复调整与优化，并结合 Meyer Sound 公司的建议，包括墙面及顶部的装饰材料及其构造来表达所需要的数量，同时使混响时间频率特征完全符合剧场的要求。

根据测试调整结果提出对室内表皮的调整：台口外第一块声反射板深度约为 2.25m，建议调整为 3.0m 左右。同时抬高 0.5m。提高有效反射声。有利于观众区和乐池区的音质效果；观众厅墙面起吸声作用的外侧饰面需采用宽频带吸声构造。同时要用几种形式进行随机间隔布置避免"衍射格栅效应"；侧墙起反射作用的"飘带"，需采用厚实材料制作。板材的面密度不低于 35kg/m²；吊顶材的材质采用厚实的 GRG，板材的面密度不低于 40kg/m²。

效益分析：采用声学软件对剧声分析，解决了多功能剧场的声学问题，敲定了室内墙面与顶部的材料材质与做法。为后期室内饰面深化提供强有力的依据。避免日后因声学问题导致的返工。

2）三维扫描复核现场

装饰工程与土建施工不同，土建施工是从"零"开始，施工允许的累积误差可以采取调整装饰构造做法来弥补，而装饰施工则不同，如按原始图纸施工，肯定会造成返工，材料浪费等诸多问题。因此，对于装饰专业，正确的现场数据与模型是深化设计的一个重要基础，特别是对于大型公共空间，累积偏差会更大。

装饰项目一进场，项目组成员利用地面三维激光扫描仪进行现场测绘扫描，采集现场土建竣工数据，仅 0.5d 便完成了主剧场的数据采集，测量精度在 ±2mm 以内。

现场数据经过后处理形成整体点云数据，为了使现场采集的数据赋予属性信息并可利用编辑。对现场数据进行逆向建模。采用逆向工程软件 Geomagic Studio 直接进行数据处理，创建优化的多边形网格，保证精度效率最优化（图 7-19）。

图 7-19　整体点云数据及封装完成的局部多边形网格

图 7-20　剧场木饰面造型图

效益分析：三维扫描及逆向建模将现场数据通过可提取可利用的三维模型呈现出来，为后期饰面深化提供了准确的现场信息。避免人工记录的累积错误，并大大提高工作效率。

3）材料及做法确认

剧场内木饰面墙面，凹凸不平的墙面，目的是扩散、反射声音，可保证室内声场的均匀性，使声音更美妙动听（图 7-20）。

针对声学测试结果材料配重 35kg/m² 才能保证其反射功能。对于"飘带"的材料选择，项目组成员进行多次实体样板研究、材料的确认及对比。

多种材料对比，单独的材料来满足整个木饰面飘带，很难同时满足外观造型一体化与声学配重要求。经过多次实体样板制作研究，最终采用了一个全新的结构体系——即单元装配式的基层 + 整体性的艺术表皮，将传统的工艺与数字化建造技术融合（图 7-21）。

（a）异形铝板，无法满足配重要求

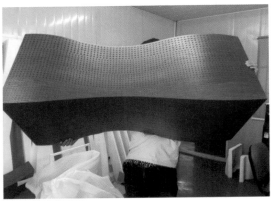
（b）纯木饰面，造型无法一体化

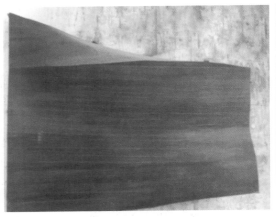
（c）可弯曲石膏板，无法无缝处理

（d）GRG，木皮粘贴效果不好

图 7-21　饰面实体样板材质比选图

才保证了最终的流畅的造型效果。

切条拼接双层 9.5mm 厚石膏板——保证 $35kg/m^2$ 的配重需求。

穿孔金属板——表面布满密集的小孔洞，使高密度板条更易于通过环保胶水连接，提高连接强度，从而避免后续开裂和张开。

板条拼接——便于安装并且不会造成表面漆皮的开裂风险。

整体铺设表皮——各个角度指接，使木皮本身纹理与飘带协调一致，增强外观整体性。

最终木饰面飘带的构造形式既保证了声学配重及反射要求，又满足了视觉整体性的需求（图 7-22）。

效益分析：通过实体样板段的制作与对比，对材料上墙效果、施工技术、安全质量等进行全方位的预先掌控。

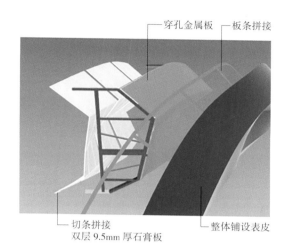

图 7-22　木饰面构造做法示意图

4）基于 BIM 模型的多专业深化及协调

依据逆向模型及设计阶段模型进行异形饰面深化设计研究，在这过程中需结合设计师意图与理念、装饰施工图纸平立面、节点收口做法、其他与装饰相关的专业深化意见进行综合性饰面深化调整。对于大空间的装饰异形饰面需进行多专业协调研究，饰面深化研究，面层定位深化技术研究，自动化排版及出图技术研究。使用模型考虑在施工过程中可以存在的所有问题，避免将问题滞留到工厂加工及现场安装阶段。

通过逆向建模数据与原 BIM 装饰模型、机电模型进行整合、分析，在施工前解决现场结构与饰面层的硬碰撞问题。通过专题会议，确定落实了包括结构板现场敲除、静压舱空间不足，外饰面调整、降低吊顶高度、门洞大小调整等问题。保证了项目组进场前，现场情况满足装饰施工需求。

完成初步的模型调整后，再结合现场情况做进一步深化调整研究，重点考虑位置包括舞台两侧耳光室位置底部过道处是否满足人行走需求；出光角是否会被木饰面所遮挡；舞台两侧显示屏安装方案、追光室洞口确认等重点区域。

最终完成的深化饰面与设计对比图（图 7-23），图中是原设计模型与深化模型的对比。红色代表深化模型。深化调整范围最大甚至达到 300mm。基于 BIM 模型的饰面定位研究真正确保了面层的空间位置关系。

效益分析：基于 Rhino 内装模型整合现场逆向模型、机电、灯光等多专业模型，真正实现可视化深化设计，如调整饰面与结构关系、确认灯光出光角范围、门框节点做法

图 7-23 原设计模型与深化模型对比示意图

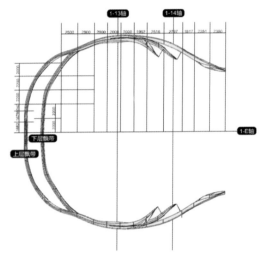

图 7-24 木饰面分块示意图

等。真正协调多专业设计人员通过可视化方式随时调整与研究，做到所见即所得，避免多专业沟通不畅的问题。

5）基于 BIM 模型的异形饰面分件

在深化完成的三维模型上进行分件，根据工厂加工、运输能力和经济性进行分件，使得分件后每个单元构件的长度不超过 2.5m，高度不超过 2m，分件时选择平缓部位作为分割线以保持飘带造型的连贯性。

分件时沿着坐标轴进行纵横向切割，保证纵向分割线垂直于水平面且相互平行，相邻纵向分割线的间距即为单元构件的长度，横向上的分界线选择在飘带造型的阴角线或阳角线上，分割时保持坐标体系不变，确保分件后每个单元构件制作和安装的精度，利用软件系统将飘带的三维模型拆分成为多个单元构件后，再将每个单元构件转换成为单独的加工模型，并生成对应的加工视图。最后适当修正单元构件的纵向分割线，将部分近似直线的弧形修正为直线以控制加工精度（图 7-24）。

效益分析：综合考虑施工及运输条件，选择合适的拆分形式，保证了运输可控、加工可控、造型可控、效益可控。

6）基于 BIM 模型的饰面参数化出图

整体饰面的出图工作，主要是为了便于工厂加工，使用 Rhino 软件的参数化插件 Grasshopper 对每个饰面板块进行编号，并从模型中提取坐标数据，生成 Excel 表单。每个饰面板块均有单独的模型和图纸与其对应。

效益分析：通过提取的坐标输入自动全站仪，可以直接现场放出任何板块的点坐标，精度得到了控制。

7）单元板块外加工

在外加工工厂内加工分件后的单元构件（图 7-25），将加工模型和加工视图中各个单元

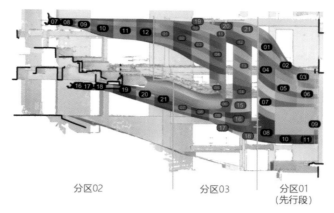

分区02　　　　　　　　分区03　　　　分区01
　　　　　　　　　　　　　　　　　　　（先行段）

图 7-25　单侧模型分件示意图

构件制作出来，需要加工的单元构件在结
构上包括有基层框架，该基层框架的主体
纵向使用钢框架，横向使用数控机床弯曲
的扁钢，由两根钢框架、多个扁钢和多根
支撑杆制成单元框架，在单元框架的扁钢
所在表面覆盖穿孔金属板蒙面（图 7-26）。

　　利用专用的加工校验平台将加工完成
的钢框架、扁钢和蒙皮拼装成为对应的单
元构件，将每个单独编号的单元构件及相
邻的单元构件一起拼装制作完成，利用螺

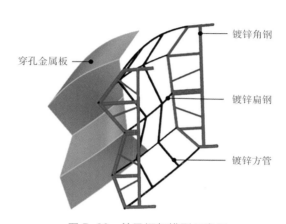

图 7-26　单元框架模型示意图

栓将 AB 套加工出来的钢框架连接在一起，以确保相邻单元构件的连接精度，所述的加
工校验平台的两边设有角钢框架，根据坐标站立并固定所述的钢框架，控制所述基层框
架的垂直度和水平度以控制精度（图 7-27），利用数控弯管机制作完成的横向扁钢通过
网格平台的坐标控制完成定位，每根横向扁钢至少使用五个空间点（X，Y，Z）控制定
位（图 7-28）。

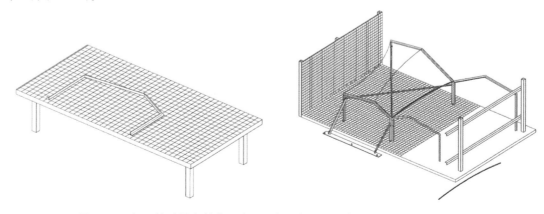

图 7-27　加工校验平台结构示意图及加工校验平台相邻单元构件组装示意图

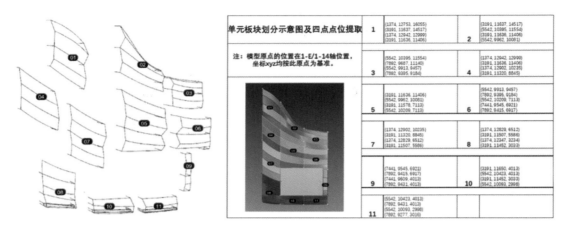

图 7-28 基层分件示意图及单元构件坐标控制表

8）单元板块预拼装

工厂进行预拼装，使得每个制作完成的单元构件按照编号进行拼装，在工厂内对四至六个相邻的单元构件成组拼装，测量尺寸并进行修正，校验修正后定型每个单元构件；最后将完成定型的单元构件拆卸下来分别运输到现场，按编号摆放，以便安装（图7-29）。

图 7-29 工厂样板段预拼装图及现场安装图

9）支撑钢结构定位与安装技术研究

支撑钢结构体系：对于基层构架而言，为了保证其强调和适用性，设计了竖向龙骨和横向龙骨的组合，其中竖向龙骨的位置对应于纵向分割线的位置，横向龙骨固定在竖向龙骨上，基层构架通过横向龙骨和纵向龙骨形成交错的框架，从而为后续单元构件的安装提供位置基础，保障安装的方便性和安装精度（图7-30）。

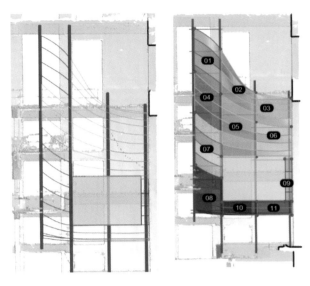

图 7-30　竖向龙骨布置示意图及横向龙骨布置示意图

　　基层定位方式、安装方式：现场基层构架的制作，基层构架的高度控制按照坐标控制表中的坐标来实现，所述的基层构架包括固定在墙壁上的支撑架和处于支撑架自由端部位的水平搁架，在支撑架和水平搁架与墙壁之间还设有斜撑，所述水平搁架按照位置高低设有多组，且基层构架的轮廓形状为飘带状走向（图 7-31）。

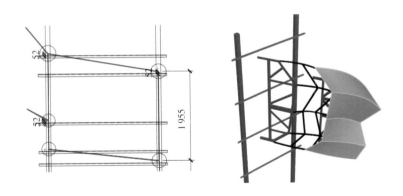

图 7-31　横向龙骨与基层饰面的关系及单元构件与背部支撑关系示意图

　　10）异形饰面板数字化定位及安装

　　基层构架安装与定位：吊装定位，先在基层构架上确定一个标高点，该标高点作为安装的支撑点（Z），每个单元构件需要在支撑点上确定一个水平坐标点（Y），通过基层构架上支撑架的进出调节，确定最终横向坐标点（X），完成定位以后，利用全站仪对控制标高进行复核，待复核合格后依次组装相邻的单元构件，每安装四个单元构件后重新复核一次以确保安装精度（图 7-32）。

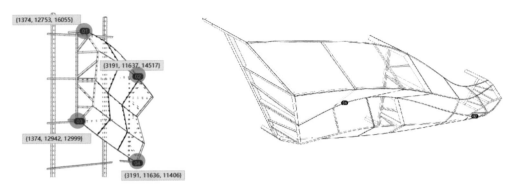

图 7-32 单元构件安装示意图及相邻板块安装示意图

11）数字化校核

校核工作，是在安装单元板块过程中进行校核的，安装时先确定第一个单元构件的第一坐标点作为控制点，再通过全站仪复核其他四个坐标点位，从而保证第一单元构件正确安装，待第一个单元构件安装完成以后，再依次安装其他的竖向单元构件。单元构件安装时进行实时检测，通过对单块单元构件、垂直方向的单元构件以及多个单元构件组成的飘带部分区域三个层次进行检测，保证安装过程的精确度。

7.1.3.3 小结

基于主剧场的复杂异形装饰面的数字化建造技术实施，形成了复杂异形装饰面的数字化建造辅助施工方法。针对大尺寸木饰面飘带的外观和性能要求，采用先现场扫描并逆向建模的形式设计，再结合结构组成要求，利用计算机设计出适合的单元块，再对单元块进行工厂加工和现场安装，然后再将艺术面层制作出来，从而保证木饰面飘带的结构性能和声学艺术要求。

通过 BIM 模型与数字化建造技术结合，将建筑构件进行工厂加工，直接运输至建筑施工现场进行安装。通过数字化建造技术，完成构件的预制，通过工厂精密性机械技术制作的构件降低了建造及安装误差，并且大幅度提高构件制造生产率，使得整个建筑建造工期缩短并容易掌控。适用于多数异形装饰面的深化与施工。特别是涉及飘带类带有艺术造型的构筑物。数字化团队可以通过主剧场"飘带"的数字化建造辅助施工方法、流程举一反三深度应用。

7.1.4 上海博物馆东馆室内装饰工程

7.1.4.1 项目概况

上海博物馆东馆位于浦东新区丁香路世纪大道交汇处，总建筑面积 11.32 万 m²，约

为上海博物馆人民广场馆3倍，分为地上6层，地下2层，展厅、库房、办公用房、报告厅、教室、车库等空间一应俱全（图7-33、图7-34）。公区装饰施工面积约43 000m²。建成后将实现展陈体系及博物馆功能的全面提升，形成"两馆一体、联动东西、特色清晰、相辅合璧"总体格局，定位为"世界顶级的中国古代艺术博物馆"。

图 7-33 上海博物馆东馆室外效果图

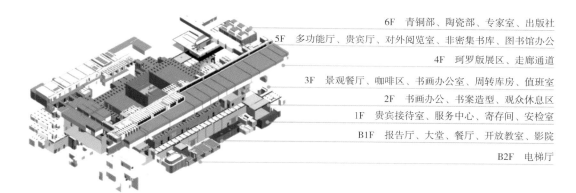

图 7-34 精装模型示意图

7.1.4.2 数字化建造应用点

鉴于本项目的重要性及实施难点，集团组建了一支具有数字测量、正向深化设计、可视化表达等综合技术实施能力的数字化团队，建立满足项目装饰工程特色的 BIM 技术综合解决方案。

1）三维扫描精细化复核技术应用

根据本项目中庭及猫眼区域空间复杂，结构偏差大的特点，数字化团队通过现场勘察制定测量方案，应用高精度三维扫描设备进行空间全局测量，通过自动化数据处理软件进行模型抽稀、拼接等数据优化工作。在测量过程中应用全站仪复核扫描数据，并进行坐标定位，以确保全空间测量累计误差在毫米级。

使用 Geomagic Control 软件可以完成点云与设计模型的对比分析工作。通过对齐模型与点云，可使用 3D 比较功能对两个对象做全面的三维检测生产色谱图与详细对比分析报告。暖色表示正误差，冷色表示负误差，颜色越深，误差越大。如图 7-35 所示区域中，大部分区域误差在 ±10mm 左右，一层二层楼板略微超出设计模型 20mm 左右。

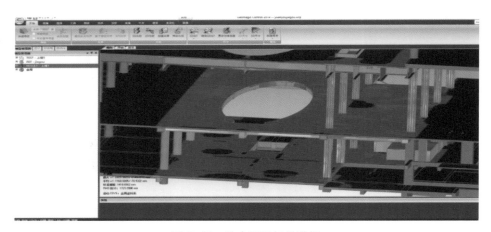

图 7-35 整合现场扫描数据

2）重难点施工作业方案模拟

中庭区域开幕大厅建筑为一至五层，施工高度达 36.6m，如何配合此空间墙体及顶部施工、确保作业人员施工便捷和材料垂直运输是本项目的一大挑战。数字化团队基于结构空间模型，对满堂脚手架、吊篮、移动操作平台等多种高空作业方法进行模拟验证，组织专家召开专项会议，不断优化作业方案，最终选择曲臂车、升降车与双排脚手架三者交叉作业的方式（表 7-1），结合数字模型进行虚拟仿真验证，对现场进行可视化交底，确保方案的顺利落地（图 7-36）。

3）基于 BIM 节点数据库的装配式工艺节点设计

面对项目机电施工滞后、石材基层传统电焊作业量大、工期紧张等严峻考验。数字化团队应用集团构配件管理系统进行节点优化升级，形成装配式干挂系统，通过三维模型完成节点深化及工序模拟、结构计算、样板制作工作，将切割、开孔、焊接等二次加工从现场转移至工厂，形成批量标准化部品部件生产，有效解决工期与成本问题（图 7-37、图 7-38）。

表 7-1　高空作业方案比对表

方　案	问　题	示　意
满堂脚手架	工期增加，经济性较差，搭设高度较高，楼层承载力较大，不利于楼板安全性能	
吊篮施工	中庭为封闭区域，对吊篮安装及材料运输有制约，同时现场基层钢架较长，对吊篮垂直运输有一定影响	
移动操作平台	搭设方便，拆除方便，但是盘扣式脚手架移动平台不超过 7.2m，无法满足挑空最高顶区施工	
曲臂车、升降车与双排脚手架三者交叉作业	可有效提高工期、安全性有保障、操作更灵活，经济合理	

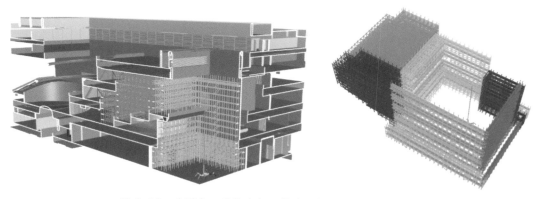

图 7-36　曲臂车、升降车与双排脚手架三者交叉作业模拟

现场加工 ①

装配式加工 ②

图 7-37 装配式加工转换

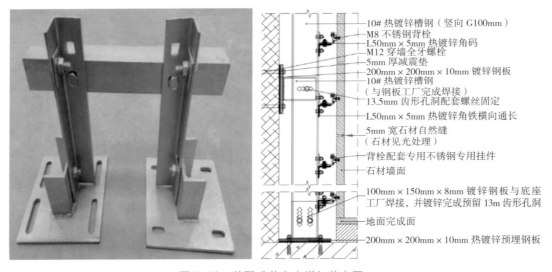

10# 热镀锌槽钢（竖向 G100mm）
M8 不锈钢背栓
L50mm×5mm 热镀锌角码
M12 穿墙全牙螺栓
5mm 厚减震垫
200mm×200mm×10mm 镀锌钢板
10# 热镀锌槽钢
（与钢板工厂完成焊接）
13.5mm 齿形孔洞配套螺丝固定
L50mm×5mm 热镀锌角铁横向通长
5mm 宽石材自然缝
（石材见光处理）
背栓配套专用不锈钢专用挂件
石材墙面
100mm×150mm×8mm 镀锌钢板与底座
工厂焊接，并镀锌完成预留 13m 齿形孔洞
地面完成面
200mm×200mm×10mm 热镀锌预埋钢板

图 7-38 装配式节点小样与节点图

4）复杂异型曲面数字化下单

针对本项目首层连廊位置 GRG 弧形吊顶与猫眼区弧形石材幕墙加工（图 7-39），团队通过数字模型进行排版，快速放出详细铺装大样，提高精装与其他专业的沟通效率，由深化设计模型直接导出生成二维产品加工图，自动统计饰面材料工程量，生成料单对接工厂设备进行生产作业（图 7-40），加工数据经由格式转换后能够与行业主流加工机床软件平台实现数据对接，形成完整的数据供应链，大大压缩加工生产时间。

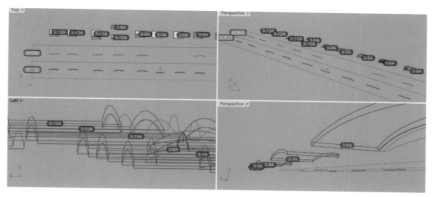

图 7-39　GRG 弧形吊顶模型出图

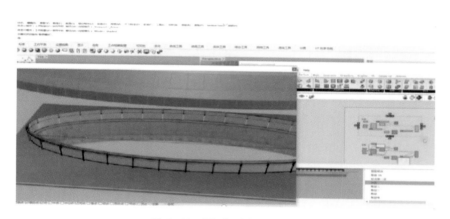

图 7-40　弧形石材下单排版

5）可视化设计

装饰专业是建筑领域中对外观可视化要求最高的专业，三维可视化技术在整个设计阶段的核心作用就是"表达"和"沟通"。通过对本项目开幕大厅与贵宾厅进行虚拟漫游，开展多方案模型深化对比、节点基层工序模拟，为项目各参与方的沟通与交底提供了有效支撑（图 7-41）。

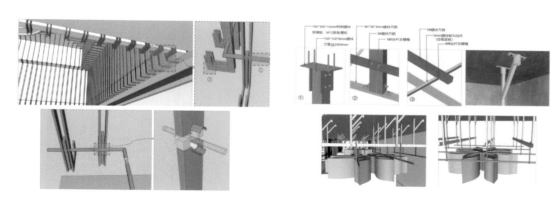

图 7-41　节点工序模拟

7.1.4.3　小结

针对本项目大型复杂饰面装饰建造难点，通过数字化建造技术全程辅助配合施工，达到降低施工成本与难度，提高工作效率的目的。采用基于 BIM 模型的正向深化设计进行多专业协同设计，快速发现并优化施工图纸中问题，优化精装设计效果，通过 BIM 模型施工方案、工艺工序等研究，为方案确认提供有效数据支持，同时也实现了对现场的可视化交底，通过精密的测量仪器及参数化设计进行复杂饰面的优化，生产与安装，避免材料浪费。通过数字化、工业化精益建造体系的落地应用，切实解决技术重难点问题，打造"精心设计、匠心制作、称心服务"的最值托付专家品牌企业。

7.1.5　上海国际舞蹈中心室内装饰工程

7.1.5.1　项目概况

上海国际舞蹈中心位于长宁区虹桥路水城路路口东南侧（图 7-42）。主要功能包含：剧院、两团和上海舞蹈学校三个组团。建筑面积 85 300m²。

剧院被设计为一个最先进的演出空间，为各类舞蹈提供表演场所。观众厅由正厅和两层楼座组成，主舞台，侧台和台塔配置有各类舞台技术设备，便于各类现代舞蹈，传统舞蹈和民族舞蹈的表演，面对延安西路的优秀历史保护建筑将被改为艺术家们的休息空间。剧院入口为气势宏大的大堂，在各层设置有休息厅，供观众半场休息，在顶层楼座的半室外平台设有酒廊和休息厅俯瞰整个入口大广场，通透的大堂玻璃立面吸引人们的到来（图 7-43）。

图 7-42　项目效果图

7.1.5.2 数字化建造应用点

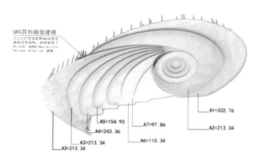

（a）吊顶示意图

（b）模型示意图

图 7-43　吊顶示意图和模型示意图

1）设计方案比选

二维的 CAD 图纸已经不能满足设计师与业主之间的交流，异形曲面的模型给沟通带来了更为便捷的方式（图 7-44），如图在舞蹈中心三号楼剧场的装饰设计时，采用了 Rhino 软件对声压反射板进行建模（图 7-45），提供多个设计方案以供设计师认可。

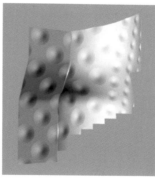

图 7-44　GRG 凸波造型方案比选

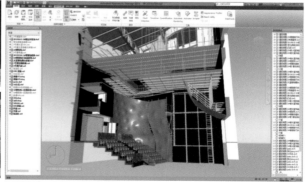

图 7-45　模型整合示意图

2）装饰深化设计

在本项目中，每一个异形的构件设计都需要将设计师的思想具象化，修改模型达到设计师要求的造型，同时配合进行应力计算及可行性分析，出具体结构、分段及吊装方案。如本项目中旋转楼梯和旋转飘带的造型、材质都要设计确定，不仅仅需要经验，钢架还需要 BIM 一整套的软件数据作为后台支持（图 7-46）。

图 7-46 "飘带"效果图

3）设计优化

在现场还在忙于异形 GRG 造型的生产和安装时候，通过模型已经展示出艺术品完成后所看到的不足，检查出在游客视角能够看到 GRG 吊顶上方的钢结构，影响美观，因此协调修改设计方案，增加隐蔽以达到设计师理想中的效果（图 7-47）。设计方的"意向方案"具象化，修改模型达到设计师要求的造型，同时配合进行应力计算及可行性分析，出具结构、分段及吊装方案。避免了工期暂停或者工序重复的问题（图 7-48）。

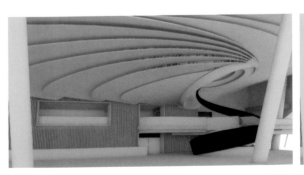

图 7-47 GRG 缝隙遮蔽效果对比图

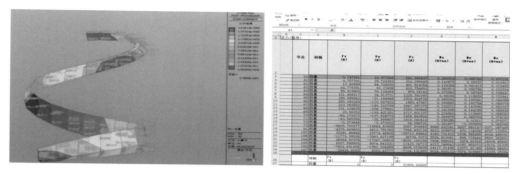

图 7-48 "飘带"自身位移图及反应力计算图

4）三维扫描

为了保证设计和现场实际情况相符合，避免 BIM 模型与现场实际施工存在偏差，进行三维扫描。现场实际尺寸是 BIM 模型制作、装饰排版图、加工图设计的基础数据（图 7-49）。三维扫描生成的点云数据经过专业软件处理，可转换为 BIM 模型数据，进而可与设计模型、进行精度对比和数据共享，并依此进行装饰工程深化设计（图 7-50）。土建数据的逆向建模为装饰完成面提供了准确的基础，避免了传统行业中带来的累积误差（图 7-51）。

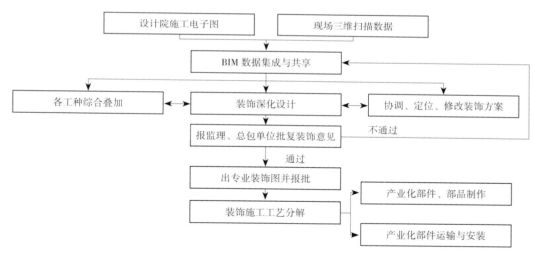

图 7-49　三维扫描辅助装饰深化设计路线图

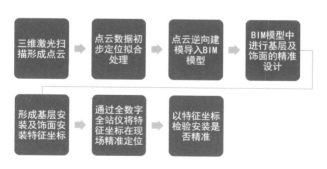

图 7-50　三维扫描测绘工作应用流程图

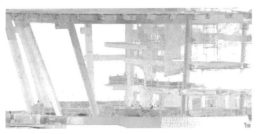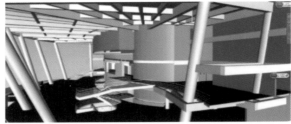

图 7-51　点云数据模型及逆向 Revit 模型

7.1.5.3　小结

本项目数字化建造技术运用为项目提供了信息共享、顺畅沟通的平台，让现场的复杂施工实现可控化与直观化。多角度对装饰完成面控制，解决了项目装饰多元化、复杂化、多交界面临控制等问题，精确的现场数据与精确的模型数据为后期的装饰面和机电管道的准确安装位置提供支撑。

7.1.6　港珠澳大桥珠海口岸旅检大楼室内装饰工程

7.1.6.1　项目概况

港珠澳大桥珠海口岸与澳门口岸同岛设置，建成后，将成为我国唯一同时连接香港和澳门特别行政区的口岸，成为珠澳新地标。项目建筑总面积近 27.9 万 m^2，主要包括口岸区（含旅检区、珠海侧交通中心、交通连廊及口岸办公区）和市政配套区及港珠澳大桥珠海口岸建设展示厅等。其中，旅检大楼 A 区建筑高度 50m，地下 1 层，地上 6 层；B 区约 30m，仅地上 6 层，无地下室，旅检大楼设计风格新颖大方，现代气息浓郁，建成后将成为当地新地标（图 7-52）。

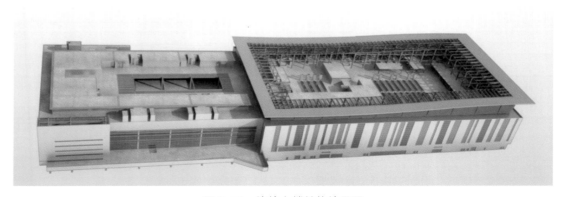

图 7-52　旅检大楼总体效果图

7.1.6.2 数字化建造应用点

1）BIM 模型创建

根据《港珠澳大桥澳门口岸管理区项目 BIM 工作验收标准》，在建立模型前，项目数字化团队事先对整个项目进行彻底了解，明确项目目的、工作范围、建模深度以及后续的应用要求等。经沟通，数字化团队明确了 GF 至 2F 的总体装饰工作范围，模型深度最终要达到 LOD400。分三步进行，前期两周进行 LOD200 的天花体量模型建立，后一个月进行 LOD300 的总体装饰模型建立并且交付，之后在项目实施工程中逐步完善最终达到 LOD400 深度并作为竣工资料交付。装饰数字化团队需要根据不同的模型深度以及对现场实际的应用情况针对性地进行模型建立（图 7-53）。

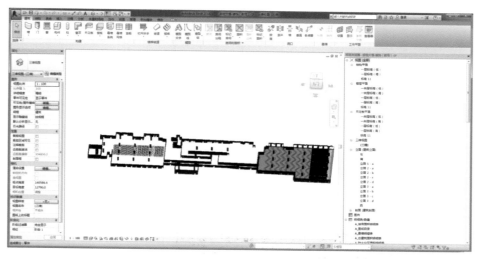

图 7-53　旅检大楼 LOD300 模型局部截图

收集建模所需要的各种数据信息。本项目装饰模型的建立难度大，模型中自定的内容较多，对于如此大体量的模型来说准确率至关重要，一旦大面积的返工会极大影响整个 BIM 实施的工作效率。因此，数字化团队首先收集了其他各专业的模型，包括土建、机电、结构等，其次是施工图纸、设计说明及材料表等信息，通过 1～2d 的图纸熟悉能帮助建模时各种信息录入的准确性，更合理地安排工作的流程；另外团队还与现场深化人员保持协同工作，第一时间将最准确的信息反映在模型中。旅检大楼的装饰模型中，数字化团队灵活运用了以下三种族的内容来完成，按照装饰的功能数字化团队将建模工作分为墙体部分、天花部分以及专业设备三大块。

（1）墙面部分。根据图纸信息了解，前场的墙体多为铝板饰面，类似于外幕墙项目，因此数字化团队利用了 Revit 系统族中的幕墙功能来实现根据立面图纸的分割进行铝板的排布以及各种嵌板的嵌套。而后场部分的墙体多为合成树脂乳液涂料及瓷砖饰面，数字化团队首先根据设计说明和材料表的描述，将墙体的做法录入系统族中的墙功能中，按照图纸的编号将不同墙体一一罗列，便于模型的建立和修改。

（2）天花部分。天花同样分为前后场两个部分，后场区域数字化团队使用了与后场墙体类似的方法，利用天花板系统族进行建立，但是在建立前场天花的时候数字化团队发现，天花的类型为铝方通，并且面积达到上万平方米，根据数字化团队的评估，如果利用 Revit 内建族的方式建立整个模型会出现严重的卡顿问题，通过团队成员的一致协商，最终选用 3ds Max 软件和 SketchUp 软件进行铝方通的建模，之后导出 DWG 格式再转入至 Revit 模型里，大大提高了整体建模的效率。

（3）装饰构件。对于卫生间洁具、标识标牌以及排队栏杆等专业设备，数字化团队使用了内建族的功能，将单独的设备按照图纸的外轮廓信息进行建立，并且录入生产厂家和设备型号等，对于标识标牌类设备中文字需按照特定位置进行更改，数字化团队为其额外增加了信息参数，方便随时进行调整（图 7-54）。

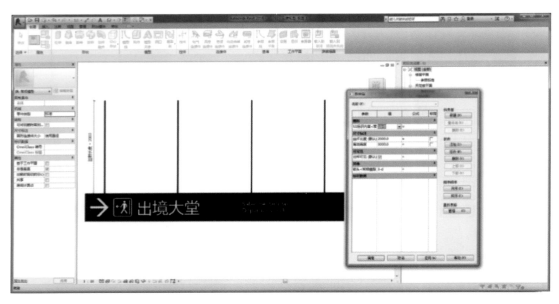

图 7-54 旅检大楼标识标牌模型截图

2）碰撞检查

数字化团队在模型提交前在部门内部模型完成碰撞检查，解决本专业与其他专业的碰撞问题。根据旅检大楼的体量，数字化团队将 GF、1F、2F 三个楼层中每个楼层又按照轴网分 ABC 三个区域。

数字化团队利用了 Navisworks Manage 软件进行碰撞检测，它可以自定义碰撞的规则，去掉一些无效的碰撞，进而提高对各专业模型碰撞检查的效率（图 7-55）。在旅检大楼中数字化团队运用了两种方式进行碰撞检查，首先是利用"碰撞检查"功能，在点击软件按钮后弹出的选项卡中选择需要运行的测试模型以及被测试模型，输入所需的公差，

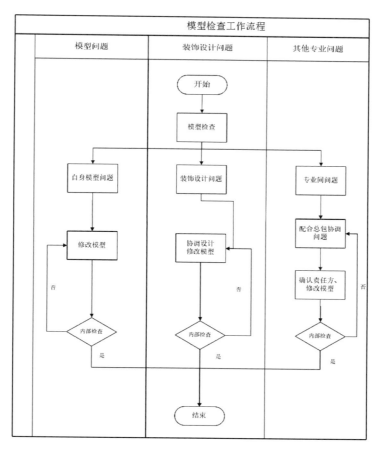

图 7-55　BIM 装饰模型检查工作流程图

将它自动转换为显示单位点击运行即可显示两个模型间所有的碰撞；图 7-56 为部分测试结果。另外有一些碰撞可能是由于建模过程的错误等问题造成的，利用软件自动的碰撞无法完全查找，这时候数字化团队会利用 Navisworks 中的漫游功能进行人工查找；如图 7-57 所示，其优点是更加直观，不容易遗漏，相反缺点就是相对于自动检测所花的时间更长。

最后将碰撞检测的问题导出成统一格式的碰撞报告提交业主与现场，帮助其对方案和现场施工及时调整（图 7-58）。

图 7-56　碰撞检查问题列表

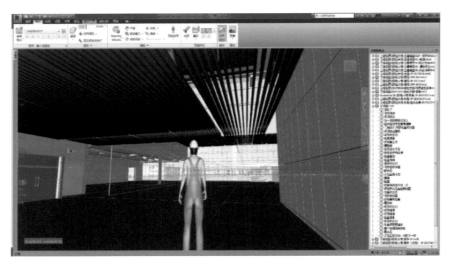

图 7-57 漫游查看模式

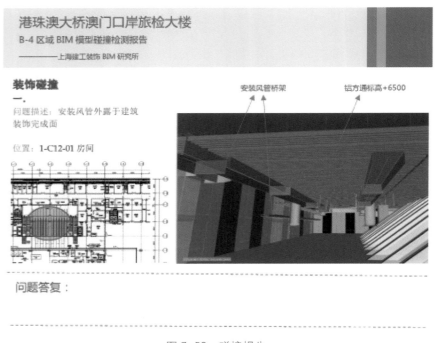

图 7-58 碰撞报告

3）施工工序模拟

通过 BIM 技术的运用可以将原先复杂的施工工艺一步步进行分解，通过三维可视化的方式与现场施工人员交底，摆脱了传统二维图纸的局限性，减少了施工与设计反复沟通协调的时间，提高了工作效率且保障了施工质量。在旅检大楼项目中数字化团队采用分步模拟的方式对一些样板区域及复杂施工区域进行了施工工序模拟（图 7-59~图 7-61）。

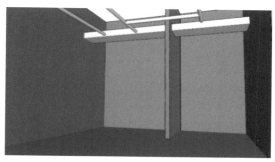
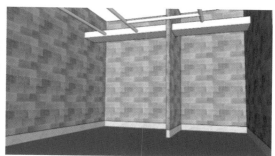

图 7-59　二结构墙体验收与墙面钢丝网粉刷

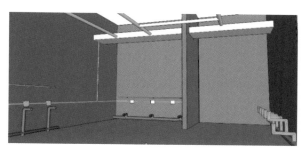
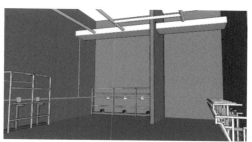

（a）管道施工与台盆钢架安装

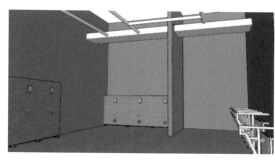
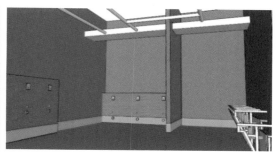

（b）地面浇筑与防水涂层

图 7-60　管道、台盆钢架安装、地面浇筑和防水涂层

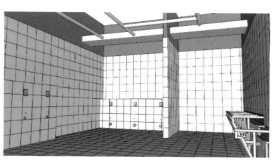
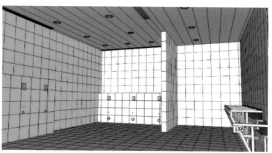

（a）地面、墙面及天花安装

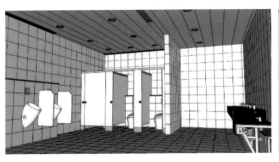

（b）隔断安装、台盆、洁具、五金安装

图 7-61 安装施工图

4）工程量统计

基于 BIM 模型的算量精准可控，很少出现少算、漏算等情况，但装饰面层的造型复杂，算量工作与其他专业相比难度较大，因此本项目中数字化团队仅对装饰面基层钢架进行建模算量。在实际工作中，发现墙面铝板及天花吊顶的基层钢架在分包上报的清单和以图纸为依据的用量差距较大，而使用 BIM 建模进行工程量核对相对更接近实际量，因此项目部目前是以 BIM 模型为基础，进行基层钢架的用钢量计算（图 7-62）。

进行工程项目施工成本控制时，应利用 BIM 技术对预算、成本和实际成本进行比对，找出存在的差异，分析产生原因，制定成本控制计划，保证施工成本处于受控状态（图 7-63）。

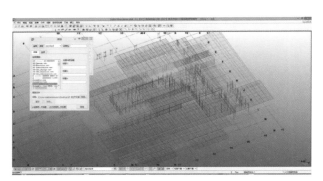

图 7-62 装饰基层钢架模型

图 7-63 工程量核对清单

经过分包商报价、商务部门核算、工程师核对、BIM 建模模拟四方对比，最终得到一个最正确的工程量，使项目工程量核算工作更准确。

本项目在运用 BIM 技术进行施工成本控制时，主要的工作目标为以下四点：

（1）根据工程项目合同报价清单和预算成本，将施工成本与装饰模型进行链接，生成施工成本管理模型。

（2）利用施工成本管理模型进行可视化施工模拟，分析施工预算成本是否满足合同约定并达到最佳效益。当发生明显偏差时，应对项目施工预算成本进行纠偏和调整。

（3）在施工成本管理模型中输入实际成本信息，通过实际成本与预算成本的对比分析，及时对施工成本偏差进行调整或更新，并应生成施工成本计划控制报告。

（4）利用施工成本管理模型，对项目施工成本进行动态监控，按照预算成本对各类资源要素进行有效控制，保证项目成本目标的实现。

5）施工工艺卡编制

在实际施工中，现场施工工艺卡往往是使用频率最高的指导性设施之一，在本项目中，装饰工程摒弃传统的二维节点图的工艺卡，在工艺卡中使用三维模型，直观地展现施工工艺和节点安装方法，有助于提高施工质量（图 7-64）。

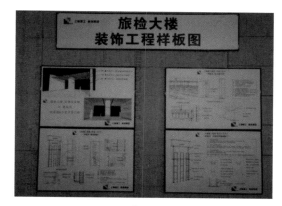

图 7-64 装饰施工工艺卡

6）施工交底

本项目关键部位及复杂工艺工序等均采用 BIM 技术进行建模，然后对模型进行反复模拟，找出最优方案，最后利用三维可视化实时模拟对工人进行技术交底。通过 BIM 技术对复杂节点进行施工工序进行优化模拟并指导现场施工意义非凡（图 7-65）。

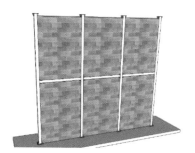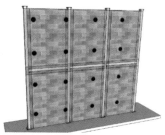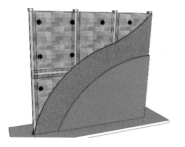

图 7-65 墙面做法施工交底

模型优化完成后，组织各施工段工长和现场施工人员召开交底会议，通过可视化模拟演示来对工人进行技术交底。通过这样的方式交底，工人会更容易理解，交底的内容也会贯彻得更彻底。从现场实际实施情况来看，施工效果提升非常明显，既保证了工程质量，又避免了施工过程中容易出现的问题而导致的返工和窝工等情况的发生。

7）施工方案模拟

使用 BIM 技术对装饰构件的施工方案进行模拟，通过 BIM 技术的协同设计、可视化，方便快捷地进行装饰个性化设计，通过相关软件对 BIM 模型中的数据进行处理，能够实时生成装饰构件安装后的三维模型，提前发现并改进装饰设计和深化设计时的缺陷，充分表达设计成果，实现所见即所得（图 7-66、图 7-67）。

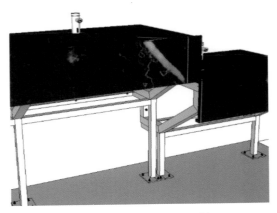

图 7-66　卫生间台盆钢架模拟

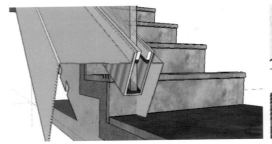

图 7-67　楼梯扶手节点模拟

8）竣工阶段 BIM 工作

项目竣工交付阶段，装饰 BIM 工作组根据施工过程模型创建装饰工程交付模型，在交付过程中为保证准确表达建筑构件的几何信息、非几何信息、构件属性信息等，需事先对自身模型及工作成果进行工作检查，在本项目中，工作检查的主要有以下几个方面：

（1）在创建竣工交付模型时，应按照招标文件及工程合同的约定对竣工验收信息进行过滤筛选，模型中不包含冗余的信息。

（2）当竣工交付模型文件数据过大时，对建筑模型进行拆分处理，并提供与竣工交付模型连接的数据单元模块。

（3）通过竣工交付模型与工程项目实体情况进行对比分析，保证建筑信息模型与工程项目实体一致性。

（4）通过 BIM 模型输出竣工资料中的相关内容，作为竣工交付资料存档的重要参考

依据。

本项目装饰模型内部检查的方式主要有以下几类：

（1）目视检查：检查装饰 BIM 模型是否正确地表达了设计意图。

（2）碰撞检查：通过碰撞检查软件检测两个（或多个）装饰构件之间是否有冲突问题。

（3）标准检查：检查 BIM 型是否符合 BIM 应用相关标准的要求。

（4）内容验证：检查信息数据有没有未定义或错误定义的内容。

7.1.6.3 小结

旅检大楼项目最大的特点是项目体量极大，项目性质决定绝对工期短，加上地理位置处于人工岛之上，受到天气影响又损失了大量工期，若没有 BIM 技术从设计、算量、施工、再到运维全过程全生命周期的深度参与，不仅在进场前就在三维空间内解决了大量问题，又通过 BIM 模型精确算量提高了物料管理，从而进一步缩减工期。在此类大体量公共空间项目中，BIM 技术在缩短工期，提高施工质量和提升整体项目管理水平方面功不可没。

7.1.7 杭州西湖大学室内装饰工程

7.1.7.1 项目概况

杭州西湖大学建设项目共分为 A ~ E 五个区域（图 7-68），上海市建筑装饰工程集团有限公司担任精装修总承包，负责管理整个园区精装修工作，精装施工范围 B、D、E 区。其中，B 区为学术交流中心，建筑面积 3.37 万 m²，装饰面积 1.5 万 m²；D 区为校长及讲席教授周转公寓，建筑面积 6 700m²；E 区为学术环，建筑面积 21 万 m²，装饰面积 13 万 m²；E5 区为学术会堂，建筑面积 9 500m²，装饰面积 5 100m²；E6 区为实验动物中心，建筑面积 8 200m²，装饰面积 1 100m²。

图 7-68　杭州西湖大学鸟瞰效果图（南）

7.1.7.2　数字化建造应用点

本项目应用总承包的信息化管理平台提供线上模型管理及模型检查等工作的支持，项目团队负责对 B、D、E 区精装模型进行精细化建模，要求施工模型深度达到 LOD400。同时，由于本项目所在位置为浙江省杭州市，所以竣工模型交付需依据浙江省 BIM 模型交付标准进行，经分析，浙江省模型交付标准高于上海标准。

1）复杂节点建模及优化

根据设计要求，项目团队对建模要求进行了分析及整理，明确重点工作区域，将主要力量放在实处（图 7-69）。建模模拟复杂节点，分析节点方案的可行性，在提升美观度的前提下降低作业成本（图 7-70）。

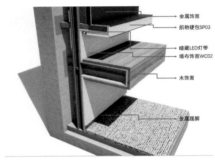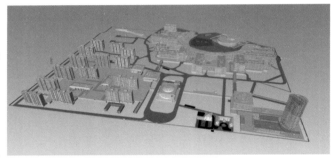

图 7-69　节点与整体模型创建

图 7-70　BIM 应用数据分析图

2）信息化应用

项目部各条线在信息化平台中及时填报相关单据并与模型挂接，通过信息填报将项目中各个散乱的点连成网络，并对数据实时分析，通过实际发生的数据推演项目即将产生的后果，以便及时调整及纠偏（图 7-71）。

通过建立装饰材料信息化管理流程，使用信息化平台工具，细化装饰施工管理，摒除以包代管的陋习，保证项目整体进度（图 7-72）。

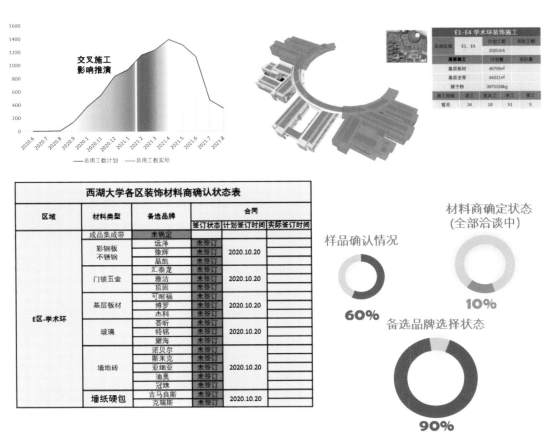

图 7-71　信息平台应用

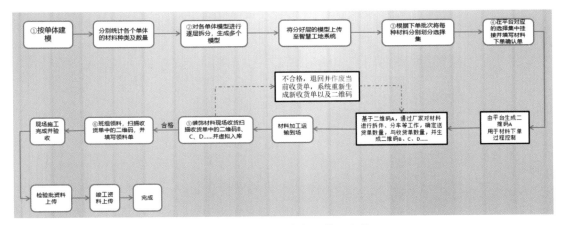

图 7-72　装饰材料信息化管理流程图

　　对材料进场及现场动火进行信息化管理，相关人员只需在手机客户端填写单据，负责人实时审批，减少材料审批环节，提高审批速度（图 7-73）。

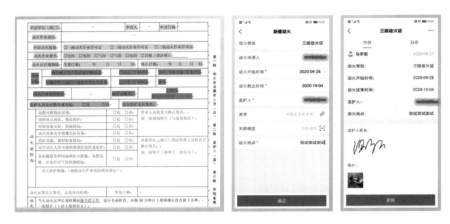

图 7-73　材料进场及现场动火信息化管理

7.1.7.3　小结

西湖大学云谷校区建设以打造"智慧工地"为目标,研究基于 BIM 和信息化、智能化技术的"智慧建造",构建集"数据采集、信息记录、数据分析、快速反应"一体的"智慧工地"平台系统。平台贴合项目管理习惯,内嵌到项目管理流程和表单模板,基于 BIM 模型基础,对接现场信息化数据成果,以"人、机、料、法、环、测"为核心,横向覆盖项目管理各条线,涵盖人员、车辆、现场监测、技术、质量、安全、进度、资料等关键环节;以"材料管理"为主线,纵向贯穿项目建造全过程,以 BIM 模型为载体,整合项目设计初始信息、施工过程信息和竣工运维信息,项目竣工的同时实现数字化交付,为未来西湖大学智慧运维提供数据信息基础。

7.2　大型航空枢纽装饰工程数字化建造技术应用实践

7.2.1　北京大兴机场航站楼室内装饰工程

7.2.1.1　项目概况

2019 年 6 月 30 日,"凤凰"造型的北京大兴机场航站楼位于北京南部 46km 外的大兴,其中航站楼总建筑面积 143 万 m²,是目前世界上单体最大的机场航站楼(图 7-74)。建筑整体为花形空间体,分 12 瓣,塔冠部分呈凤尾造型,采用双曲面铝板安装,建成后宛如在空中绽放的莲花。14 万块漫反射装饰板按照最完美的曲线形式被安装在了世界最大的自由曲面屋顶内,其装饰工程工期紧、板块造型多变、交叉作业突出,安装高度高,对于装饰工程是一个艰巨的挑战。为解决上述问题,在建造全过程采用数字化建造技术辅助装饰工程的顺利实施,提升项目重难点区域设计与施工水平,实现高质、高效、可控的整体施工目标。

图 7-74 北京大兴国际机场效果图

7.2.1.2　数字化建造应用点

以 BIM 模型为基础的数字化建造技术已广泛应用于装饰工程大型异形饰面数字化建造中，通过深化设计、技术交底、材料下单加工、构件定位安装、跟踪检测等达到交付目标。从简单的建模到贯穿装饰异形饰面建造，装饰施工数字化已能够实现建造全过程的数字化。

北京大兴国际机场航站楼的装饰工程具有项目工期紧、管理要求严、建设难度高等特点，且受到社会各界的高度关注。因此在北京大兴国际机场装饰工程建造过程中，大吊顶系统的双曲面吊顶铝饰面、采光天窗以及 C 型柱从测量到验收等工作，数字化建造技术得到广泛的应用。

1）三维扫描技术

在室内装饰工程中，传统现场测量作业以经纬仪、铅垂仪、测距仪、标线仪等二维人工测量手段为主，对测量人员的技术水平及专业素养有较大依赖性，人为因素导致的精度误差不可避免，效率低下且无法对既往数据进行校核追溯。同时，施工现场复杂的作业环境也经常限制了传统的工程测量手段，影响测量精度，尤其是大兴机场双曲面吊顶的前期测量工作。在工程开展前期运用整体式三维激光扫描仪，对整个空间进行全方位扫描，通过靶球拼接成一个整体的点云模型，设定统一坐标系，将点云模型与原始模型进行对比得出现场结构的偏差；点云模型处理好的数据可以生成 CAD 线条，便于后期处理。三维扫描生成的点云模型为后续模型建立、深化和调整提供了重要依据（图 7-75）。

图 7-75 数字化测量放线与点云扫描

2）三维深化技术

航站楼大吊顶铝板表皮模型在进行深化分块前是一个整体，根据设计院给出的统一分割线，对 BIM 模型进行深化，将分割线投影到表皮模型进行板块分割。深化过程中，对铝板的表皮进行调整，规整合并大吊顶边上尖角条，避免因尖角条规格过小产生的加工及安装问题。同时各标段铝板表皮模型深化完毕后，统一合模，统一调整各标段模型间的误差，保证施工效果（图 7-76）。

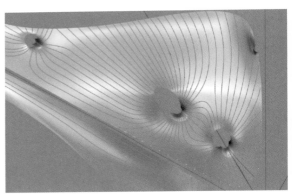

图 7-76 表皮三维深化

结合点云模型与表皮模型深化，综合考虑现场钢结构屋架形式及最终装饰饰面造型，最终采用转换原盘这样一个创新的转换节点。有别于常规钢结构转换层固定或有向转换节点的设计，新机场大吊顶钢结构转换层采用转换圆盘，具有更好的方向性，转换层框架可以任意转向并固定在转换圆盘上，满足新机场吊顶铝板"飘带"造型走向不一的要求。转换层框下层，通过挂件连接与铝板"飘带"走向一致的副龙骨，用于安装铝板单元（图 7-77）。

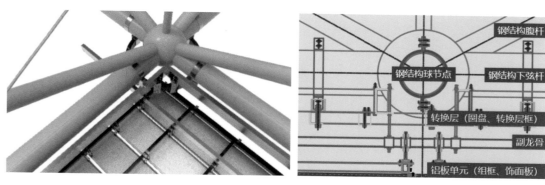

图 7-77　圆盘加固节点深化

3）数字化出图与生产加工

北京大兴国际机场航站楼的大吊顶具有 14 万块漫反射装饰板，另两个机场的装饰面板也达到了相近的数量。在饰面板加工图的出图过程中，应用了基于 BIM 模型的参数化脚本控制，对面板进行自动化排序、编号、出图、下单，相比于传统的二维绘制，数字化的下单方式更符合制造业的标准需求，高效且准确。厂家在得到二维加工图及三维的 BIM 模型后，可直接提取模型特征数据输入加工设备，采用五轴联动机床可直接对材料进行制作加工。不仅节省了设计制图人员的工作，更缩短了项目的生产周期。

4）数字化安装技术

北京大兴国际机场外轮廓类似于"米"字形，无论是指廊还是中心区都有中轴线，这个中轴线就是测量控制网的基准线。

在安装过程中，项目投入自动导向全站仪进行全过程测量、放线与安装施工，根据项目总承包统一布设的控制网增加精装控制线，加密控制网。在整个施工过程中，控制网与坐标系统一设置，基准点都布置在地面易查找，易架设对中杆的部位，标高基准点一般布置在柱子上。施工过程中采用全站仪打点、焊接角钢放样点的方式进行控制线放样。通过数字化安装技术，实现大吊顶从转换层到面层的精确定位与安装（图 7-78）。

图 7-78　板块定位安装图

7.2.1.3　小结

在北京大兴国际机场建造过程中，应用了以 BIM 模型为基础的数字化建造技术辅助项目顺利实施，数字化的测量、设计、施工、加工、安装，令装饰施工顺利进行的同时也为数字化团队的机场航站楼建设打造了以下优势：

（1）工业化设计，以单元板块嵌板相邻若干板块为一组，通过数字化模拟，进行虚拟预拼装，利用坐标定位吊装至安装位置，提升施工效率。

（2）工业化生产，曲面异型吊顶是传统施工无法解决落地的。数字化团队利用数字化建造技术和工业化加工，结合先进的测量仪器，可达到深化设计、生产、现场安装高精度、高标准还原设计方案。

（3）无脚手架施工，利用数字化建造技术和先进的辅助安装机具，摒弃掉了传统落后的施工方案，达到了控制成本，减少工期的作用。

数字化建造技术的应用是装饰行业发展的必然趋势，具有坚实的基础的同时展现出了广阔的行业前景。装饰工程的数字化建造采用现代的技术手段，能够显著提高数字化团队的建造和运维过程中资源的利用率，减少对生态环境的影响，实现节能环保、效率提高、品质提升，以及安全的保障。应该说，是数字化团队行业可持续发展，迈向更高端水平的必然选择。上海市建筑装饰工程集团有限公司数字化团队将把握机遇，担当使命，深化合作、协同等智慧建造加快发展，努力做出突破性和创新性的贡献（图 7-79）。

图 7-79　室内竣工照片

7.2.2　浦东机场卫星厅室内装饰工程

7.2.2.1　项目概况

浦东国际机场目前是我国三个大型枢纽机场之一，三期扩建工程完成以后，浦东国际机场航站区将拥有两座航站楼和两座相互连通共同运行的卫星厅（S1 和 S2），进一步完善功能，扩充机位，为建成国际航空枢纽港打下坚实的基础。旅客候机功能由 T1 指廊、T2 指廊及卫星厅（S1 + S2）共同承担。建筑单体共设 7 层，地下 1 层，地上 6 层（含夹层）。从地下至地上各楼层的主要功能安排依次为：捷运站台层、站坪层、国际到达通道、国内出发候机 / 到达、国际出发候机、国际商业 / 餐饮、贵宾候机室（图 7-80）。

图 7-80　浦东机场卫星厅效果图

7.2.2.2　数字化建造应用点

1）BIM 配合样板段施工

公司的装饰工程一般都以样板先行，对于浦东机场卫星厅这种重大工程来说更是如此。样板段的施工是对设计效果，施工技术，安全质量等全方位的预先掌控。传统的样板模式需要花费大量的资金在施工样板上，不仅如此，大量的样板仅作为展示、观摩使用，并不是建筑某一部分，样板使用完后还需拆除、运走。尤其是在进行精装修样板施工时，由于色彩、选材

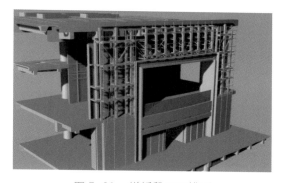

图 7-81　样板段 BIM 模型

和排布不能满足设计师和业主的要求，往往需要进行多次样板间"安装—拆除—重建"。这两种情况不但会提高项目成本，也浪费大量建筑材料、并产生建筑垃圾、污染环境，与绿色施工背道而驰。而本项目中 BIM 技术的介入利用其三维、直观的特点，将施工样板数字化、虚拟化，替代传统方式的施工样板（图 7-81）。

样板段建立的模型深度一般较整体模型更加细致，工艺节点都需体现明确，设计可以直观地对效果进行把控。而对图深化的合理性，施工工艺节点做法同样起到了模拟作用。并且如样板需调整，可以利用 BIM 的参数化特性，修改模型即可，从实体样板模型到虚拟样板模型。数字化的介入让整个过程中既节省了成本，又减少了材料的使用和建筑垃圾的产生，实现了绿色施工，节约材料（图 7-82）。

图 7-82 样板模型问题报告

2）BIM 技术配合三角大吊顶施工模拟

浦东机场卫星厅三角区屋顶结构为复杂钢桁架结构，双向曲线形成双曲造型，结构较为复杂。S1 与 S2 区域各一个大吊顶，主要材料为蜂窝铝板及波纹铝板。三角吊顶边长约 120m，面积约 6 600m²，吊顶最高点标高 35m，最低点标高 18m。大吊顶下方的 12.9m 层楼板留洞，形成直到 0m 层的共享大空间，12.9m 层洞长边最大 50m，短边最大 25m。大空间建筑屋面体系多采用桁架结构，具有跨度大、高度高、多曲面等特点。其异形吊顶施工，移动式脚手架不能针对异形多变高程屋面，且移动不方便；满堂脚手架搭拆量大，费时费力，且成本高，同时影响地面施工。为了解决上述技术问题，项目中采用了有效，施工快速的"装配化"吊顶系统及施工方法，利用 BIM 技术对其方向进行模拟论证，通过增设受力转换层，解决桁架体系不允许后期吊顶的吊杆直接连接在二力杆中间的难题。通过转换层三维可调节的设置，使得转换层可延续桁架双曲走势，亦能满足异形吊顶的安装需要。通过划分吊顶单元模块，以单元模块为对象进行整体式组装和吊装，完成吊顶"装配化"的施工要求（图 7-83）。

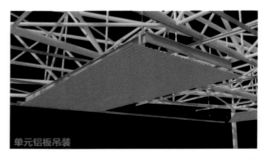

图 7-83 单元铝板吊装施工模拟

7.2.2.3 小结

　　浦东机场项目作为超大空间项目和市级的重大类项目，在实施过程中通过应用 BIM 技术对装饰区域进行精细建模以及对模型的深度应用，明确了施工工艺的重难点，特别是运用可视化技术通过对三角大吊顶的施工模拟及分析，有效的解决了本项目装饰工程的最难点。同时通过本项目 BIM 技术的深度应用，培养了一批优秀的 BIM 工程师，为集团数字化、信息化发展起到了良好的推动作用。

7.2.3 鄂州花湖机场室内装饰工程

7.2.3.1 项目概况

　　湖北鄂州花湖货运机场由顺丰集团与湖北省出资共建，是全球第四个、也是亚洲和我国第一个专业货运机场。上海市建筑装饰工程集团有限公司设计院承接此项目配套工程综合业务楼（图 7-84）、机组楼（图 7-85）、宿舍楼的室内精装修设计任务，其中综合楼包含地下室 2 层，地上 8 层；机组楼地上 3 层；宿舍楼地上 9 层（6 人间 302 套，双人间 46 套）。综合楼约 24 812m²，机组楼 8 652m²。

图 7-84　综合业务楼大堂效果图

图 7-85　机组楼一层大厅效果图

7.2.3.2　数字化建造应用点

在鄂州花湖机场项目中，BIM 技术已得到建筑工程各参与方的高度重视。项目团队作为设计方，为建筑工程项目的源头，对 BIM 技术和设计本身的结合尤为重视，既要为上游的设计企业技术与管理创新服务，同时衔接好下游施工企业 BIM 应用。目前，翻模的技术思路占据着 BIM 技术领域的半壁江山，除管线综合有明显的效益外，BIM 技术在设计阶段其他方面的应用并不突出。因此在本项目中，从正向的角度去思考 BIM 技术与设计的结合，如何满足业主的需求、实现 BIM 模型价值利用最大化从项目开始一直是我们思考并要实现的主要方针。

BIM 正向设计通常是指"先建模，后出图"的设计方法，是对传统项目设计流程的再造，是以三维 BIM 模型为出发点和数据源，完成从方案设计到施工图设计的全过程任务。相较传统二维设计手段，BIM 正向设计的水平、质量和效率均有提高，专业协作更加完善，内容表达更加丰富，利用三维模型和其中的信息，自动生成所需要的图纸文档，模型数据信息保持一致完整，并可持续传递应用。

鄂州花湖机场在建筑室内设计中实现正向设计，顺利为项目 BIM 应用优化部分环节、降低劳动力和信息交换成本。设计师充分利用信息化平台表达设计理念，并通过 BIM 参数化设计快速、高效地实现设计而非将时间浪费在绘图中。BIM 正向设计技术助力本项目实现方案优化、协同作业、设计信息参数化、计算和模型一体化及出图自动化。

鄂州花湖机场配套工程室内精装设计所采用的正向设计应用体现在以下四方面。

（1）模型出图。设计师的设计思路直接利用 BIM 软件进行模型搭建，并在三维软件空间中进行呈现，然后通过三维模型剖切、标注导出平面、立面、剖面及节点图，保证了图纸和模型的一致性，减少了传统二维绘图方式的错漏碰缺，对于设计品质与施工图纸质量有很大的提高（图 7-86）。

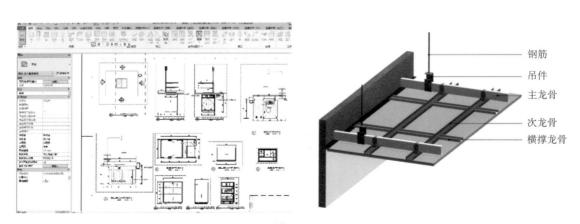

图 7-86　BIM 模型协同设计出图

（2）协同设计。本项目所涉及的所有建筑构配件均落实到三维空间，包含机电管线、设备、末端点位与装饰工程的墙饰面、天花、地面等部件。给排水、暖通、电气、装饰各专业之间的设计过程实现高度协调，降低专业协调次数，提高各专业间设计会签效率，更加高效地把控项目设计的进度和质量（图7-87）。

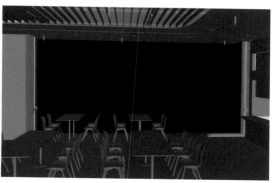

（a）协同优化前　　　　　　　　　　　　　　　（b）协同优化后

图 7-87　利用 BIM 协同设计解决专业之间的碰撞问题

（3）模型出量。直接以模型实体进行设计优化、工程算量、造价管理、成本控制等一系列的管理模式。提高了设计的完成度和精细度，减少二维的设计盲区，让模型服务后期施工更精确、更深入，这也是 BIM 正向设计的最终目的（图7-88）。

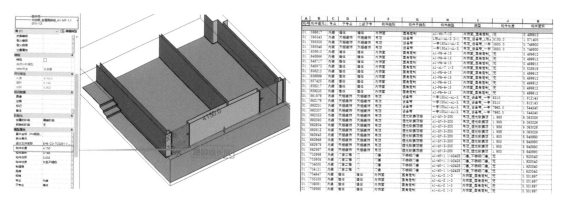

图 7-88　基于 BIM 输出装饰构件工程量清单

（4）平台协同管理。从应用功能方面考虑，BIM 正向设计协同管理平台的功能应包含基于模型的协同、文件管理、权限管理、非几何信息的存储、一校两审的需求等方面；从协同流程模式方面考虑，BIM 正向设计协同管理平台应能够在基本业务、设计迭代及成果输出、协同提资、质量控制、会审及碰撞过程中得到体现；从现有的 CAD 协同管理模式方面考虑，当前的工程设计协同管理模式应满足 BIM 技术背景下的工程设计。这些都是在搭建 BIM 正向设计管理平台所需要考虑的方向。

针对本项目的特点，在业主与各方的推动引导下，本项目搭建了 BIM 模型管理的云平台，形成了模型文件的提交、审核、提资、应用、归档等一系列的线上审批流程，改善了线下流程审批的繁琐性、不及时性（关键审核人物不在现场）、数据文件易丢失等痛点（图 7-89）。

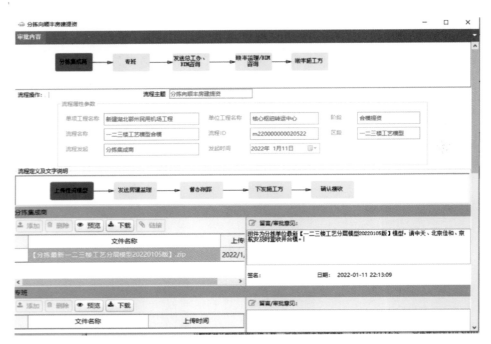

图 7-89　模型提资审核流程图

7.2.3.3　小结

本项目应用 BIM 正向设计技术为业主提供了高质量的施工图，高度地还原了图纸模型的一致性，利用 BIM 模型构件输出材料清单，为业主提供了精准的工程量，为业主招标报价、成本控制提供了保障。

BIM 正向设计是探索 BIM 技术应用的方式之一，其有力地促进了该技术的应用推广。但从国内外的研究来看，BIM 技术仍处于初始阶段，全生命周期的应用还面临诸多挑战，以图纸为导向的正向设计具有很强的时代局限性。正向设计主要存在以下问题。

（1）缺乏针对性技术规范和数据标准。现阶段以出图为导向的正向设计规范标准不够完善，不能和现阶段的实际情况吻合，制约了制图效率。

（2）国内环境因素的制约。缺乏自主开发的 BIM 软件平台体系，且二次开发参差不齐；建筑信息化和工业制造信息化程度偏低；现有建筑行业分配体系制约 BIM 正向设计。

（3）国内 BIM 技术链和产业链还不完善。现有项目交付模式和正向设计不匹配，影响应用效率；装配式建筑还不成熟，制约了 BIM 技术的推广。

未来工程信息传递必将以信息模型为主，云计算为基础，通过人工智能和物联网技术赋能升级，各种管理、审核和施工验收等均通过云平台实现。

7.3 大型主题乐园装饰工程数字化建造技术应用实践

7.3.1 上海迪士尼乐园梦幻世界室内装饰工程

7.3.1.1 项目概况

上海迪士尼乐园梦幻世界是由奇幻童话城堡（图7-90）及后方游乐区组合而成，包括集展示、演艺和餐厅于一体的城堡综合体、演艺剧场、迷宫、商店、餐厅、小食摊、小卖部以及多种陆地和水上游乐项目。梦幻世界总占地面积112 006m²，主要建筑设施为401～416单体，建筑面积共35 535m²，除城堡为56m（不含塔尖装饰杆）外，其余建筑单体均为高度24m以下建筑。其中，每一个单体都充满着童话般的奇幻色彩，建筑形态复杂，艺术构件数量庞大，应用材料种类多样，设计、施工难度之大前所未有，因此项目团队将BIM技术应用于所有单体。

图7-90 迪士尼梦幻世界奇幻童话城堡

7.3.1.2 数字化建造应用点

1）装饰深化设计

作为主题公园的装饰项目，装饰工程效果的首要因素就是装饰细节刻画。在深化设计过程中经常会发生设计立面、剖面图纸不全，无法全面反映立面整体信息。为此，项目在深化设计过程中对建筑整体立面进行了整体效果规划：以数字化团队为主导，经过"建模—沟通—改图—建模—开会讨论—建模"这一工作流程使装饰模型在制作过程中逐步接近建筑设计师真实的想法，深化设计人员和厂家设计人员在这个过程中反复进行深化设计和修改。通过不断沟通及交流，解决立面凹凸变化位置、形状、弧弦变化位置间的互相冲突，最终确定复杂的建筑整体立面效果（图 7-91）。

图 7-91 复杂构件模型

在深化设计过程中，项目部除了进行模型的深化工作之外，同时安排具有丰富设计经验的专家检查模型，找出设计方案中的各种潜在问题或设计缺陷，写入专项会议，针对重点、难点的问题进行深入讨论，力求解决设计图纸中的潜在错误，大幅提高设计质量。通过模型对装饰设计方案进行可行性分析，解决设计阶段无法发现的设计缺陷，减少施工过程中因图纸缺陷造成的变更及返工问题，辅助施工阶段工作的顺利进行。项目装饰 BIM 深化设计的主要特点有：

（1）BIM 模型与二维图纸结合表达。由于城堡项目形态复杂、构件数量庞大、实时更新多等难点；同时，通过模型出图经常会遇到细节表达不全等问题，比如塔上的 GRC 构件绝大多数是异形曲面的，造型极为复杂，GRC 构件与钢结构之间的连接件无法完整表达，造成这一问题的原因是模型出二维施工图以"切图"的方式进行，多数连接件都会被切成两半以致图形信息不全面。上述是模型与图纸结合表达中遇到最主要的问题，也是目前国内外都未解决的深化设计问题（图 7-92）。

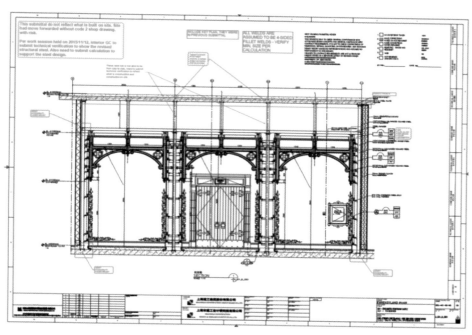

图 7-92　模型出图并修改设计

在具体实施过程中，装饰项目组认为模型与二维图纸结合表达是复杂装饰造型实现的必要条件，在模型中应能看到完整的二维图纸，才可以全面了解到图纸表达的内容。因此项目部利用施工图纸与模型的相结合，在 BIM 模型中添加深化的二维图纸。城堡项目中每一张二维深化施工图都能在 Revit 模型中找到，这是装饰 BIM 在工程应用中的重大突破，通过这种方式，不仅优化了项目的图文档管理，也为施工、加工图的顺利绘制提供了有力的支持，同时在后期运维阶段，运维方能够直接使用模型而非图纸去查看相关信息（图 7-93）。

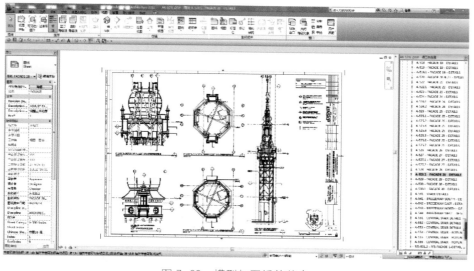

图 7-93　模型与图纸的整合

（2）装饰构件的分件与整合。此类项目建造工程中使用的艺术构件特点是形体庞大、形式复杂、数量众多，仅城堡一个单体就有近万件，每个构件都需要单独建模，然后再整合；另外还需要考虑每个加工件的生产运输及安装环节，这样的工作量和工作难度是前所未有的。项目部考虑到装饰构件需要加工、运输及安装的实际情况，将这类艺术构件分割成很多个相对细小或者形状规则的零件，将零件组合成一个完整的艺术构件，再将组合好的不同构件按照实际位置在城堡 BIM 模型上"安装"上去，形成了能辅助加工、指导施工的城堡外立面装饰模型。

此外，在建模时，项目部对每个零件在建立时都设定了独立的可安装调试空间，这样无论施工现场环境如何复杂，控制在可控误差内都可以安全准确地进行安装施工（图7-94）。

图 7-94 多个不同构件"安装"到主体结构上

（3）装饰构件与装饰连接结构的整合。在构件深化过程中，由于艺术构件造型复杂多样，形体庞大，安装精度要求极高，建筑设计师要求不可因结构连接问题而修改外立面的艺术构件，艺术构件与主体结构如何固定安装是一个需要重点关注的问题。所以在整合装饰构件时应首先将连接件和装饰构件进行整合。观察装饰构件与结构之间形成的空间形态，设计最适合的钢结构连接件。在模型整合时需要非常严谨，尤其是与结构连接的地方，往往遇到问题时会调整混凝土结构和钢结构来满足外饰构件的观感需求（图 7-95）。

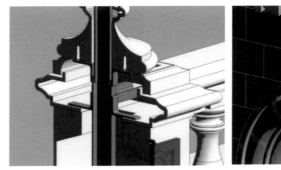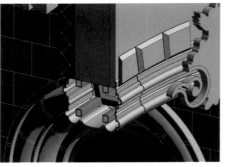

图 7-95 装饰构件与背附钢架和连接件的整合调整

（4）装饰与其他专业间整合。解决装饰专业内部整合问题后，数字化团队将碰撞检查扩展到整个工程中，使装饰与其他专业施工深化模型件之间的问题暴露出来，并沟通其他专业方，共同进行讨论和修改。在实施过程中遇到的问题有：第一：不能及时整合导致建模工作没有产生价值；第二，各专业运用的建模软件有所不同，模型格式多样，需要在一个平台上进行整合。

针对上述问题对于不同专业间的整合，项目部主要抓住以下两个方面：

① 必须保证时效性。随着工程不断地进行，施工图也是跟着不断修改的，所以 BIM 模型不可能从头到尾毫无变化，每次修改都可以解决现有的一些问题，但同时也可能出现新问题，如果不能保证各专业整合模型的实效性那么模型整合将变得毫无意义。

② 必须使用一个统一的模型整合平台，项目中不同专业使用的 BIM 设计软件各不相同，如此类项目中建筑、结构、机电专业使用的是 Revit 软件。装饰专业所用软件较其他专业而言种类更多，除了 Revit 以外，还有 Tekla、Rhino、3ds Max 等 BIM 软件作为辅助使用，这就使模型整合必须选择一个可以兼容所有软件格式软件平台，此类项目经讨论及反复测试后决定运用 Navisworks 进行整合各专业模型。

2）装饰与建筑结构专业协同深化

装饰专业内部模型整合完毕后。要与主体结构模型进行碰撞检测，检查各构件信息的准确性（图 7-96）。

除了装饰面层、支撑体系外，还有其他零星构件需要在深化设计过程中进行碰撞检查及各专业协调（图 7-97）。如天沟的安装、栏杆的布置、防水的要求、避雷系统的设置。

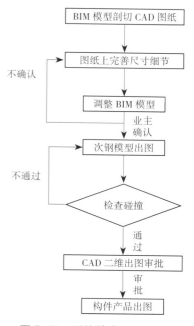

图 7-96　碰撞检查工作流程图

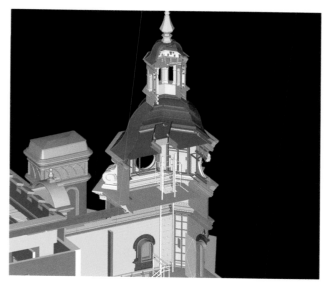

图 7-97　塔楼区域钢结构与装饰面层协调

这些构件往往会影响整个装饰工程的效果，因此在设计过程中需要融入深化设计的碰撞检查过程中，且需要各个专业相互配合（机电安装、土建设计、专业厂家设计等）。这样才能完成完整的深化设计，且不造成施工遗漏和错误。

3）产品分件

城堡外立面上每个构件的重量都相当大，同时结构又相对复杂，因此无法对构件进行整体加工和安装。装饰数字化团队对城堡的每个艺术构件进行了产品分件，对每一个复杂装饰工程构件外表面面积进行较为精确面积统计，相对人工计算而言提高了计算的速度和精度。每个构件包含了产品的生产信息，包括生产厂家，生产成本造价等重要信息（图 7-98）。

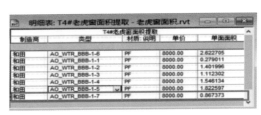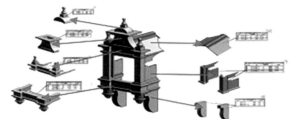

图 7-98　老虎窗分件产品信息以及面积单价

4）装饰 BIM 模型出图

装饰数字化团队在开始模型出图工作前，根据项目的自身特点协调各专业召开会议，确定统一的项目出图标准并且制定详细的工作流程，要求各参与单位严格按照此流程进行操作。

应业主设计师的要求，城堡外立面装饰图纸必须直接从模型切出，外立面模型出图流程：

① 依据《雇主 REVIT 标准》的 BIM 出图要求，BIM 工程师根据要求出具建筑设计 BIM 模型的外立面图纸作为深化设计的底图（即建筑轮廓图）。

② 深化设计团队在底图基础上进行更细致的绘图工作，完成深化设计工作。

③ 将各专业整合起来，同时出具二维图纸，随 BIM 模型一起上传审批。

④ 最终装饰施工图立面图、平面图、剖面图外轮廓由 BIM 模型导出，节点以及详图则是直接在 CAD 中绘制。

装饰支撑体系（包括次钢结构、轻钢龙骨隔墙等），大多都是使用 Tekla 软件直接进行深化设计的，在 Tekla 中完成模型后可直接导出 CAD 图纸，只需对其进行图层、标注等稍作修改，工作即可作为上传图纸使用，钢结构零件编号、长度等其他参数可以直接通过 Tekla 模型导出成一个固定格式的电子表格，作为料单发给厂家，厂家就可以根据

表格进行材料加工了。

此类项目在 Tekla 中进行装饰专业次钢结构模型出图的步骤如下：

① 将土建、装饰表皮、MEP 等模型导入软件中作为参考。

② 根据专业厂商的建议，全面考虑施工误差问题，钢结构体系进行建模。

③ 建模过程中对每根构件进行编号以便后续出图工作。

④ 在 Tekla 中导入图框和出图设置，直接在模型中切出次钢的布置图。

⑤ 一些特殊构件则需要单独出具加工图以便工厂进行加工。

以上工作都可使用软件自动完成，如得到的 CAD 图纸有不够完善的地方，则需要深化团队对图纸进行美化和标注等工作。

5）施工进度视频模拟

城堡外立面施工工序繁多，并且与其他专业例如钢结构、假山、机电等同时施工，因此在施工计划基础上既要考虑平行交叉作业又要考虑各种工序的先后关系；同时在此类项目中，应业主要求需要在整体进度计划基础上，需要提交月计划、周计划；并且配合计划需要对现场实物信息及时更新，且现场计划处在不断变更中，这就需要进行施工进度模拟的模型信息随着计划的变更而变更。

此类项目采用 Synchro 软件对外立面的施工进行进度模拟，通过该软件的进度计划表与 OrArchicadla Primavera（P6）连接，然后绑定模型。由于 Synchro 与 P6 之间有联动关系，可以随着现场计划的改变而做调整。

6）数字化物流管理

在项目的加工和安装流程中，生产出的每块构件都可以进行编码，将构件的基本信息，如名称、材料、供应商、当前安装的状态等上传至集团的管理平台，让项目工程师通过数字化建造技术快速对各类材料进场归类出入库管理，工程队管理、施工项目管理分类，设备分类管理等，以及审核监督，二级实施规范化管理。

在此类项目中对装饰构件的二维码物流管理的使用，项目部发现相对于传统的物流管理模式，数字化的管理方式保证了材料的可追溯性，进一步规范了物资管理流程，能够实施监控材料库存信息，提高了材料的管理效率，减轻了材料管理的工作强度（图 7-99）。

7）施工方案模拟——吊装模拟

城堡在产品吊装面临的问题主要有施工安全影响、产品保护影响、施工效率影响、设计与施工实际的空间冲突等（图 7-100）。结合 BIM 的 4D 施工模拟，可以有效帮助方案设计人员发现冲突、改善安装方案，为产品安全安装，为施工的安全、高效、经济提供有力保障（图 7-101）。

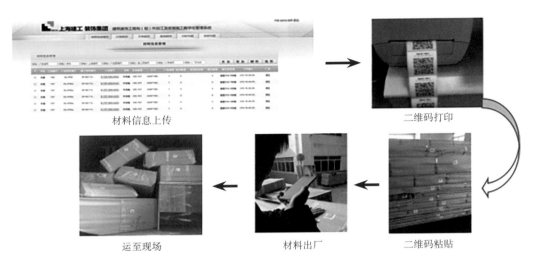

材料信息上传

二维码打印

运至现场

材料出厂

二维码粘贴

图 7-99　材料数字化物流管理应用

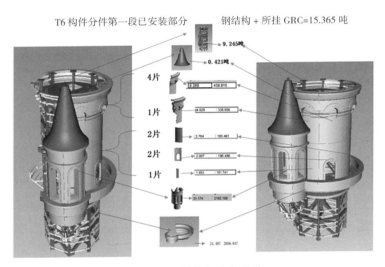

T6 构件分件第一段已安装部分　　钢结构 + 所挂 GRC=15.365 吨

9.245 吨

0.421 吨

4片

1片

2片

2片

1片

图 7-100　塔吊各阶段吊装

塔吊起吊范围

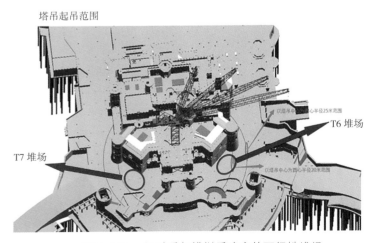

T6 堆场

T7 堆场

图 7-101　经过反复模拟后确定的可行性堆场

8）施工方案编制

考虑施工过程中，城堡的塔尖脚手架由落地脚手及临时工作平台两个部分组成。为满足金属塔身吊装就位后高空中后续装饰作业的操作要求，需要沿塔身从下至上、配合塔尖造型的变化搭设操作脚手架。因此，在方案编制的时候，项目部通过模型导入至Navisworks 软件进行检查，确定立杆的位置，并且找出立杆与设备基础、风管碰撞的地方，然后做出相应的调整。

通过 BIM 模型来定位脚手架拉结位置。脚手架的架体拉结巧妙利用了塔身频闪灯和塔上镂空造型的孔洞，采用钢筋焊接与塔身主体钢构的连接形式，让脚手架与主体钢结构之间形成了有效的硬拉结。频闪灯在塔身上呈螺旋上升布置，且间距较为均匀，基本满足架体拉结的需要。局部无频闪灯部位，利用塔身上的窗洞和局部装饰构件开孔进行弥补。最终，将脚手架模型与外立面模型整合好，然后通过碰撞检查来确定了立杆位置（图 7-102）。

图 7-102　通过 BIM 模型来定位脚手架拉结位置

9）三维扫描

此类项目主体为混凝土框架，建筑整体仿造欧式城堡，各层平面布置呈不规则，立面造型复杂。外饰面采用大量 GRC 线条及艺术化形式抹灰饰面来营造欧式石堡风格。这样的造型和设计风格给装饰测量带来了高难度。

项目组通过使用三维激光扫描技术，对已完成结构表面进行全面的扫描测量，并通过后期处理产生三维模型，解决在艺术饰面深化设计过程中的测量难题。

三维激光扫描分为了前期准备、数据采集和数据处理 3 个部分。在开始数据采集前，根据扫描仪扫描范围、建筑物规模、现场通视条件等情况规划设站数、标靶放置、扫描路线等。以便于快速、高效、准确地采集数据，并且合理的测站数及标靶放置也能有利于后期数据处理中的降噪及数据拼接。数据处理是最关键的部分，包括点云生成、数据拼接、数据过滤、压缩以及特征提取等。点云数据测量的精度以及点云数据的处理直接影响三维建模的质量。

现场扫描数据经过软件处理后的点云模型（图 7-103、图 7-104）。

图 7-103 一层大堂、大堂旋转楼梯点云模型

图 7-104 二层主题结构点云模型

三维扫描技术将度假区城堡的异型结构通过扫描将相关空间坐标、结构等参数信息获取出来，使装饰专业能对难异型结构进行及时识别与排除。通过此类项目的三维扫描，工作小组解决了一下问题：

① 通过点云模型与土建设计模型对比测量土建施工偏差。

② 通过逆向建模模型优化装饰设计方案，提高图纸质量。

③ 通过复杂装饰空间扫描检查装饰施工质量。

10）项目管理平台

施工项目信息管理平台的应用能够在施工工程项目实施过程中对信息收集、整理、处理、存储、传递与应用的科学管理，此类项目中采用自主研发的施工质量安全项目管理平台（图 7-105），为此类项目装饰施工管理的规划、决策、组织、智慧、控制、检查、

图 7-105　项目管理平台

监督和总结分析提供及时可靠的依据，从而保证此类项目施工管理的准确和高效。

7.3.1.3　小结

乐园主题城堡在装饰专业的建造过程中全程采用了数字化建造技术，项目团队通过本项目的信息化及 BIM 实施工作，归纳总结了数字化建造技术在此项目上的成功应用：

（1）项目管理——数字化管理技术贯穿了此类项目城堡设计及施工的全过程，解决了困扰传统装饰项目管理的两大难题——海量基础信息全过程分析和工作协同，真正实现信息集成化。通过有效应用 BIM 技术在此类项目中降低了 30% 以上设计变更，并将施工现场的劳动生产率提高 20% ~ 30%。

（2）质量控制——通过模型及时更新、碰撞，减少"错、漏、碰、缺"现象，通过模型会审，提高施工图质量。协调会议利用模型进行可视化交底、协调，提高沟通效率和质量。利用 4D 模拟重、难点施工方案、工序。各参与方可利用 BIM 模型现场查看，比对施工，查找施工质量问题。

（3）进度控制——各专业、各阶段模型间充分协调避免工期延误。针对计划进度进行的可视化 4D 模拟配合进度计划方案进行讨论、变更，配合实际与计划进度可视化比对，辅助计划偏差分析。设计、深化设计、施工利用模型提高工作效率，节省工期。

（4）成本控制——通过各阶段、各专业模型进行充分协调，降低现场返工成本。按工序、施工位置、构件利用模型辅助工程算量统计。对工期严格监控，做到成本动态管理。

（5）安全控制——通过进行施工临界、临边设置可视化建模，包括施工维护脚手架、井道、控制、故障自动保护系统等建模工作。进行消防、火警、灭火器、材料防火等精细建模。对结构安全性、机械安全性、运行安全性、施工安全性的施工吊装方案进行模拟。按结构规范进行计算、复核。进行安全范围模型碰撞模拟及方案讨论。实现数字化建造对项目的安全控制。

7.4 高端办公、商业及酒店装饰工程数字化建造技术应用实践

7.4.1 新开发银行总部大楼室内装饰工程

7.4.1.1 项目概况

新开发银行坐落在上海浦东世博园区（图 7-106），大楼的建筑高度 150m，地上 30 层，地下 4 层，建筑面积约 8.5 万 m^2。其大堂整体造型概念起源于具有艺术感染力的形体转变，向上升起的设计语言隐喻着生机勃勃的活力。运用平衡的视角，体现出统一与包容的精神。而运用石材作为表达这一造型的材料，表达一种永久和流传的概念。整个造型中，最大空间半径达到 16m，由三段不同曲率（$R1=5m$，$R2=9.5m$，$R3=30m$）的弧形拼接而成，其中半径最小部分仅有 5m，其大拱高达到 731mm（731mm，102mm 及 74mm）。

图 7-106 大堂效果图

7.4.1.2　数字化建造应用点

项目数字化团队在深化设计、精装施工过程中需要和项目各参建方及时沟通、协调；定期组织数字化协调会议；通过应用各类数字化建造技术，在深化设计及施工阶段提前发现并协调可能出现的问题；对于异形装饰面，更是要保证装饰面从深化至最终安装完成的顺利实施。

1）基层钢架深化

新开发银行因为其本身的重要性和复杂性，大堂部分的机电安装管线设备极多，为有效解决各专业间的碰撞问题，各单位引入 BIM 技术进行前期图纸碰撞，对机电管线和装饰基层钢架进行管线平衡。通过相关专业 BIM 模型碰撞检测（图 7-107），问题主要集中在以下几个方面：

① 吊挂龙骨机电管道碰撞问题。

② 机电管道实际安装位置与理论模型偏差问题。

③ 暖通出风口过低，与石材主龙骨碰撞问题。

石材龙骨与机电管道碰撞点

图 7-107　多专业碰撞示意图

初步调整方案是在原钢架系统的基础上通过增加过桥和扁担来避开机电管道（图 7-108），但是通过模型整个后发现存在问题如下：

① 扁担过多会增加大量的焊接作业。

② 增加了将近 40% 的与楼板连接的节点。

③ 结构形式增加。结构计算时，需对每一种结构形式都进行计算及复合，工作量呈几何倍数增加。

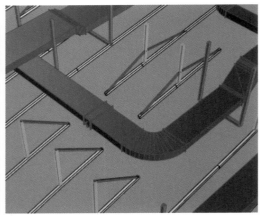

图 7-108 案示意图

根据传统方案带来的弊端，数字化团队总结出，钢架整体方案需满足以下几点，增大跨度以增加顶部空间，减少吊杆以避让风管以及增加挠度及稳定性提高结构整体强度，因此数字化团队尝试利用桁架的方案来解决（图 7-109）。

图 7-109 桁架方案模型示意图

桁架具体方案——主龙骨采用桁架结构，龙骨生根点跨度为 4~5.5m，可根据现场实际情况避让机电管道，主龙骨桁架之间增加桁架次梁，使得在主龙骨间距增大情况下依然保持结构整体稳定性。

应用此方案的优势在于：第一，钢架能有效避开大部分风管；第二，吊点减少，石材主龙骨吊挂生根点约 480 个，对楼板破坏减少；第三，安装局部调整可能性高；第四，结构形式统一连贯，便于力学结构的计算。

桁架方案存在的弊端在于：当完成了相关模型建立后，将其放入对现场机电安装扫描的模型中，发现在六个角部，尤其北面三个角部，又出现了重大问题。因为安装在墙面的大型风管使得数字化团队 400mm 高的桁架根本无法安装，而在顶部石材完成面和结构楼板距离较接近部位，因为桁架的使用，又造成了新的碰撞点（图 7-110）。另外桁架的加工周期为传统方案的两倍，用钢量也要增加 2.8 倍，这对于工期和楼面的荷载也带来了挑战（图 7-111）。

在深入研究并对两个方案模型进行可行性分析，与集团技术专家进行分析讨论，对两个方案进行合并及优化，形成了最终的方案，优化方式如下所示：

（1）角部双曲部位优化。角部的曲面造型最复杂，因此对六个角部结构形式进行统一，采用整体截面高度较小，但是截面积基本不变的 200mm×200mm 的 H 型钢来替代桁

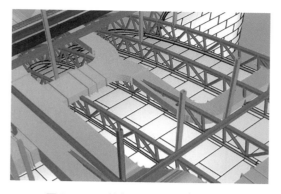

图 7-110　桁架造成新的碰撞问题　　　图 7-111　部分桁架无法连贯，影响受力示意图

架。H 型钢布设方向沿柱结构钢梁进行布设，与柱结构钢梁进行连接，并横向布置 H 型钢，同样与柱结构钢梁次梁进行连接。这样的结构形式既能基本避开所有大型机电管道，又能避免钢架基层与楼板直接连接从而影响楼板强度（图 7-112）。

图 7-112　角部双曲部位优化示意图

（2）平面单曲部位优化。在角部钢结构设计完成后，对于平面段钢结构，使用矩形管作为主龙骨，横截面由原来的 100mm×50mm×5mm 增至 120mm×60mm×5mm，进一步增加强度和抗弯性能。所有主龙骨之间按 3m 一档设置横向拉结，增加结构整体性和稳定性。此优化方式使与结构楼板相连的吊杆数量减少了 25%，减少与各类管道碰撞可能性并降低了安装复杂程度（图 7-113）。

图 7-113　平面双曲部位优化示意图

（3）Midas 结构计算辅助细部优化。通过常规计算，将每平方米约 65kg 的面层加基层自重代入目前钢结构系统中进行复核，这套结构系统地强度和稳定性都满足力学要求。但在翻看结构图纸时，发现大堂顶部为一个数据中心，整体恒荷载有 6.0kPa，其活荷载甚至达到了 12.0kPa。引发了以下问题：

① 整体结构形变增加，需增加对位移释放。

② 横向与结构柱连接钢梁受弯增加，需对位移释放。

③ 局部吊杆强度不够，需增加截面积以抵抗形变。

依据土建结构图纸连同主体结构一道建立结构模型，将主结构的荷载情况一并进行统算。经计算发现在受到来自主结构的荷载作用时，整体钢架结构出现位移较大和局部失稳状态。根据计算内容再次优化（图 7-114）。优化内容如下所示：

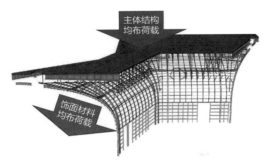

图 7-114 结构计算模型示意

对于原来吊杆与主龙骨之间的固接节点，全部调整为铰接节点，以消化荷载带来的整体形变（图 7-115）。

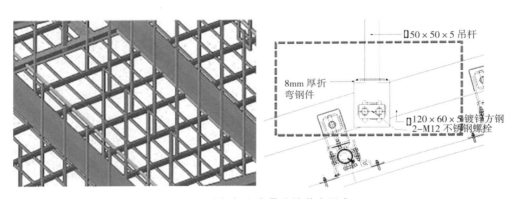

图 7-115 吊杆与主龙骨连接节点示意

对于与地坪相连主结构，接地处节点全部调整为长圆孔铰接形式，以消化主体结构可能带来的竖向形变（图 7-116）。

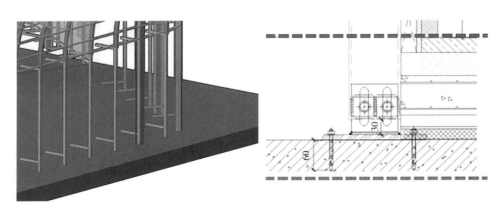

图 7-116 接地处节点示意

H 型钢与主结构柱相连部分由刚接改为铰接，以消化主结构荷载对 H 型钢产生的弯矩及形变（图 7-117）。

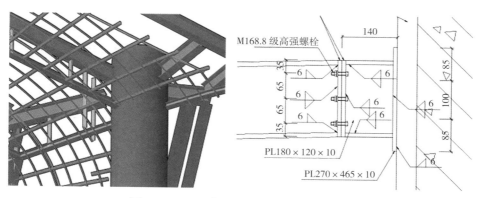

图 7-117　H 型钢与主结构柱连接节点示意

2）节点深化

本项目一层大堂的饰面层无论是单曲板还是双曲板，安装节点都应满足以下几点：连接节点应在六个方向可调（上下、左右、前后）；石材安装角度可围绕次龙骨进行调节（可转动）；可调节基础上具有一定限位能力（防滑移）。因此，研究后发现传统干挂石材做法无法满足此项目需求（图 7-118）。

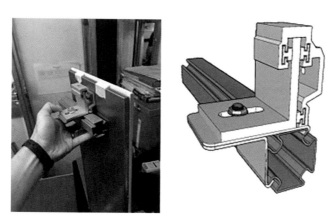

图 7-118　节点深化样板及模型图示意

为此，深化设计师在传统干挂节点模型的基础上，把常用的 L 形角钢次龙骨调整为圆管，并且为圆管次龙骨重新设计连接抱箍件；在开长圆孔的构件表面纵向定制了锯齿状造型，这样当两个构件连接在一起时，使用螺丝紧固就可以使构件之间通过锯齿造型相互咬合，有效抵抗由板材自重所带来的滑移风险（图 7-119）。

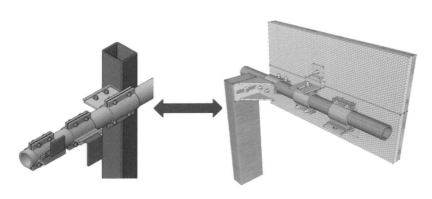

图 7-119　节点优化模型示意

3）饰面排版优化

通过模型的曲率分析，将所有板块进行分析并归类，把单曲与双曲石材分为单曲石材与平板石材两种，简化加工难度。整体石材用色块分为 5 个区域，代表了不同的曲率造型，通过模型的拟合优化最终将 350m² 的双曲面石材变为单曲石材，将 330m² 的单曲石材变为了平面石材。

将曲板改为平面，双曲板改为单曲板的优化措施，意味着在更短时间内可以生产更多板块。从原来需要正反面雕刻到现在只需要在一个面上用绳锯这类传统工具切割出弧度即可，生产效率也是大幅提升。通过这样的调整，原来需要 20 天的供货计划也是压缩到了 14d。另外，对荒料的利用率也有所提高，整体复合石材造价在原基础上下降了 12% 左右。

4）基于 BIM 模型的施工进度模拟

在施工开始前，基于已建立完成的 BIM 模型对于根据施工顺序及进行了施工工序及进度仿真模拟。通过精确模拟，可以很容易地找出其中可以进一步优化工期的部分。通过南北两个施工段的分区和工序穿插，整体大堂工期从原来计划的 101d，优化到 75d（图 7-120）。

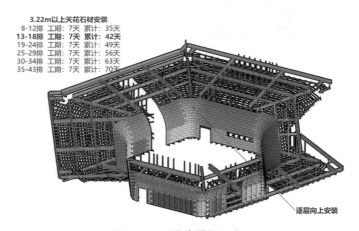

3.22m以上天花石材安装
8-12排　工期：7天　累计：35天
13-18排　工期：7天　累计：42天
19-24排　工期：7天　累计：49天
25-29排　工期：7天　累计：56天
30-34排　工期：7天　累计：63天
35-43排　工期：7天　累计：70天

逐层向上安装

图 7-120　进度模拟示意图

5）数字化放线及安装

由于空间曲面造型的复杂，在安装定位时，失之毫厘，差之千里，因此在安装前，现场首先就是要做好放线工作。利用数字模型和全站仪，再精准放出不同长度的吊杆在天花上的安装点位，从而作为整体大堂施工的起点。再基于对现场已完主体结构的扫描和数字模型的匹配后，倒推出完成面线（图 7-121）。

图 7-121　现场安装示意图

在饰面板安装阶段，尤其是六个角部的双曲饰面板的安装，则完全是借助数字化手段来进行的。在工厂进行预拼后的六个角部的石材，先在模型中调取每块石材的四个角部点的空间坐标，然后通过全站仪观测，工人在板块指定部位将四个角部坐标调节至与模型内坐标一致时，对所有安装节点进行紧固锁定。在完成角部石材安装后，用红外线测量其水平情况后，挂装横向连接板块。每个区域的误差向下各区域累积统一消化，以确保最终完成质量效果。

6）增强现实技术辅助基层施工审核

在本项目基层钢架的质量检测中，突破性应用了增强现实技术。通过将模型导入设备平台中，通过设置好相对坐标点，对钢架完成情况及其精度进行测量。对钢架精度进行测量后，还可以在 AR 场景中打开面板图层，与饰面板的数据进行匹配。基于模型中基层及面层材料和现实情况的一致性和可监测性（图 7-122）。

图 7-122　增强现实技术在基层钢架质量检测中
的应用

7.4.1.3　小结

数字化软件只是一种工具或手段，数字化思维的应用才是应该贯穿整个深化、加工、安装过程来引导项目走向成功的关键。本项目通过数字化建造技术的深入应用，有效解决项目实施过程中遇到的各类重难点问题，优化精装修工程效果，提高精装修设计深化工作效率，节约工期降低成本，辅助精装修工程出图、下料、工程量核对，以及基于可视化模型进行模型协调、会议沟通等工作。

7.4.2　长三角一体化绿色科技示范楼室内装饰工程

7.4.2.1　项目概况

长三角一体化绿色科技示范楼项目位于上海市普陀区，真南路822弄与武威东路交汇处西南侧，主要为1栋地上5层、地下2层的绿色节能办公建筑。用地面积3 422m²。总建筑面积约11 782m²。由上海建工全产业链打造，定位为世界领先的绿色节能办公建筑。项目团队将绿色理念和技术贯穿本项目建筑的设计、建造、运维的全生命周期打造成为可感知、可触摸、具有世界影响力的绿色建筑（图7-123）。

图 7-123　室外整体效果图

7.4.2.2　数字化建造应用点

1）基于BIM模型的装配式施工工艺设计

（1）整体精装模块标准化设计。整体室内空间采用标准化设计，通过BIM技术进行模型细化，具体细化包括基层龙骨做法，饰面基层做法，通过细化模型优化精装图纸及节点做法（图7-124）。同时，整合现场三维扫描数据与钢结构模型校核，保证精装饰面的精准安装（图7-125）。

装修模块标准化设计

装修采用标准化设计，细化模型包括基层龙骨做法，优化精装图纸及节点做法。整合现场扫描数据与钢结构模型校核；保证精装饰面的精准安装。

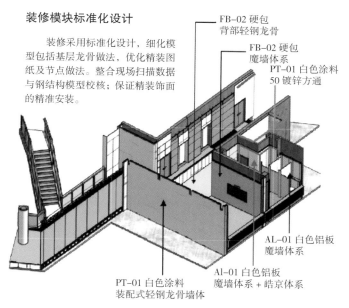

FB-02 硬包
背部轻钢龙骨

FB-02 硬包
魔墙体系

PT-01 白色涂料
50 镀锌方通

AL-01 白色铝板
魔墙体系

Al-01 白色铝板
魔墙体系 + 皓京体系

PT-01 白色涂料
装配式轻钢龙骨墙体

图 7-124　局部模块化设计模型

图 7-125　三维扫描多专业整合

（2）全装配化 GRG 拦河模块。中庭拦河作为一项重要的功能型构件兼具重要的装饰作用。其基层受力骨架采用拉伸孔型材作为主要受力构件，通过工厂最新的拉伸孔装备将型材在工厂完成紧固孔拉伸，在实现无焊接紧固连接的基础上，不需要螺母，仅采用自攻螺钉即可完成紧固连接，节省螺母安装步骤，进一步提升安装效率（图 7-126）。

预制 GRG 饰面

混凝土墙体装配式单元构件

装配式立杆

图 7-126　全装配化 GRG 拦河模块

（3）免焊接全装配化 180°开启式消防栓暗门模块。免焊接全装配化 180°开启式消防栓暗门系统采用产品化全装配式金属骨架配以定制连接件实现标准模块的无焊接全装配化批量组装。门扇模块与受力框架间采用产品化的定制铰链，其单个可以承受 200kg 的受力，铰链与金属支架之间采用紧固连接，便于调节与二次循环利用（图 7-127）。

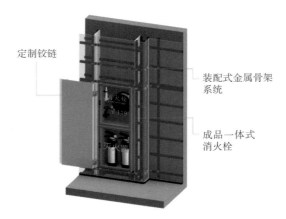

图 7-127 免焊接全装配化 180°开启式消防栓暗门模块

（4）全装配式金属圆柱模块。全装配式金属圆柱采用金属板数控辊压成型工艺，全三维控制圆柱饰面板加工精度，在饰面背部背衬定制金属胎架，将饰面、背衬骨架与配套连接件形成集成化模块，在现场预制骨架进行一体化连接即完成精准安装就位（图 7-128）。

（5）免焊接全装配化型钢骨架模块。免焊接成品支架采用预留孔结合配套连接件进行组装，相比传统骨架体系，具有安装效率高、安全隐患少（现场无动火）、稳定性好、承载力高、兼容性好等优势。结合背栓式连接件的应用，可使石材等重型饰面安装实现可逆式干法施工（图 7-129）。

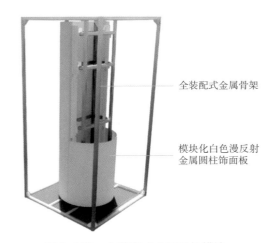

图 7-128 全装配式金属圆柱模块

2）施工工艺模拟

本项目实施配合过程中对免抹灰石膏板、织物硬包、报告厅墙面及顶面三角形单元板、大堂水磨石、竹木地板、铝板包柱、铝板、铝格栅、电梯厅背景墙、石膏板模块化墙体等均进行了工序模拟，论证了其深化设计的可行性及安装工序，避免由于深化设计及安装错误出现的返工与时间拖延。

图 7-129 免焊接全装配化型钢骨架模块

（1）快装墙板安装模拟。通过施工模拟来体现全装配式隔墙的施工过程，从定位放线到单元隔墙的拼装再到整体安装，最后到多种饰面材料的个性化定制模拟。通过快速安装、快速拆除、快速更换，体现整体项目的绿色化装配式理念（图7-130～图7-132）。

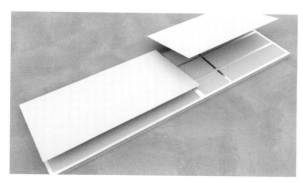

图7-130　隔墙单元安装

图7-131　顶面与机电单元组装　　　　图7-132　面层板块安装

（2）装配式拦河安装模拟。通过施工工艺模拟，论证了GRG拦河基层的安装可行性。在钢结构与混凝土处分别采用了不同的免螺栓安装工艺，通过模拟发现结构牢靠，安装效率得以提升，比全焊接工艺节省40%用钢量以及30%的人工时间（图7-133～图7-135）。

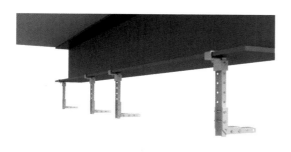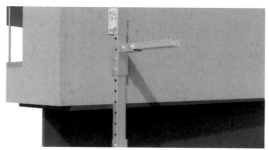

图7-133　钢梁装配式骨架安装　　　　图7-134　混凝土装配式骨架安装

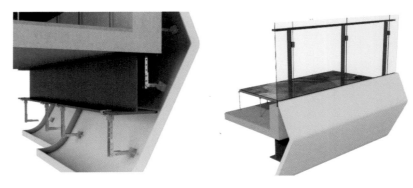

图 7-135 GRG 构件挂装和栏杆玻璃安装

（3）装配式大台阶模拟。在中庭大台阶施工前，对台阶的水磨石铺贴工艺进行模拟，通过装配式钢架与基层水磨石的组合运用，形成新老工艺的结合，在保证施工品质的同时，提升了整体的安装速度（图 7-136 ~ 图 7-141）。

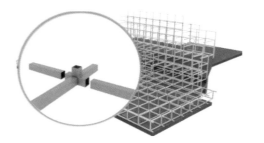

图 7-136 装配式基层骨架拼装

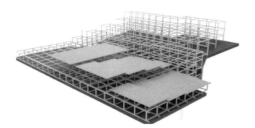

图 7-137 水泥板基层安装

图 7-138 石材背胶安装模拟

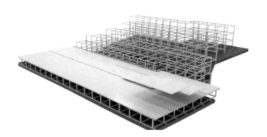

图 7-139 水磨石安装

图 7-140 踏步背栓安装

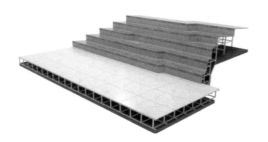

图 7-141 踏步水磨石安装

7.4.2.3　小结

　　绿色科技示范楼从设计阶段介入到施工完成，将设计 BIM 模型有效继承至施工环节，项目初期从设计角度出发，通过 BIM 模型解决精装图纸问题、材料选型、方案对比、同时完成多专业碰撞协调。施工前通过三维扫描完成现场数据与精装 BIM 模型的二次整合，减少施工过程的多专业碰撞问题。施工过程中对设计模型进行整体深化，模拟装配式节点工艺做法，减少由于设计不合理造成的成本较高的情况。本项目通过数字化建造技术的应用将设计与施工环节进行了有效的连接。整体装配化的工程应用融合数字化建造技术，实现工厂预制，现场装配，从而大幅度提升施工效率，对其他项目有一定参考价值。

7.4.3　北外滩上实中心室内装饰工程

7.4.3.1　项目概况

　　项目位于北外滩区域，东起公平路、西至丹徒路、南到东大名路、北至东长治路。占地面积约为 2.3 万 m^2，总建筑面积约为 22.6 万 m^2。（地下总建筑面积 89 907m^2，地上总建筑面积 136 578m^2）。建筑总高约 180m，地上 37 层，地下 5 层。项目定位为国际 5A 级写字楼和高档次的大型商业中心的综合建筑设施（图 7-142、图 7-143）。

图 7-142　内剧场效果图

图 7-143　办公区域大堂效果图

7.4.3.2　数字化建造应用点

　　通过数字化建造技术应用有效解决项目实施中的重难点问题；在施工准备阶段利用 BIM 模型能更快速便捷地解决图纸中的错、漏、碰、缺等问题，在深化设计阶段优化精装修的设计效果；提高精装修设计深化工作效率；节约工期降低成本，并辅助精装修工程出图、下料、工程量核对；在装饰部品部件加工阶段，利用数字模型的流转传输特性，可将模型数据输入数控加工机床用于产品加工，实现装饰部品部件的工业化生产。

1）商业区域与办公区域数字化建造技术应用

（1）商业区域与办公区域碰撞检测。

商业与办公区域机电管线相对比较繁杂，包含给排水、暖通、消防、强弱电等多个专业，因此天花顶部的管线排布种类和数量也相对较多。在室内精装设计阶段并未完全考虑这些问题，主要包含两类问题：天花标高与机电管线底标高有冲突；部分立管裸露在房间的中间影响使用功能和美观（图 7-144、图 7-145）。

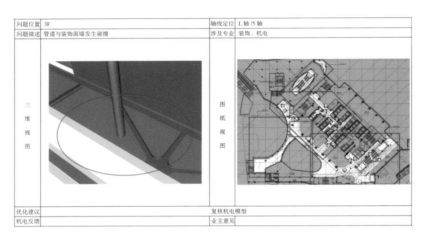

图 7-144　立管与天花碰撞

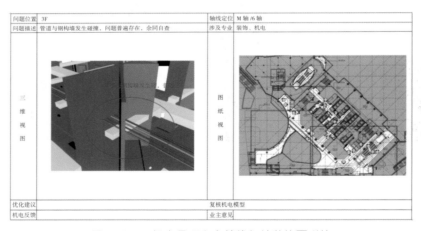

图 7-145　机电吊顶上空管线与精装饰面碰撞

（2）正向深化设计技术应用。

应用 BIM 模型正向设计的制图过程首先需要在专业模型协同设计完成后链接相关专业模型作为参照，根据专业图纸制图标准要求建立平、立、剖面与三维视图；再调节视图范围、视图深度、图元的可见性、线型、填充、颜色、实体、单位、坐标等；最后将模型中的尺寸、材质等信息提取出来体现在相关图面，并根据需要，辅助以各式线段、

文字、填充区域和详图图例来表示挑空、洞口线、降板、坡度方向、详图索引等特殊区域和内容。

① 饰面材料划分与排版。与方案设计更专注美观不同，装饰施工阶段深化设计需要调整饰面材料的划分与排版，在此项目中，在遵循不破坏原设计意图的情况下，使其排版块材更利于切割，更节省材料，易于运输安装。同时利用 BIM 正向排版可直观地照顾到墙、顶、地的对缝和错缝关系（图 7–146）。

同时，现代装饰工程越来越多地出现曲面异形结构，常规二维设计和手绘均无法完成其分割深化。利用 Grasshopper、Catia 等 BIM 软件，可对其进行参数化的分割，直接提取数据，生成料单。避免了传统工艺现场切割，大量浪费的现象。提高了效率，降低成本。

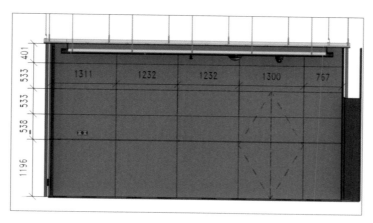

图 7–146　立面石材排版图

② 天花末端点位综合。在完成饰面分割后，检查原设计末端点位的位置是否满足其美观要求、应用标准，以及所在位置的基层状况是否满足其末端的安装。可直接利用三维模型，及时与设计进行沟通协调，提高沟通效率（图 7–147）。

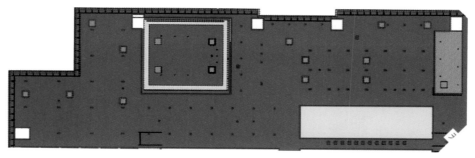

图 7–147　天花点位综合

③ 基层构件方案设计及排布。装饰基层构件方案设计主要需要考虑荷载安全性要求和收口美观要求。在三维中观察其与其他专业的关系，确认内部节点和收口节点，并根据版面排布完成基层构件的排布模型。此项目利用三维模型依据饰面划分进行基层龙骨的优化排布，达到了节省了基层材料，降低施工成本，提升安装效率的目的（图 7-148）。

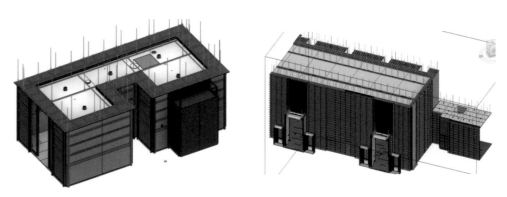

图 7-148　吊顶与墙面龙骨排版

④ 节点深化。装饰节点深化设计主要体现材料和工艺、设计和施工要求等，包括家具、隔断、门窗、天花、墙柱饰面等构造做法，以及每层的楼（地）面铺砌，不同材料的收边搭接关系与基层材料的做法与空间位置关系，本项目利用数字化模型做装饰节点深化设计利用 BIM 模型的可视化可更直观，更形象立体地对装饰工艺节点进行表达，利于安装工人读懂图纸，明确设计意图与安装工作任务的重点（图 7-149）。

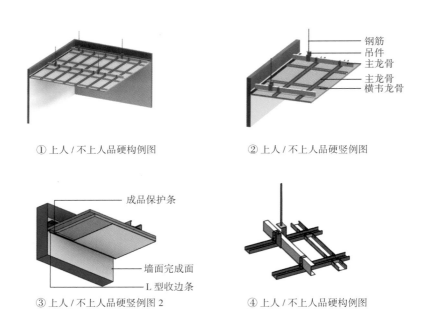

图 7-149　吊顶与墙体工艺节点优化

2）剧场区域数字化建造技术应用

（1）剧场区碰撞检测。

剧院区域因为其本身的重要性和复杂性，机电安装管线与设备极多，包含暖通的新风与回风系统、送风静压箱、防排烟系统以及消防的喷淋与水炮等。在施工前期，将各专业 BIM 模型进行整合检测，查找出机电管线与精装基层钢架的碰撞问题（图 7-150），主要集中在以下几类：

① 竖向吊杆龙骨与机电管道碰撞问题。

② 机电管道实际安装位置与理论模型偏差问题。

③ 机电风管与水管凸出装饰面层，暴露在饰面外。

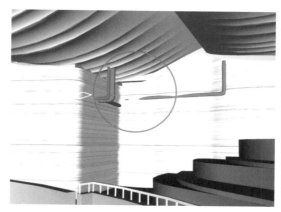
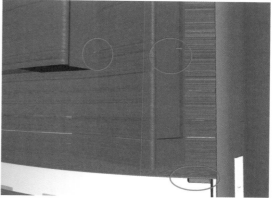

图 7-150　多专业碰撞示意图

针对以上问题，通过对基层钢架优化布置，使机电管线和装饰基层钢架避让，解决了装饰基层龙骨转换钢架与机电的碰撞问题（图 7-151、图 7-152）。

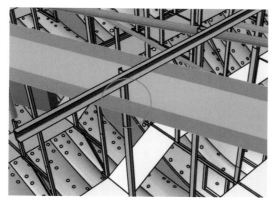
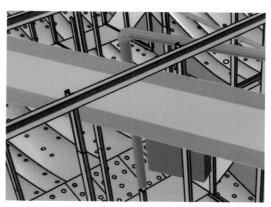

图 7-151　优化前桥架与精装基层吊杆碰撞图　　　　图 7-152　优化后桥架与吊杆位置图

　　初步调整方案是在原装饰设计模型的基础上，优化机电模型的管线路由，使机电管线避让装饰饰面，保证精装饰面的设计效果。但是局部空间由于机电管线已紧贴结构完成面，已无优化的空间，通过在模型中精确地提取数据，对装饰的饰面造型做局部的调整，保证精装饰面能包覆机电管线，且满足外观美学的要求。

　　本项目基于 Rhino 与 Grasshopper 提出装饰工程中参数化设计的基本流程以及装饰饰面设计中的形态建立和优化的方法，并将该优化方案应用于装饰工程项目，完成了建筑室内异型曲面构件的方案优化、深化设计、装饰部件加工、安装等任务（图 7-153）。

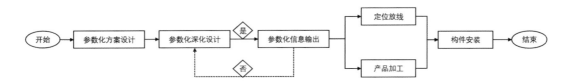

图 7-153　参数化设计技术应用流程

（2）参数化设计技术应用。

　　项目方案设计师提取贝壳绽放的元素，将贝壳的褶皱波纹形态体现在墙体与天花的 GRG 饰面上（图 7-154 ~ 图 7-157）。

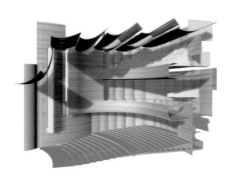

图 7-154　整体 GRG 剖视图

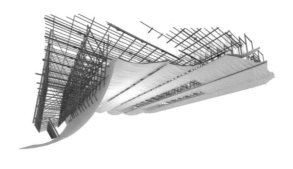

图 7-155　天花吊顶 GRG 饰面

图 7-156　拦河单元板块

图 7-157　墙体饰面单元板块

在此项目中剧院方案设计模型相对比较粗略，部分细节并未详细交代，因此空间为异型形式，因此我们利用 Rhino 与 Grasshopper 软件对原方案饰面模型进行优化，使设计能顺利落地，达到美观、降低成本、提高深化设计与安装加工的效率从而节省工期。

① 方案设计在处理墙体饰面与耳光室的金属饰面交接的位置时相对比较粗糙，导致 GRR 饰面与金属饰面存在空隙，影响装饰面的整体形态。与设计师沟通之后，引入工业设计的渐消面的概念，使墙体的 GRG 饰面与耳光室的金属饰面能够做到密拼（图 7-158、图 7-159）。

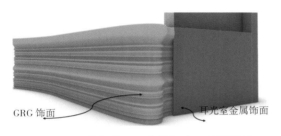

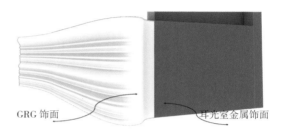

图 7-158 优化前 GRG 饰面与金属饰面搭接　　　图 7-159 优化后 GRG 饰面与金属饰面搭接

② 且经过对方案模型推敲分析，可确定剧院以中轴线为中心，将所有饰面分成两个部分，且两部分构件呈镜像的几何关系（图 7-160），可以中线为界限，将一半的构件优化好后，则整体模型深化设计即可完成（图 7-161）。

对称中轴

图 7-160 GRG 效果图与模型视图对比

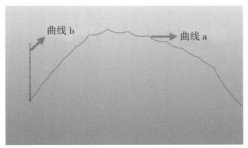

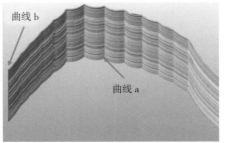

图 7-161 剧院曲面生成逻辑分析

　　剧院地面材料为实木地板，墙面与天花饰面材料为 GRG，此处主要论述利用参数化设计对异型 GRG 墙面进行重构，然后对异型装饰面进行优化，从而减少 GRG 材料生产所用的模具，从而降低施工成本（图 7-162）。

　　① 通过 Rhino 软件打开曲线 a 的控制点，可得知曲线 a 的控制点分布较多，且并不均匀，由此可判断曲线 a 为 B 样条自由曲线。

　　② 若要减少曲面开模数量，可将轨迹曲线优化成由圆弧组成的曲线，则只需一组模具可生产出同一圆弧线或等半径的圆弧曲线上分割后的 GRG 曲面。

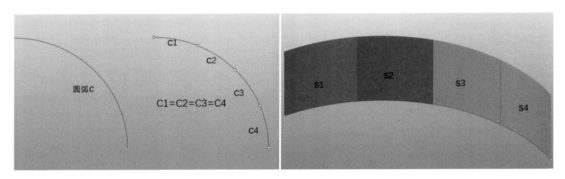

图 7-162　等距离圆弧曲线推理

　　③ 将自由曲线重构成圆弧，是用圆弧曲线去拟合自由曲线，即求一条圆弧曲线，使其无限接近于原始自由曲线，使得圆弧曲线与原始曲线间差值达到最小，即最佳拟合曲线。

　　利用参数化设计在曲线 m 上取若干点，连接至曲线 n，将所有短直线的长度相加，利用 Grasshopper 中的遗传算法运算器不断迭代计算，使 m 至 n 的距离和最小，即求出最优解。同理可利用此方法将剧院室内曲面进行优化，减少开模数量，降低材料加工成本（图 7-163）。

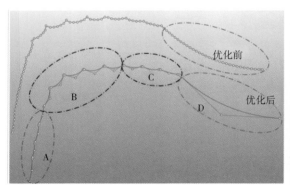
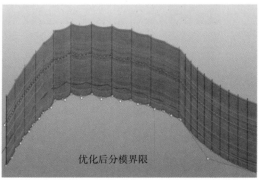

图 7-163　剧院曲面优化

在此项目中，利用参数化设计程序对设计模型进行了优化，将原设计模型的 20 多套模具数量优化降低至 4 套模具，降低了工程造价，将原设计的自由曲线优化成圆弧线，减少了施工难度，提升了深化设计与安装的效率。

（3）数字化测量技术应用。

剧院及前厅设计为异型的双曲面饰面空间，传统的建造技术已经无法用于建造异型空间，而欲使这些异型建筑空间能够完美地落地建造，对其进行精确的测量放样是不可缺少的基础环节，现今传统的施工技术已不能满足这些自由形体建筑的测量、放样、安装等建造要求，如钢卷尺、水准仪和经纬仪等传统测量工具是根本无法描绘出这些自由形体及高大空间建筑的形态的，即使勉强测出结果，也会存在误差较大的问题，测量数据无法满足后期建造应用（图 7–164）。

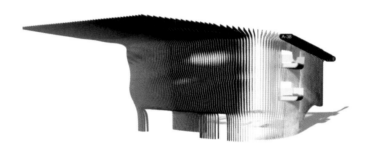

图 7–164　剧院前厅设计模型

相比较传统测量方式，三维扫描仪更能胜任高大异型空间测量工作，测量数据更加精准、全面，无须借助其他大型辅助设施，如脚手架、爬梯等，因此实施安全系数也更高。

在上实提篮桥剧院项目中，应用三维激光扫描仪，采用无标靶配准模式，对剧场内部主体结构实施三维扫描测量，扫描测站间距控制在 10m 内，共测站点 33 个。运用 Z+F Laser Control 和 Geomagic Control 等软件对点扫描数据进行处理。基于点云数据进行模逆向建模，得到整体三维数字模型，根据土建结构三维数字模型对装饰 GRG 饰面模型尺寸进行调整优化（图 7–165、图 7–166），再对 GRG 饰面材料进行优化调整，基于构件模型进行数控雕刻加工，最后根据每块构件的角点坐标数据进行定位安装。针对剧院的 GRG 饰面构件特征点进行全站仪坐标放样。利用参数化设计结合装饰构件的几何特征（图 7–167），可以批量提取装饰构件安装时所需的定位点，然后将这些点的坐标进行排序编号输入全站仪，利用全站仪激光打点协助安装时放线定位，相比利用钢卷尺、水准仪等工具更先进，提升放线定位的效率和精度（图 7–168）。

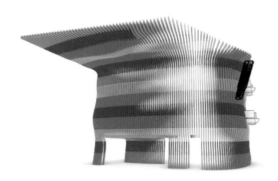

图 7-165　整体 GRG 饰面分模图

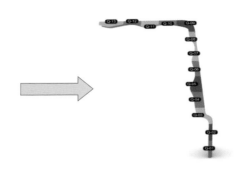

图 7-166　单条 GRG 模型分模编号

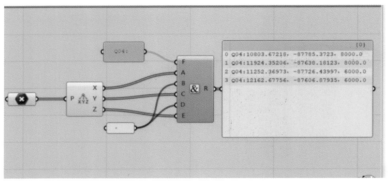

图 7-167　参数化设计程序批量提取放样坐标点

图 7-168　坐标点批量输入全站仪并进行现场放样坐标点

（4）数字化加工安装技术应用。

在期项目施工阶段中，利用深化后的参数化设计模型进行信息输出，提升了项目的建造效率和品质，为工程建设项目管理增值助力。

在深化模型基础上，利用参数化设计程序在施工阶段快速精准地将模型输入数控精雕软件制作 GRG 模具，然后将数字模具对接导入数控加工机床，即可实现机床对 GRG 模具进行雕刻。相比传统的手工木制模具的生产方式，参数化设计通过程序的批量化输出数控加工机床具有碾压的优势，其更快速，更精准，将加工进度控制在 1mm 公差范围内，同时也使施工周期缩短，相比传统工艺节省工期 2 个月（图 7-169）。

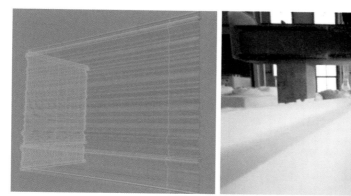

图 7-169　参数化设计信息输出在构件加工中的应用

7.4.3.3　小结

通过剧院前厅以及剧场的墙饰面与吊顶应用全数字化建造技术的应用，充分发挥了其在专业技术与数字建造领域的技术优势，形成一套业务流程成熟、技术领先的数字化、装配化、工业化完整解决方案，实现前沿技术与专业应用在建设行业融合应用，为行业提供全面解决方案与更有价值的增值服务。

7.4.4　雄安商务服务中心室内装饰工程

7.4.4.1　项目概况

雄安商务服务中心位于雄安新区容东片区西部，南侧紧邻市民服务中心，北侧为 E3 路，南侧为 E4 路，西侧为 N1 路，东侧为 N2 与 N12 路之间的街坊路，是容东片区开发建设的先行项目，承接北京非首都功能疏解的城市功能区，为新区建设提供配套服务保障。二标段 3#、4#、5# 办公楼及地下环廊部分精装修面积约为 8.5 万 m^2，建模精度 BIM4-2（图 7-170）。

图 7-170　全景图

7.4.4.2　数字化建造应用点

1）图纸问题检查

基于 BIM 模型对精装专业图纸之间的完整性、匹配性问题进行核查，对图纸的错、漏、碰、缺问题进行检查，及时将发现的问题反馈给深化设计单位，并以三维可视化模式详细说明设计缺失内容并汇总，同时向设计单位提交三维可视化模型（图 7-171）。

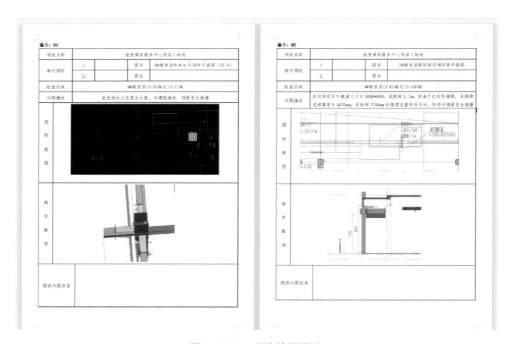

图 7-171　碰撞检测报告

2）精装 BIM 模型建立

根据甲方要求进行精装修专业模型搭建，并负责更新和维护项目建设全过程 BIM 模型（包括初始模型、模型优化调整、初始竣工模型），模型精度须经甲方认可。精装专业模型构建的主要目的是利用 BIM 软件，建立三维几何实体模型，进一步细化在初步设计阶段的三维模型，以达到完善精装设计方案的目标，为施工图设计提供设计模型和依据（图 7-172）。

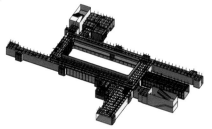

图 7-172　精装模型

3）施工进度模拟

基于 BIM 模型，对施工组织设计进行论证，利用 Navisworks 就施工中的重要环节进行可建性模拟分析，施工方案涉及施工各阶段的重要实施内容，是施工技术与施工项目管理有机结合的产物。基于 BIM 模型，结合施工组织计划进行预演，尤其对一些复杂建筑体系（例如：大型设备安装、玻璃装配、锚固等）和新施工工艺技术环节的可建性论证具有指导意义，方案论证及优化的同时也直观地把握实施过程中的重点和难点。精确地建立了项目基础信息模型的基础上增加时间进度要求的信息，本项目在 BIM 模型中增加工期属性，拟对桩基础施工和幕墙安装进行施工模拟，同时应业主要求，对协作单位多、工序复杂的施工过程进行模拟施工（图 7-173）。

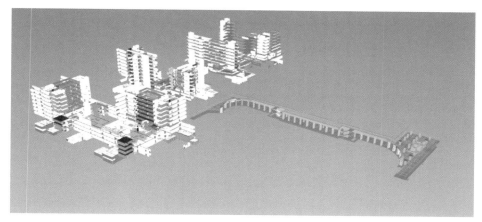

图 7-173　整体精装模型整合

4）720° 全景效果展示

720° 全景效果是一种全景的三维可视化形式，其优点是较一般效果图能更全面了解建筑空间的视觉效果。720° 全景图的传递非常方便，网络链接、各大平台（微信、QQ 等）、二维码都能够传递，且 PC 与移动端都能查看。通过 720° 全景图可配合业主对板块分割、饰面排版、材料、家具等装饰果提交审核，比选方案和选材后做出最终决策，可大大增加沟通效率（图 7–174）。

图 7-174　720° 全景展示

5）工程量统计

工程竣工结算阶段，核对工程量是最主要、最核心的工作。传统的结算方式弊端很多，特别是针对异形装饰面。人为重复工作量大、效率低下、信息流失严重、结算准确率不高、现场比对困难、结算周期长等都是问题。

在施工过程中，以施工二维平面设计图纸为蓝本基础，运用 BIM 模型统计各单体工程量，辅助项目部门及建设方进行决算对量。提高工程结算审核准确性与效率。根据模型中主要材料信息，生成材料明细表，例如门窗表、地砖工程量表等，辅助甲方进行投资估算（图 7–175）。

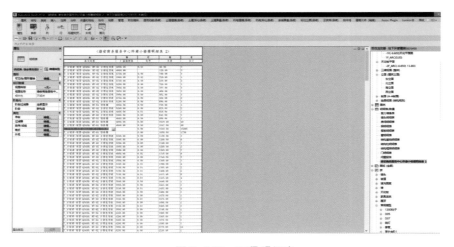

图 7-175　工程明细表

6）参数化编码

采用 Dynamo 编制本项目独有的编码节点，快捷、有效的区分不同类型不同尺寸的构件，根据雄安建设智慧城市运维管理 CIM 的需求，对各个构件添加唯一属性编码，为后期 CIM 运维管理提供基础（图 7–176、图 7–177）。

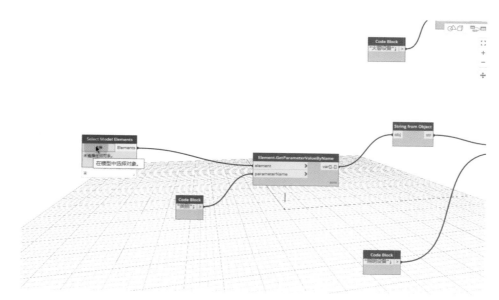

图 7-176　Dynamo 程序

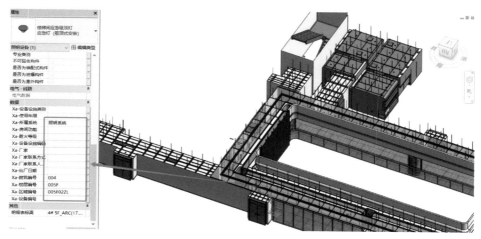

图 7-177　模型属性录入

7）轻量化模型指导施工

利用 BIM 模型轻量化来指导施工，对图纸难以理解和重点部位进行轻量化处理，将二维码提供给劳务班组，只需要利用手机扫描二维码即可对复杂节点进行三维可视化查看，让现场施工更加高效（图 7-178）。

图 7-178　移动端模型查看

8）施工工艺模拟

为了保证施工质量，对工程施工的重点、难点、关键环节和注意事项有具体且全面的认识。在天花及墙面安装施工前提前制作工艺动画，对膨胀螺栓、吊杆、龙骨、挂件及相关配件等隐蔽构件进行工艺交底，避免施工过程中容易发生的操作失误或其他的一些问题，从而保证工程施工的安全和质量（图 7-179）。

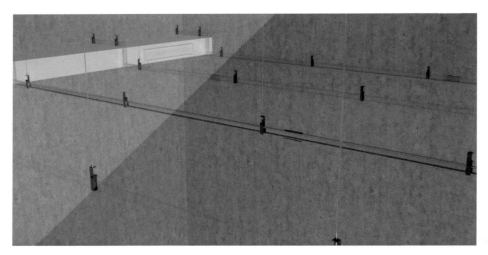

图 7-179　吊顶工序模拟

9）无纸化审图流程体系

自项目启动起，深化团队根据业主提供的设计精装图进行深化，由于精装涉及专业众多，装修方案多样化，现场协调难度大，利用平台进行深化图纸审核，深化完成后图纸可一键上传，提交时可抄送多方进行审核，后续可查看回复意见，拥有一套规范化的审图流程体系（图 7-180）。

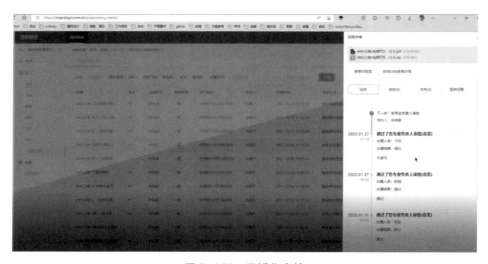

图 7-180　无纸化审核

7.4.4.3　小结

本项目通过实践数字化手段，共减少工期 30 余天，节省资金 860 余万元，研发软著 2 项，返工拆改率同比下降 9%，安全事故率同比降低 16%。BIM（建筑信息模型）适用于项目建设的各个阶段，它将成为项目管理强有力的工具，本项目通过应用 BIM 技术，积累了宝贵的项目经验，并且培养了一支优秀的 BIM 团队，为集团公司 BIM 的全面发展奠定扎实基础。

7.4.5　天津国家会展中心酒店 EPC 工程

7.4.5.1　项目概况

天津国家会展中心酒店项目位于天津津南区国家会展中心东侧，与展馆直接连通，总建筑面积约 13.6 万 m^2，精装面积约 7.4 万 m^2。18 层塔楼为福朋喜来登酒店（标准四星级），28 层塔楼为万豪酒店（标准五星级），裙房（2~5 层）为两酒店共用的会议、宴会厅、餐厅、康乐中心等公共服务功能区域，与酒店大堂（1F）分开设置（图 7-181）。

图 7-181　酒店装饰效果图

7.4.5.2　数字化建造应用点

通过数字化建造技术应用有效解决项目实施中的重难点问题，在投标阶段利用 BIM 模型能更快速便捷地解决标准客房图纸中的错、漏、碰、缺等问题；在深化设计阶段优化精装修的设计效果，并进行装饰施工进度模拟，直观展示建造过程，包括专业间碰撞、施工工艺模拟等；在施工阶段为了节约工期，降低成本，对施工工序进行建模论证，可视化施工交底，以确保施工完成效果。项目数据录入，进行 BIM 全阶段运维。

1）碰撞检测

裙房区域为两酒店共用，内部机电管线较为复杂，天花顶部的管线排布种类和数量相对较多，仅在二维图纸中无法完全体现出现场可能存在的问题，并且在室内精装设计阶段也并未充分考虑；所以通过 BIM 模型进行碰撞检测，主要包含以下两类问题：机电管道与装饰吊顶造型凹槽碰撞（图 7-182）、机电底标高与装饰天花底标高碰撞（图 7-183）。

问题位置	3F – 大宴会厅		轴线定位	
问题描述	机电管道与吊顶造型碰撞		涉及专业	机电、装饰
三维视图			图纸视图	
优化建议	装饰模型无误，请复核机电模型			
机电反馈	机电模型复核无误		业主意见	已与设计沟通，降装饰标高

图 7-182　机电管道与装饰吊顶造型碰撞

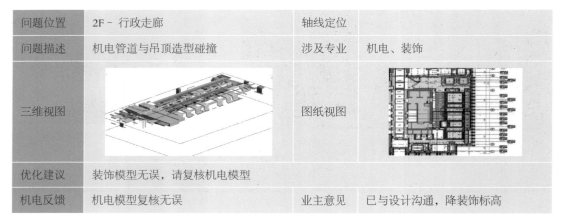

问题位置	2F – 行政走廊		轴线定位	
问题描述	机电管道与吊顶造型碰撞		涉及专业	机电、装饰
三维视图			图纸视图	
优化建议	装饰模型无误，请复核机电模型			
机电反馈	机电模型复核无误		业主意见	已与设计沟通，降装饰标高

图 7-183　机电底标高与装饰天花底标高碰撞

2）净高分析、虚拟样板

酒店客房标准层部分占酒店空间的 85%，通过前期制作虚拟样板和净高分析，提前在项目中进行优化处理。

（1）客房层—公区部分。

前期依据装饰图纸搭建装饰 BIM 模型，通过链接机电模型进行与之进行碰撞，直观有效地进行空间净高分析，分析得出装饰吊顶最高点以及安装最低点，从而快速进行标高锁定。为保证设计效果，安装专业在满足设计要求的前提下进行调整（图 7-184）。

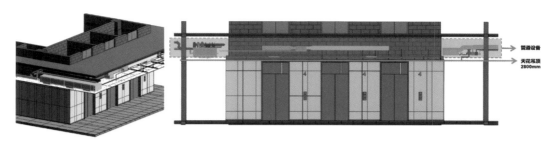

图 7-184　客房层电梯间—净高分析模拟

（2）客房层—房间部分。

酒店客房占比较高，为确保施工效果，标准化批量化生产，通过 BIM 虚拟样板，在实体样板还没开始制作前，用三维软件预先在电脑上进行虚拟建模及优化调整，避免后期在制作后期实体样板出现错、漏，输出指导施工的图纸用于后续制作实体样板参考（图 7-185）。

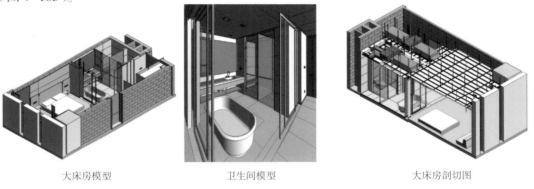

大床房模型　　　　　　　　　卫生间模型　　　　　　　　　大床房剖切图

图 7-185　样板间精装模型

（3）客房层—卫生间。

客房卫生间区域，在虚拟样板模型的基础上进行深化，包括对干区湿区划分、石材排版、模型节点细化等（图 7-186）。

① 平面干湿区域划分。

● 台盆下水管
● 马桶下水管
--- 止水坎（门槛石、淋浴间）
干区（光面防滑石材）
湿区（酸洗面石材）
石材暗地漏
地面找坡

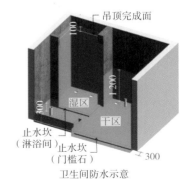

干湿区域分布图　　　　　　　　卫生间防水示意

图 7-186　精装建筑模型

分析平面图纸中干湿分区划分，包括上下水点位位置等，其次在 BIM 模型中，依据图纸信息进行模型深化，表达出不同区域的防水高度，包括模型中对于防水材料和厚度的选择、干区与湿区交界处的止水坎、墙面转角及墙地阴角位置的防水 R 角等。

② 材料预排版（图 7-187）。

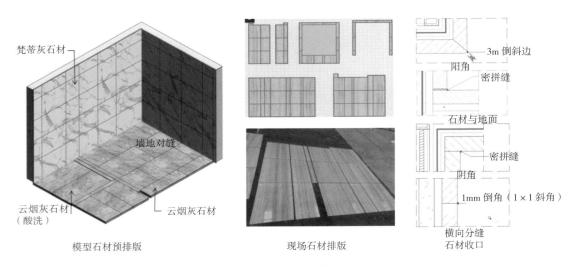

模型石材预排版　　　　　现场石材排版　　　　　横向分缝石材收口

图 7-187 精装石材模型

③ 模型节点深化

装饰节点深化设计主要体现材料和工艺、设计和施工要求等。在酒店卫生间空间中，为了施工效果和工艺可实施性，对其部分家具、隔断等进行模型深化，直观立体地对装饰工艺节点进行表达，有利于安装师傅理解图纸，实现可视化施工交底（图 7-188）。

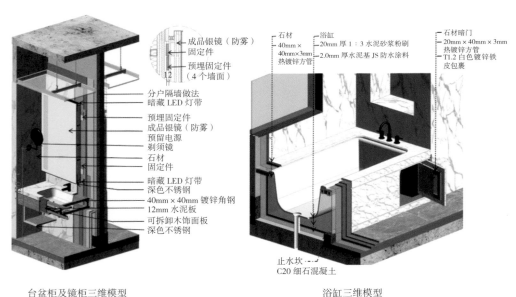

台盆柜及镜柜三维模型　　　　　浴缸三维模型

图 7-188 精装卫生间洁具模型

3）数字化模拟—基层深化排布

装饰基层构件设计方案主要考虑荷载安全性和收口的美观性，本项目在 BIM 模型中对基层龙骨进行优化排布，同时对其饰面材料进行模块划分，工厂加工现场安装，节省基层材料的同时，降低施工成本，提升安装效率（图 7-189）。

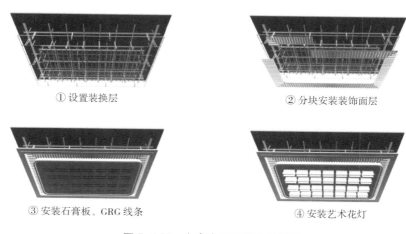

① 设置装换层　　② 分块安装装饰面层

③ 安装石膏板、GRG 线条　　④ 安装艺术花灯

图 7-189　大宴会厅吊顶安装工艺

除去天花基层外，对于墙面复杂区域也采用模型工艺模拟论证的形式进行把控，如下图中大宴会厅墙面做法（图 7-190）。

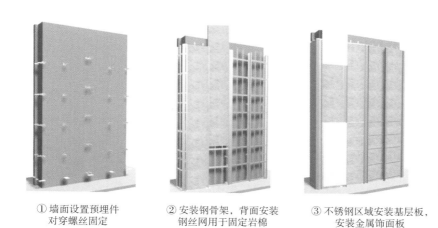

① 墙面设置预埋件　　② 安装钢骨架，背面安装　　③ 不锈钢区域安装基层板，　　④ 安装不锈钢、收口线条
对穿螺丝固定　　　　钢丝网用于固定岩棉　　　安装金属饰面板　　　　及踢脚线

图 7-190　大宴会厅墙面安装工艺

4）数字化施工技术应用

对于一个项目来说，在施工过程中需要进行节点深化的部分是十分庞大的，完工效果完全取决于深化节点的合理性及美观性。在本次项目中，根据施工可行性及经济合理性的考虑，大致将节点深化分为以下两种：通用型节点深化、特殊型节点深化（图 7-191）。

（a）钢架隔墙—三维示意　　　　　　　　（b）钢架隔墙—实施现场

图 7-191　钢架隔墙模型及现场实物

（1）通用性节点—钢架隔墙做法。

因 6～28 层为酒店标准客房层，其中钢架隔墙的做法是贯穿整个项目体系的，考虑到施工操作可行性与经济效益以及施工方案的合理性，在模型中对钢架隔墙施工工序进行模拟搭建，反复论证施工方案的合理性，在与领导沟通汇报及施工技术交底时展示，较为直观。同时，因其可复制性较强，在后续的实施及效率方面都取得显著的优势。

（2）特殊型节点—超高金属屏风做法。

万豪酒店大堂有 4 个超高金属屏风，因为大堂区域较高，装饰天花标高为 8m，且屏风是从装饰完成面直达天花完成面，周围没有可借力的装置，只能依靠上下楼板的拉结。同时还需要满足检修、模块化安装等项目需求。所以在实施前，通过 BIM 模型模拟工艺做法，细化施工节点，包括玻璃卡槽的安装与拆卸、灯槽的安装方式、不锈钢卡槽构件等，分析构件之间的安装方式及工艺，通过模型的可视化论证，输出加工图纸交由厂商加工，最后在项目现场进行模块化安装（图 7-192）。

5）数字化生产技术应用

项目加工阶段中，利用深化后的 BIM 设计模型进行模块化加工，提升了项目的建造效率和品质，为工程建设项目管理增值助力。

如万豪酒店 1 层的金属吊架酒柜，设计图纸中直径接近 6m 的椭圆，而且在设计图纸中，内部构造材料都是钢板，十分沉重，吊装的难度和安全性都存在很大的问题，所以我们通过 BIM 进行模拟推敲，将原先的钢板更改为铝板，并在铝板层进行开孔处理，减轻重量，并且对其进行模块化处理，分析构件之间的连接方式，最终完成了我们的一个

实施效果。同时，将 BIM 模型数据输出，对接到数控加工机床，更快速，更精准，将加工进度控制在 1mm 公差范围内，同时也使施工周期缩短（图 7-193）。

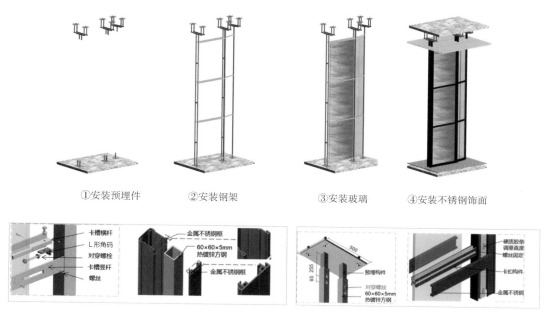

①安装预埋件　②安装钢架　③安装玻璃　④安装不锈钢饰面

图 7-192　屏风细节节点

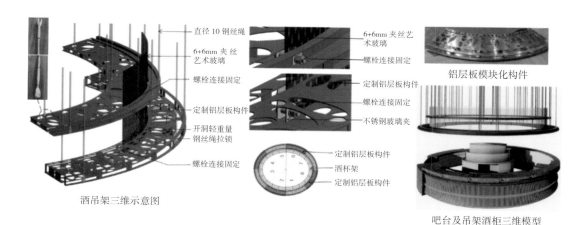

图 7-193　吊架酒柜模块化加工

6）数字化项目运维技术应用

在工程竣工，验收合格后，项目所建的建筑物、构筑物就进入了正常使用阶段。这是一个漫长的过程，在这个过程中，难免会遇到建筑物、构筑物发生突发情况、某些位置发生了破坏，如何很好的运行维护至关重要。BIM 技术在运维阶段的应用主要有以下三个方面：

（1）提供空间管理。

空间管理主要应用在照明、消防等各系统和设备空间定位。获取各系统和设备空间位置信息，把原来编号或者文字表示变成三维图形位置，直观形象且方便查找。如通过 RFID 系统获取大楼的安保人员位置；消防报警时，在 BIM 模型上快速定位所在位置，并查看周边的疏散通道和重要设备等。

（2）提供隐蔽工程管理。

在项目设计阶段，一些较为隐蔽的管线信息往往不被关注，相关资料只有少数人知晓。但随着项目使用年限的增加、人员更换等问题的出现，使得相关的安全隐患日益突出，而 BIM 技术的介入则可以将电力、通信、供水、燃气等多种市政管线集中监控管理。

（3）提供应急管理。

BIM 技术的出现可以有效规避传统管理的盲区，他的优势在与可以做到预防、预警，和直接根据现场的情况进行智能化处理。比如，现场出现火灾时，通过 BIM 系统可以快速确定事故发生地点，直接进行处理，减少更多不必要的损失。

7.4.5.3　小结

天津国展中心酒店数字化建造技术的落地应用，充分展示了 BIM 正向设计在此类项目中的支撑作用，为项目带来了时间和成本的双重效益。通过项目全过程的虚拟建造，使得管理团队得以对工程质量、进度进行严格的精细化把控。同时，也为公司 BIM 团队积累了大量实施经验及标准，对行业发展及自身管理模式的提升都有着巨大的借鉴意义。

7.4.6　青岛美高梅酒店室内装饰工程

7.4.6.1　项目概况

本项目位于山东省青岛市崂山区毗邻崂山风景区和石老人海水浴场苗岭路以南，深圳路以西。项目特色区域为：1 层是酒店大厅、特色餐厅、酒吧、蛋糕房区域；2 层是宴会厅、会议厅；3 层是全日制餐厅、景观台区域；28 层是行政酒廊；29 层是健身泳池等。项目工期 294d，工程质量目标为确保"泰山杯"，争创"鲁班奖"（图 7-194）。

7.4.6.2　数字化建造应用点

特色区域均包含异形曲面造型及双曲面造型，利用传统 CAD 图纸无法进行正确表达。为解决这一问题，数字化建造技术项目团队通过 BIM 软件深化异形曲面构件，配合厂家加工生产，现场放样，以此来保证数据的准确性，确保施工质量。

1）参数化设计技术

针对蛋糕房区域立柱飘带、特色餐厅方钢纽带、酒吧弧形天花、大堂双曲壳型结构等异形曲面，以及双曲面造型（图 7-195 ~ 图 7-198），数字化团队应用参数化设计技术，解决了在传统 CAD 二维制图模式下无法绘制异形双曲面造型的难题。

图 7-194　青岛美高梅酒店外立面效果图

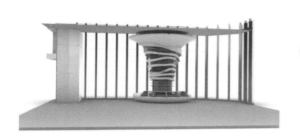

图 7-195　蛋糕房立面飘带

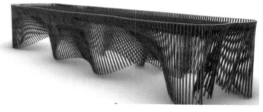

图 7-196　特色餐厅方钢纽带

图 7-197　酒吧弧形天花

图 7-198　大堂双双曲壳形结构

在 29 层健身泳池区域鱼鳞吊顶的建造过程中，由于设计方案中每一片鱼鳞角度都不相同，数字化团队通过曲面造型深化、多方案比选优化等方式，最终选择了在不影响美观的前提下最为经济的方案，并对构件进行划分编号与模块化安装（图 7-199）。

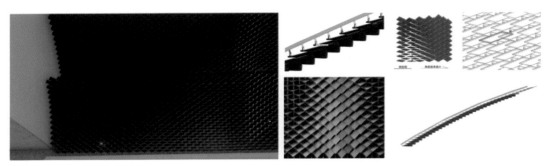

图 7-199　游泳池吊顶鳞片参数化建模

2）数据提取与安装

除参数化设计外，数字化团队在项目施工过程还利用深化模型及坐标信息数据，直接应用于工厂加工和后期安装定位。通过数字化建造技术的应用，在较短时间内实现了所有面层的分解模式施工、模块化下单、后场加工、二维码标识及现场装配式安装，有效解决现场实际问题，辅助精细化施工管理，提高工效。通过 3D 打印模型为业主方提供了直观参考，减少沟通成本（图 7-200）。

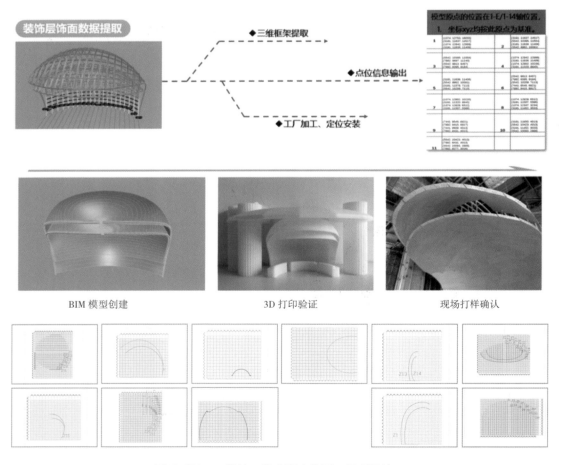

图 7-200　三维转二维曲面定位图用于现场施工

3）工序模拟

对于项目中特有的重点和难点，项目管理人员及工人不熟悉施工工艺，交底不直观的相关问题，通过施工模拟对项目中的难点及重点进行提前预演，在施工前可以给项目管理人员及工人提供直观方便的技术交底，具有非常强的指导性，同时也向业主方展示直观了项目从无到有的建造模拟过程，赢得业主认可（图7-201）。

图7-201　宴会厅天花装配式施工模拟

7.4.6.3　小结

装饰工程领域数字化转型是时代发展的必然趋势，本项目通过数字化建造技术的系统性应用，实现了传统建造模式下二维制图无法精准表达的复杂异形造型，如蛋糕房立柱飘带、大堂双曲壳形结构等区域的顺利落地。基于正向设计模型，直接提取参数化产品加工数据至工厂进行装饰部品部件的生产，使得项目深化成果更具说服力，有益于推动方案快速落地及精细化项目管控，实现降本增效。

7.4.7　上海久光百货室内装饰工程

7.4.7.1　项目概况

本项目是一个集商业、办公、餐饮、娱乐于一体的超大型综合体建筑，从建筑体量上分为一个裙房和两栋塔楼，总建筑面积为346 733m²（图7-202），其中地上建筑面积175 537m²，地下建筑面积169 221m²。项目团队精装范围包括商场B2～2层区域。

图7-202　久光百货效果图

7.4.7.2　数字化建造应用点

1）异形构件 BIM 模型建立

根据主体总承包提供的整体建筑 BIM 模型，结合精装深化施工图，进行精装 BIM 模型的建立。模型中包含地面、墙、柱面、天棚的面层、基层以及龙骨，精装相关的设备扬声器、烟感、温感灯。同时，协调所有机电 BIM 的相关内容，并在装饰完成面上完整体现，包括机电点位、末端支管、卫生器具以及材质信息、设备信息等相关信息录入等，模型深度为 LOD400。

为了更好地控制整个装饰工程施工质量，提前做出装饰效果供业主决策并为后续大面积建模和施工做出示范，在进行大面积装饰施工前，针对 4 个特定位置进行装饰施工样板段的制作。BIM 的模型工作分为两个阶段，前期 4 个样板段的建立，后期大面模型的创建（图 7-203、图 7-204）。

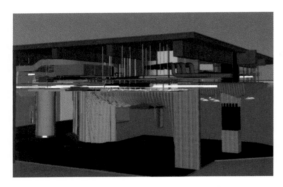

图 7-203　超市入口位置模型整合图　　　　图 7-204　电梯厅位置样板段模型整合

本项目设计精美复杂，包括大面积的天然石材拼花地面，造型多样的异型天花与墙面，大量的铝型材造型天花，工艺复杂的金属包柱，精细模型的建立较为困难。装饰BIM 工作团队依据装饰的功能将建模工作分为地面部分、墙柱面部分、天花部分、龙骨排布四个部分。

（1）地面部分。

本项目地面以天然石材为主，并且做了大量不同造型的拼花，为了表现出装饰效果数字化团队利用 Revit 软件中的零件功能来创建，并对其设置 3mm 的间隙，做出的效果可以充分体现石材拼接的细节，并且这些零件可以列入明细表统计出不同石材所使用块数（图 7-205）。

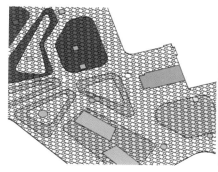

〈零件明细表〉		
A	**B**	**C**
材质	面积	合计
CT(A)-01 亚光白色	111.13	812
CT(A)-02 亚光中灰色	77.52	589
CT(A)-03 亚光深灰色	205.20	1396
CT(A)-04 瓷光白色	3585.14	6870
CT(A)-05 瓷光中灰色	668.77	1341
CT(A)-06 瓷光深灰色	681.23	2770
其他区域	27.89	39

图 7-205　石材统计

（2）墙、柱面部分。

本项目有许多墙面与天花是一体式造型，且每个造型各异，数字化团队针对每个造型利用 Revit 内建族的拉伸命令依次进行创建。本项目的圆柱与方柱均由两种不同金属材质的拼接包覆而成，在模型中体现材料的拼接是一大难点，两种不同金属材质在弧形处拼接，利用 Revit 很难处理，因为在弧形面上难以准确定位，经过团队成员的协商，最终选用 Rhino 软件进行柱子的建模，之后导出 sat 格式将其导入 Revit 模型中，此方法有效提高了建模的效率。

（3）天花部分。

本项目中天花造型多样，并且造型由不同材质拼接而成，主要含涂料饰面、成品GRG 包边，铝型材及不锈钢制品镶嵌等工艺。对于这些异型天花，数字化团队建立了一套天花族库，并且针对形状相同，大小不同的造型进行参数化设置，可以通过参数的修改得到不同大小的造型，大大提高了工作效率（图 7-206）。天花上还包含很多曲线型灯槽，处理这些灯槽数字化团队选择利用内建族，通过放样创建，这种方法操作简单，效率比较高（图 7-207）。

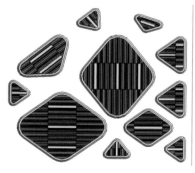

图 7-206　参数化族文件

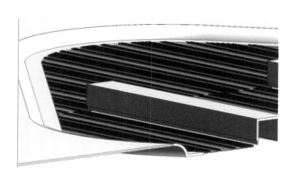

图 7-207　曲线型灯槽族文件

（4）龙骨排布。

本项目希望在施工前期，通过在模型中布置龙骨与土建、机电模型进行协调，解决碰撞与标高优化问题。由于项目的天花造型复杂，高低多样，弧形造型多样，而且层高较高，需要布置转换层，增加龙骨布置的工作量与难度。因此，数字化团队根据规范，先确定龙骨布置的准则，包括尺寸大小与间距等问题；然后建立了一套龙骨的构件族库；进行龙骨的布置；最后，将布置好的模型与土建、机电模型进行合模，再对龙骨位置进行调整。

2）模型协调配合

（1）碰撞检查。

在项目实施过程中，针对碰撞问题数字化团队提交了一系列碰撞报告，碰撞报告文件详细记录了问题位置、图纸名称、问题描述、三维及平面位置截图，并提交报告协调表，帮助准确定位问题位置，实时跟进问题反馈以确保模型的准确性，同时确保变更内容不会导致新的碰撞问题。通过碰撞检测，有效避免因碰撞造成的返工，提高施工效率，减少材料，人工浪费。

（2）工程量统计。

本项目设计个性化突出，涉及材料种类繁多琐碎，通过传统逐件计量的方式不仅工作量大、耗时长，而且容易出现算错、漏算等计算失误情况，导致项目施工提料不准确造成浪费，增加成本，因此在本项目中，数字化团队通过 Revit 模型一键导出所需的主要工程量，包括地面石材数量以及面积统计，天花、墙面的材料用量统计，数据准确且高效。

7.4.7.3 小结

商业室内装饰类工程具有材料种类多、工艺工序复杂、专业工种多、参与方众多且与各专业多有交叉作业、项目管理任务重等特点，本项目室内精装项目是复杂商业室内装饰类工程中一个具有代表性的范例，通过本项目精细化的 BIM 模型的建立与应用，为公司树立了大型商场类工程 BIM 应用示范样板。

7.4.8 前滩中心大厦室内装饰工程

7.4.8.1 项目概况

前滩中心 25-02 办公楼是一栋 280m 高的现代化甲级写字楼（图 7-208），位于前滩国际商务区核心地段，紧邻轨交 6、8、11 号线东方体育中心站。其主体建筑为 56 层办公楼，是前滩最高的地标性建筑，亦是前滩地块地标性建筑。室内装饰工程施工区域为首层与三层大堂和地下一层至 3 层电梯厅区域，面积约 8 000m²。

图 7-208　项目效果图

7.4.8.2　数字化建造应用点

本项目中，数字化团队负责施工阶段精装 BIM 工作实施的执行，按照招标文件的要求在服务期内进行项目相关的 BIM 模型创建、BIM 技术应用、BIM 数据信息维护及工程信息化管理辅助工作。

1）建立 BIM 建模标准

在前期建模准备阶段，为了保证模型的一致性，便于精装模型与其他专业模型的融合、协同，以《前滩中心 25 号地块 BIM 技术实施管理大纲》和《装饰工程 BIM 建模标准》为依据，建立符合项目要求和企业规定的精装专业的建模标准。其主要内容包括模型命名、构件命名、模型色彩、模型材质和模型样板等（图 7-209）。

图 7-209　BIM 建模标准

2）模型搭建

在项目实施过程中，根据土建单位提供整体建筑 BIM 模型，结合精装深化施工图，进行精装 BIM 模型的建立。模型中包含地面饰面层（含架空地板与支座）、墙面饰面层、综合吊顶模型（含主次龙骨，吊杆，吊顶板材）、楼梯间饰面层、卫生间饰面层、栏杆、栏板、门套、装饰风口、灯带、卫浴、隔断、家具、轻钢龙骨等（图 7-210 ~ 图 7-212）。

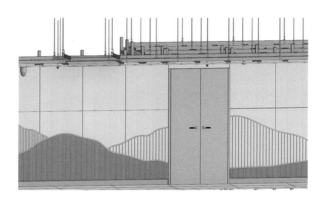

图 7-210　地下室走道艺术饰面模型

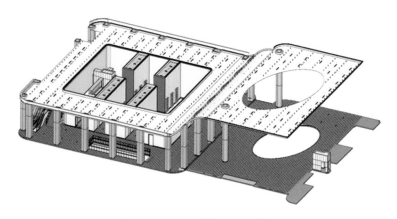

图 7-211　3F 整体 Revit 模型

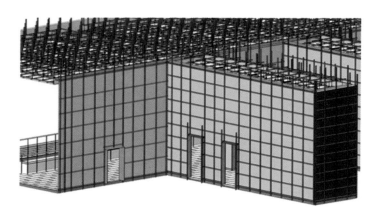

图 7-212　基层钢架与天花龙骨 Revit 模型

对于整体大面形状规整的常规构件，运用 Revit 软件进行模型建立；部分异形构件，选用 Rhino+Grasshopper 创建，后导出 .Sat 格式 /.Ifc 格式并整合进 Revit 整体模型中（图 7-213）。

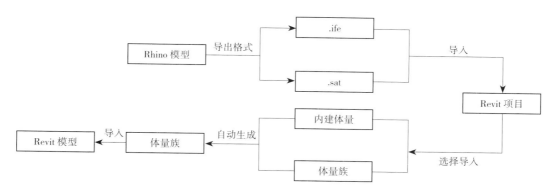

图 7-213　Rhino 模型导入 Revit 创建模型流程图

相较 Revit 而言，Rhino 在曲面造型上的操作较为简洁、精准，所建曲面也较为流畅，因此本项目上使用 Rhino 软件建立非常规曲面，如首层和三层核心筒外围的木纹大波浪铝板、电梯厅的木纹石、艺术墙面的造型等。以导入的 CAD 图纸曲线建立曲面，后再按照其排列规则形成不同造型的单元板块，保证了整体模型的美观度达到设计的效果（图 7-214 ~ 图 7-219）。

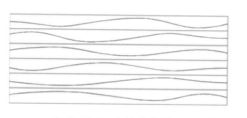

图 7-214　大波浪铝板 CAD 图纸

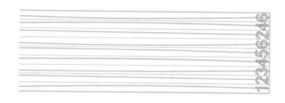

图 7-215　艺术墙 CAD 图纸

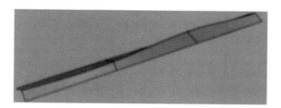

图 7-216　大波浪铝板单支三维模型

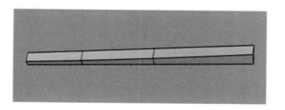

图 7-217　艺术墙单支三维模型

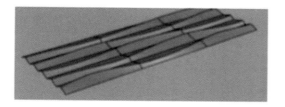

图 7-218　大波浪铝板单元三维模型

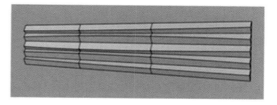

图 7-219　艺术墙单元三维模型

　　由于大波浪铝板收口曲线的位置及形状都不尽相同，如果每一根都单独绘制建模会造成巨大的工作量，因此使用 Grasshopper 编程来解决这一问题。利用编制好的电池程序，通过拾取收口曲面线即可快速创建数量繁多的收口线条模型，且截面线自动捕捉截面中心，可以确保形成的模型所在位置即是其完成位置。采用可视化编程建模，不仅可以节约时间，还可以提高模型修改调整的效率（图 7-220、图 7-221）。

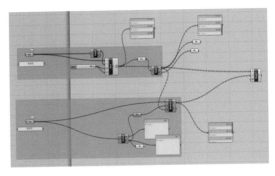

图 7-220　GH 半自动生成收口曲线逻辑图

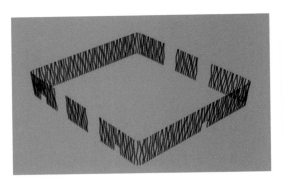

图 7-221　GH 半自动生成的收口曲线模型

　　整个施工模型的建立可以直观反映设计的具体效果，进行可视化审核，解决了深化设计在二维模式下不能兼顾细节性和完整性的问题。三维模型具有一致性，若有设计变更，模型任一处的修改均可同步于平面、立面、剖面、节点各个视图和明细表上，显著提高工作效率（图 7-222）。

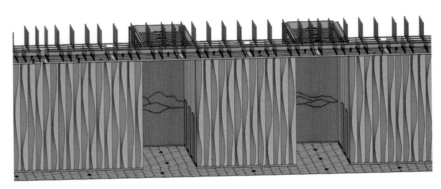

图 7-222　整合后艺术墙整体模型

　　3）模型协调

　　整体模型建立完成后，将其导入 Navisworks 软件与其他专业模型进行集成，通过软件提供的空间冲突检查功能查找两个专业构件之间的冲突可疑点，经人工确认该碰撞冲突。用以检查装饰模型内部是否存在位置及尺寸不合理的构件；装饰面层间的收口关系是否妥当，装饰基层空间是否充足；室内净高是否符合要求等问题。针对碰撞问题数字化团队编制提交了一系列碰撞报告文件，详细记录了重要碰撞点的模型截图、碰撞点的

位置坐标及其所依托的图纸名称及其编号、碰撞的内容描述以及调整建议等必要信息。提交碰撞报告时，并附报告协调表，实时跟进问题反馈，依据设计意见及设计变更等，不间断调整模型，保持模型的最新状态与最新设计文件和施工的实际情况一致。随着设计的进展，反复进行"碰撞检查—确认修改—更新模型"这一流程，有效避免因碰撞造成的返工，提高施工效率，减少材料和人工浪费（图7-223）。

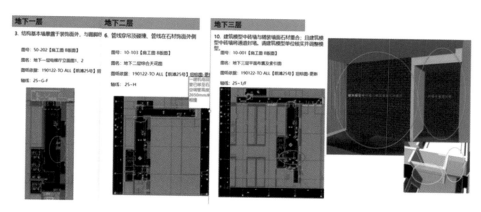

图7-223　碰撞检查报告

4）工程算量

本项目装饰面层材料众多，含有大量异形造型，收口繁杂。通过传统逐件计量的方式计算工程量不仅工作量大、耗时长，而且容易出现算错、漏算等失误情况，导致项目施工提料不准确造成浪费，增加成本。通过建模时设置的信息参数，导出包括材质、数量、面积等信息的装饰材料明细表，数据准确且高效。并且当产生设计变更时，可快速重新生成表单，减少了工程统计的工作量（图7-224）。

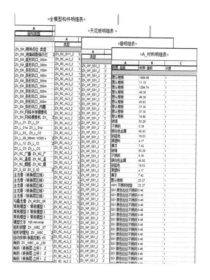

图7-224　Revit导出工程量统计明细表

7.4.8.3　小结

前滩中心大厦室内装饰工程上的 BIM 管理较为完善，贯穿本项目设计和施工全过程。精细化的 BIM 模型建立、碰撞报告的提交与审核等技术应用解决了困扰传统装饰项目管理的协调配合工作量大这一难题，实现施工过程的精细化管理，高效、高质地达到各项管理指标。同时也为集团培养了优秀的 BIM 人才，壮大集团 BIM 技术人员团队。本项目为企业组建现代化工程管理团队起到了有效的推进作用，是集团一项优秀的办公写字楼类项目 BIM 管理范例。

7.4.9　上海西郊庄园丽笙酒店室内装饰工程

7.4.9.1　项目概况

上海西郊庄园大酒店总建筑面积约 82 742m²，地上建筑面积 51 807m²，地下建筑面积 30 935m²，建筑占地面积 7 900 006m²。地下二层，地上十二层（图 7-225、图 7-226）。

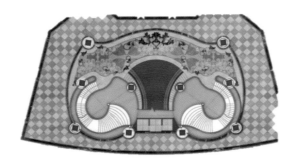

图 7-225　丽笙酒店大堂平面图　　　　　　　图 7-226　丽笙酒店大堂效果图

7.4.9.2　数字化建造应用点

本项目数字化工作的主要任务是配合酒店大堂区域旋转楼梯生产加工。楼梯的材质为石材，整体形状严格按照欧式风格保持对称性，在结构上，楼梯分为 B1 层至 1 层，1 层至 2 层两段部分，楼梯整体造型美观大气，本次 BIM 工作在项目上的应用主要分为两大应用点，即三维扫描以及装饰深化设计的运用。

1）三维扫描

本项目的旋转楼梯呈双曲面异形造型，其土建结构为混凝土与钢结构结合，由于此项目为搁置项目，楼梯的混凝土及钢结构施工已完成 5 年时间，存在现有图纸与现场无法匹配的问题，由于造型复杂，无法按照传统的人工测绘方式测量，因此与项目部沟通后决定引入三维扫描技术与 BIM 技术相结合来解决上述问题，并依据现场三维扫描出的点云模型作为 BIM 模型制作、装饰排版图、加工图设计的基础数据，避免 BIM 模型与现场实际施工存在偏差。另外三维扫描生成的点云数据经过专业软件处理，可转换为BIM模型数据，进而可与设计模型、进行精度对比和数据共享，并依此进行装饰工程深化设计（图7-227～图7-230）。

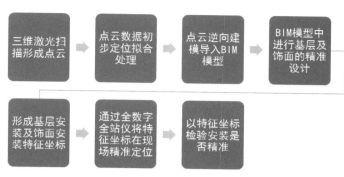

图 7-227　三维扫描工作流程

图 7-228　丽笙酒店旋转楼梯点云扫描模型

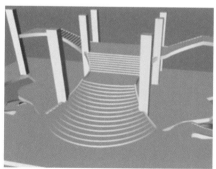
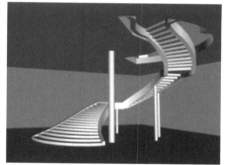

图 7-229　旋转楼梯点云扫描拟合处理模型

图 7-230　丽笙酒店旋转楼梯现场照片

2）异形装饰深化设计

此次旋转楼梯部分存在设计图纸不完善，现场结构与图纸偏差较大的问题，因此通过 BIM 技术对原设计方案的优化和深化工作成了唯一途径，通过三维扫描的点云模型，进行拟合处理导入 BIM 的相关软件中，再进行饰面石材、柱子、栏杆以及周边相关饰面的建模，从中可以发现许多设计的遗漏点和二维图纸中无法表达的收口碰撞问题（图 7-231）。

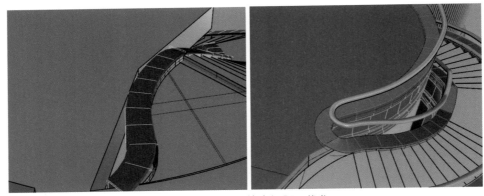

图 7-231　模型检查问题及优化

在完成模型建立后对其进行检查，发现模型中 B1 至 1F 段的楼梯石材与 1 层处的楼板产生了物理碰撞，石材板块无法按照此方法进行加工与安装。因此需要对楼梯结构或者 1 层的楼板的设计进行变更。同时通过三维扫描的模型与结构图纸比对，发现碰撞点的钢结构楼板为原先施工单位不依据图纸施工造成，与施工图纸并不匹配。因此，数字化团队建议依据 BIM 模型给出的设计方案采取局部钢结构加固，并再对楼板进行切割，以此确保整体楼梯饰面的完整性。

其次，设计的概念图纸以及效果图纸都缺失，现场项目工程师无法提供更为准确的节点收口图纸，造成较多的模型的细部做法需要补充，数字化团队在模型中对楼梯的细部收口以及安装方式进行优化。原先设计图纸中对现场的楼梯侧钢梁未反应，导致设计的方案造型无法实现，通过 BIM 模型的整合，重新确认石材的收口关系，对安装节点进行优化，不但能最大限度地确保原方案的美观度，而且合理地将安装间隙控制在了可施工范围之内（图 7-232、图 7-233）。

3）模型出加工图

由于本次的旋转楼梯属于双曲面造型，对于传统的二维石材出图无法精准地表达，数字化团队利用模型对整体石材按等距进行分割，并对每块板块编号交与石材生产厂商，辅助其生产及安装，有效提高了整体加工的进度，并减少了因加工图设计错误导致的废料产生（图 7-234）。

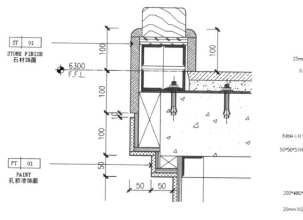

图 7-232　原设计方案

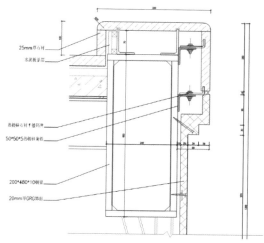

图 7-233　深化后安装方案

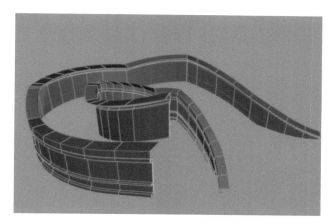

图 7-234　曲面石材分割

7.4.9.3　小结

旋转楼梯项目在装饰领域内属于最为复杂的内容之一，一般存在施工图纸表达模糊不清，施工难度以及成本巨大等问题，我所很好地利用了西郊庄园这个项目，对旋转楼梯在 BIM 中的运用进行了深入的研究，通过 BIM 模型的建立将原先复杂、空间感极强的楼梯三维可视化呈现出来，不仅协助设计师合理地完善了原先的方案，又为项目的施工带来了便利，最后通过导出模型中的数据帮助石材的生产，可以说，通过数字化建造技术的介入将原先复杂的内容简单化，为实际生产极大地提高了效率，为今后旋转楼梯类型的装饰项目的顺利实施积累了技术与经验。

7.5 历史建筑保护修缮、既有建筑改造工程数字化建造技术应用实践

7.5.1 上海展览中心外立面保护修缮工程

7.5.1.1 项目概况

上海展览中心，原名中苏友好大厦，1955 年建成，2001 年公示为上海市第四批优秀历史建筑（保护类别一类），静安区文物保护点，2016 年公示为首批中国 20 世纪建筑遗产。项目位于上海市中心静安区，北邻南京西路，南面延安高架路，东起威海路，西到铜仁路。展馆所处地段繁华、人流密集，是上海市最为重要和核心的城市公共空间节点之一（图 7-235）。

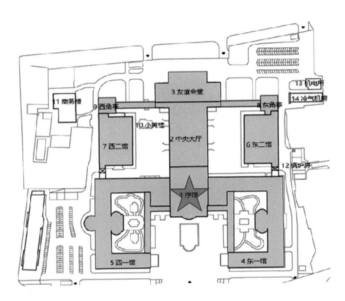

图 7-235　上海展览中心建筑群组成与序馆单体位置

7.5.1.2 数字化建造应用点

通过无人机技术的研究与应用实现现场整体外立面无接触式查勘、影像资料记录、表皮模型建立和模型可视化查看，基于数字化勘测成果开展修缮工程技术策划提升技术研究，引入智能化监测技术对脚手架 + 建筑主体结构体系施工过程进行持续实时监测，通过数字化建造技术实现不停运状态下历史保护建筑修缮复原工艺的可追溯式提升，在此基础上对上海展览中心外立面修缮施工全过程建立信息化数据库，整体形成基于数字化的历史保护建筑立面保护修缮无接触查勘、智能化监测、数字化修缮、信息化管理全过程关键技术。

1）历史保护建筑非接触式外立面查勘及外立面模型快速重构技术

（1）轻量化模型交互技术。针对上海展览中心外立面修缮工程特点，数字化团队在历史保护建筑六面体查勘中采用720°全景技术，可以在最大限度保留场景真实性的前提下，呈现以水平方向（经度）360°和垂直方向（纬度）360°环视的效果，避免传统航空摄影测量中面与面交界处可能出现的遗漏测量、重复测量等问题，更好地展示项目信息以及周边信息。

在项目前期策划应用720°全景摄影的无人机的飞行路线、拍摄距离、拍摄方式和拍摄数量，在本项目中设计如图7-236所示的飞行路径，定点进行全景拍摄；以5~10m的拍摄距离，采用自动全景+手动近距离拍摄相结合的方式，每处拍摄1~4张，并保证相邻照片有不少于1/3的重叠度，使得测量图像满足测量目标要求；将全景图片上传到云端，便于管理人员随时随地查看工程现状；根据现场工况设置特写点，在720°全景模型相应位置增加按钮输入信息，实现全景模型的及时更新完善。

图7-236　应用于720°全景拍摄的无人机飞行路线优化设定

通过720°全景技术在上海展览中心优秀历史保护建筑修缮工程外立面勘测阶段的应用，共拍摄远景及近景特写照片数量达到978张，得到上海展览中心外立面720°全景图像一套（图7-237），可分别使用普通模式及VR模式观看（图7-238）。采用720°全景快速重构的外立面模型传达的外立面信息具有完整性和连贯性。通过网页平台建立720°全景模型，根据需要设置按钮，可以实现不同角度的场景切换、重点部位的细节放大、文字信息的输入显示等功能，从而实现720°全景可视化及交互需求。模型基于网络平台进行文件交互，对终端适应性强；轻量化的可采用瓦片式加载模式的外立面模型也可减少数据存储压力。

（2）大体量历史保护建筑外立面重构技术。在上海展览中心无接触式外立面勘测中应用倾斜摄影技术，采用小型多旋翼无人机航拍设备对建筑外立面进行环绕手动拍摄，对航拍影像进行多视影像预处理后，在区域网联合平差基础上进行多视影像密集匹配，从而生成高密度三维点云，基于点云构建三角格网，进行纹理映射，最终生成包含真实几何尺寸及坐标信息的三维倾斜摄影模型，实现复杂建筑立面大范围、高精度、高清晰的全面

图 7-237　720°航拍展示　　　　　　　　　　图 7-238　VR 模式全景图

感知。倾斜模型可应用于建筑外轮廓查看、测距（图 7-239）、相对标高测定（图 7-240）、轻量化的模型方便在查勘现场或施工现场随身携带轻量移动设备随时查看，实现上海展览中心历史保护建筑外立面查勘过程的可模拟、可阅读、可编辑、可测量、可计算和可交互；在倾斜摄影模型的基础上建立脚手架模型（图 7-241），可作为后续脚手架搭设的依据。外立面模型快速重构和轻量化模型交互技术成果可为外立面劣化情况提取分析、修缮专项技术方案的编制及落地提供依据。

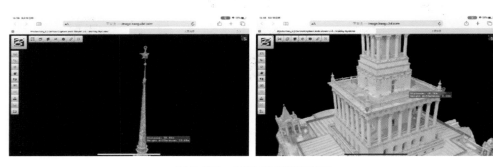

图 7-239　倾斜摄影模型测距

图 7-240　倾斜摄影模型相对标高测量　　　　图 7-241　倾斜摄影模型
　　　　　　　　　　　　　　　　　　　　　基础上建立脚手架模型

2）应用数字化勘测成果的历史保护建筑外立面修缮策划提升技术

（1）基于影像数字化模型的钢塔及外立面水刷石和钢窗分析。上海展览中心序馆钢塔经无人机勘察发现紫铜基层锈蚀，塔身表面污染；金饰面层变黑。外立面水刷石经无人机勘察发现外墙、檐口、窗台等部位的米黄色水刷石主要存在脏污、龟裂、裂缝、空鼓、脱落、色差等问题。外立面钢窗经无人机勘察发现钢制门窗多处出现脱漆、锈蚀的情况，局部存在窗洞被封堵，玻璃缺失、五金件缺失等情况（图7-242～图7-244）。

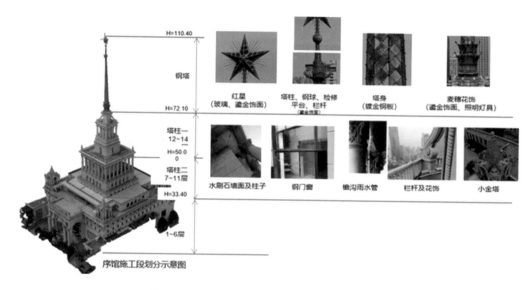

图 7-242　上海展览中心外立面修缮工程勘察区段

图 7-243　塔柱表面污染图像提取

脏污　　　　　　　　　　　龟裂

裂缝　　　　　　　　　　　空鼓

脱落　　　　　　　　　　　色差

图 7-244　上海展览中心外立面水刷石勘测图像提取与劣化情况分析

（2）基于影像数字化模型的专项技术方案策划。基于 720° 全景拍摄成果影像成果结合远近景特写照片，可确定修缮位置、修缮内容，进而用于制定外立面修缮方案。结合设计单位的修缮设计文本即可为本项目量身定制各类修缮专项方案。此外以 720° 全景图所提供的定位信息和近景照片提供的清晰的材质纹理及色彩信息为依据，日后的小样确认及现场施工样板的选址都可以提前确定。

（3）基于影像数字化模型的工程量统计技术。结合 720° 全景影像的定性分析与倾斜摄影模型的定量分析，在投标阶段可以辅助预算部门进行精准报价。以序馆 12 层南立面为例，根据无人机实拍全景照片将此立面划分为 8×6 共 48 个区块，对每一个区块存在的问题进行分析评估，确定问题的类型与修缮的方案同时测量修缮面积的大小。用此方法为本项目所有建筑单体的每一个立面建立外立面修缮内容详勘记录表，将这些表格汇总起来实现在进场施工前基本锁定修缮内容和修缮工作量，配合做出精准的清单投标报价（图 7-245 ~ 图 7-247）。

序号	专项修缮施工方案
1	钢塔结构除锈施工方案
2	贴金修缮施工方案
3	水刷石墙面（裂缝）修缮施工方案
4	水刷石墙面（空鼓）修缮施工方案
5	水刷石墙面（色差）修缮施工方案
6	水刷石墙面（脱落）修缮施工方案
7	门窗修缮施工方案
8	艺术花饰修缮施工方案
9	排水管修缮施工方案
10	屋面修缮施工方案
11	伸缩缝、沉降缝修缮施工方案
12	落水口修缮施工方案

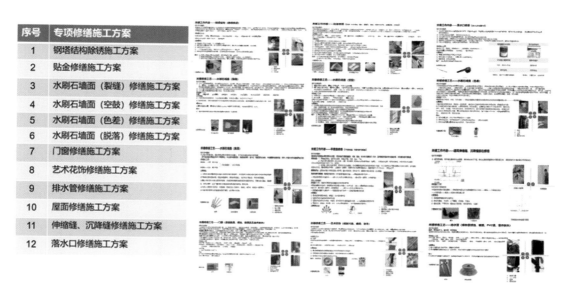

图 7-245　专项修缮方案清单

实体样板清单

样板名称	规格尺寸	现场照片	验收单位	备注
水刷石墙面裂缝修复实样	2米		设计、业主、监理、历保专家组	
水刷石墙面龟裂修复实样	1平方米		设计、业主、监理、历保专家组	
钢门窗修复实样	1樘		设计、业主、监理、历保专家组	
贴金样板	4块相连板		设计、业主、监理、历保专家组	
不锈钢钛合金板样板	6块相连板		设计、业主、监理、历保专家组	
雨水管更换样板	1根		设计、业主、监理、历保专家组	

图 7-246　实体样板清单

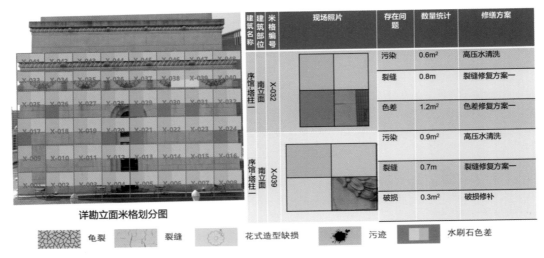

建筑名称	建筑部位	米格编号	现场照片	存在问题	数量统计	修缮方案
序馆塔柱一	南立面	X-032		污染	0.6m²	高压水清洗
				裂缝	0.8m	裂缝修复方案一
				色差	1.2m²	色差修复方案一
序馆塔柱一	南立面	X-039		污染	0.9m²	高压水清洗
				裂缝	0.7m	裂缝修复方案一
				破损	0.3m²	破损修补

详勘立面米格划分图

龟裂　　裂缝　　花式造型缺损　　污迹　　水刷石色差

图 7-247　基于详勘记录的工程量统计表

3）可逆型历史保护建筑外立面超高脚手架设计及实时监控预警技术

基于安全性检测与强度复合验算的脚手架搭设方案优化。序馆钢塔建筑总高度为110.4m，在脚手架搭设前的结构依据是根据上房院对整体建筑结构进行的安全性检测。最初于 1954 年开工建造的上海展览中心房屋设计混凝土材料为 C12，经现场实测及模型计算后推定实际混凝土抗压强度推定值为 17.2MPa，等级为 C15，经综合评定可达到原设计 C12 混凝土强度的等级要求。在不考虑地震作用下，采用 C15 混凝土等级取值作为承载力复核依据并进行脚手架搭设方案设计及计算工作（图 7-248）。

> 结构未见明显损坏
> 平均倾斜率符合规范限值范围：0.5‰ ~ 3.6‰
> 实测混凝土抗压强度满足设计值：17.2MPa
> 实测混凝土等级满足设计等级：C15

图 7-248　房屋验算模型

结合安全性检测结果和麦达斯模型的计算结果，综合考虑风荷载对高度达到 110m 对钢塔的影响，按常规脚手架满挂密目网并按 6 级风计算，其顶端位移达到了 32mm，超过了钢塔倾斜度的极限。经优化后决定只在 10 层及以下部位使用密目网，10 层以上改为使用空隙较大的安全网，将风荷载的影响控制在了可接受的范围内。对脚手架的立杆稳定承载力、水平杆强度、节点最大拉力和压力进行计算和优化，保证计算结果不超过杆件强度设计值（图 7-249 ~ 图 7-251）。

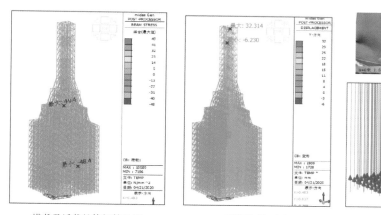

横载及活载整体杆件云图　　　　顶部位移云图　　　　竖杆拉应力云图

图 7-249　脚手架计算工况 1：脚手架整体设置密目网 MIDAS 计算模型点云图

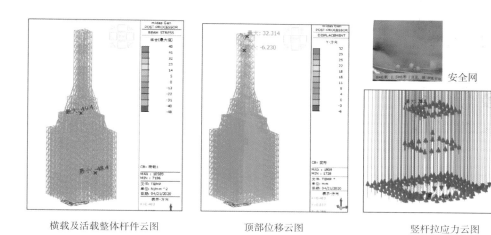

横载及活载整体杆件云图　　　　顶部位移云图　　　　竖杆拉应力云图

图 7-250　脚手架计算工况 2：脚手架上部设置安全平网下部设置密目网 MIDAS 计算模型点云图

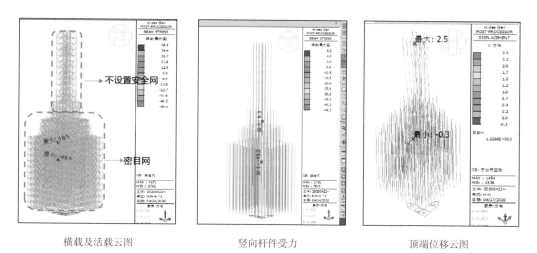

横载及活载云图　　　　竖向杆件受力　　　　顶端位移云图

图 7-251　脚手架计算工况 3：脚手架上部不设安全平网下部设置密目网 MIDAS 计算模型点云图

对原结构的承载力、结合脚手架的稳定性并组合风载进行叠加复核验算，进一步保障结构的安全性和稳定性，对相关区域按照实际情况进行建模。通过计算模型对比、按照现行国家规范及荷载的标准组合进行递进式地分析比较梁柱配筋、轴压比情况。经过分析论证后决定在11层、14层增加格构柱支撑，对脚手架作用在楼板主梁上的力进行分散（图7-252）。

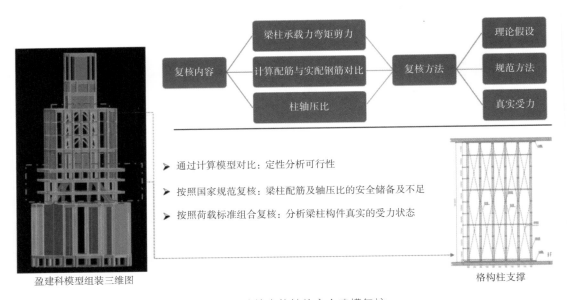

盈建科模型组装三维图　　　　　　　　　　　　　　　　　　　　格构柱支撑

图 7-252　建筑本体结构安全建模复核

4）历史保护建筑可追溯式修缮数字化提升技术

（1）基于数字化模型的外墙不停业修缮脚手架模拟搭设技术。基于数字模型进行全场馆分析，对各建筑物的脚手架进行模拟搭设，讨论搭设方案的合理性。提出室内拉结节点优化方案，通过外窗将脚手架连接至结构层，避免了脚手架搭设对外墙体的破坏，脚手架拆除后场馆即可恢复正常使用，脚手架外部设置满挂阻燃密目网和隔离栏杆，确保场馆内道路及营业状态不受施工影响。

外立面施工脚手架与建筑进行拉结时一般采用钢管扣件作为连墙件，使用膨胀螺栓等与墙体进行固定，不可避免地会对墙体造成一定的破坏。但优秀历史建筑保护性修缮项目必须遵守可逆性原则，故不可在外墙上打孔使用膨胀螺栓。基于数字模型进行前期全场馆分析，编制裙楼外墙脚手架不停业修缮方案。通过数字模型分析，发现建筑外窗横向间距为2 780mm、竖向间距1 830mm，而脚手架步距2 000mm、纵距1 800mm，窗间距离小于脚手架的连墙件三步三跨的设置距离。为解决此问题，提出室内拉结节点优化方案，通过外窗将脚手架连接结构层，避免脚手架搭设对外墙体的破坏，脚手架拆除后场馆即可恢复正常使用，无须对拉节点进行修补，最大限度减少对场馆运营的影响（图7-253）。

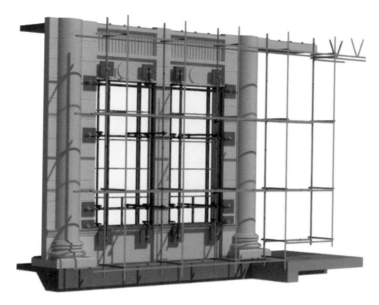

图 7-253　通过窗户实现脚手架拉结

（2）序馆钢塔铜板及构配件可追溯化物流跟踪管控技术：

① 基于施工工艺模拟的铜板及构配件复原安装技术方案确定。对铜板及装饰构件进行建模，分析记录构件之间的安装关系及顺序，对其拆除及安装工艺工序进行数字模拟，确保整座钢塔的所有构件实现逐一拆除和逐一复原安装。

确定拆装及安装方式后，为实现对整座钢塔的上千个不同构件进行逐一追踪，以保证每一个构件都能在修整完毕后准确无误地安装回原本的位置并且不发生任何错位及不丢失，数字化团队提出基于数字化建造技术的解决方案，根据无人机影像成果及原始蓝图建立的 BIM 模型，对构件进行编号、拆分和数量提取（图 7-254）。

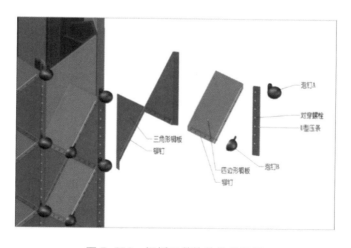

图 7-254　铜板及装饰构件分解图

② 基于二维码的钢塔铜板及构配件物流跟踪管控平台。引入基于二维码的构配件物流跟踪管控技术。塔身有 1 336 块铜板，888 个泡钉，448 根压条和 23 320 个铆钉，通过模型对每个板块及构件进行编号统计、信息录入、二维码标签绑定。将板块、泡钉、压条放在专用存储箱中。在存放的时候，板块间做隔离保护，避免磕碰损伤及化学电解反应。各板块及存储箱通过贴二维码拥有唯一编号信息（图 7-255）。

应用集团独立开发的物流跟踪管控平台，可以快速识别存储箱中的板块信息、构件尺寸几何信息及其安装位置信息。除了能够跟踪构件位置和编号等信息，系统还能反映出每个构件的加工工序进度和加工的质量情况并进行推送，确保不遗漏任何一个板块或者构件（图 7-256）。

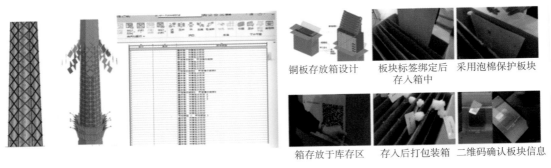

图 7-255　构件整理存放技术措施

图 7-256　二维码跟踪扫描技术

5）历史保护建筑修缮施工全过程信息化数据库

（1）可追溯修缮材料及工艺信息的建筑外立面信息模型数据库。

通过修缮过程中建立建筑外立面信息模型数据库的应用，项目部对建筑情况和尺寸数据就能有更为具象化的了解，也便于进行脚手架的电脑模拟及方案编制工作。对于序馆钢塔及塔尖五角星等由大量异形构件组成的构筑物，可用建筑外立面信息模型数据库

对其进行模型分析、构件拆分、编号整理、分类汇总，为序馆钢塔修缮过程施工流水二维码跟踪数据库（构配件物流管理数据库）做好基础工作。

在运维过程中应用建筑外立面信息模型数据库，依靠其记录的构件信息，如有构件发生意外损坏需要更换时，场馆的运维人员只需通过调出相应的构件信息即可完成构件的重新下单加工，省去了现场勘察、测量等工作（图 7-257）。

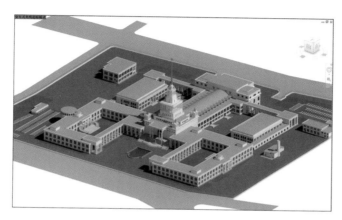

图 7-257　上海展览中心建筑外立面信息模型数据库

（2）基于二维码的序馆钢塔修缮构配件物流跟踪管理库。

利用外立面 BIM 模型对其进行模型分析、构件拆分、编号整理、分类汇总，建立了序馆钢塔修缮过程施工流水二维码跟踪数据库（构配件物流管理数据库）。

在施工过程中通过构配件物流管理平台的应用，可以快速识别各个构件信息，构件的尺寸几何信息及所属安装位置信息。还能反映出每个构件的加工工序进度，加工的质量情况，并进行推送，确保不遗漏任何一个板块或者构件。

（3）施工全生命周期影像化工艺资料数据库。

在整个修缮施工过程中，通过拍摄照片及视频记录，收集整理成修缮工艺全过程视频图像记录数据库。汇总项目塔尖金顶、门窗等重点保护部位修缮工艺、记录各次修缮过程的材料使用、施工及安装方法，建立保护性建筑全生命周期修缮信息数据库，记录修缮全过程。

在施工过程中，可将施工全生命周期影像化工艺资料数据库应用于施工交底，通过收集修缮效果较好的施工班组的视频图像资料，将其作为典型向其他班组传授施工技巧，统一和规范工艺做法、提高各班组的施工水平、进而提高整个项目的工程质量。

修缮工作完成后，项目部有义务向场馆运维人员传授后续的保养技巧。通过应用施工全生命周期影像化工艺资料数据库，将其作为视频交底资料，相比常规的保养说明书文本，能更具体和直观地展示工艺工序的细节，表达效果更好。同时该数据库中的施工工艺影像记录在集团今后经营类似修缮项目时也能起到一定的参考价值（图 7-258）。

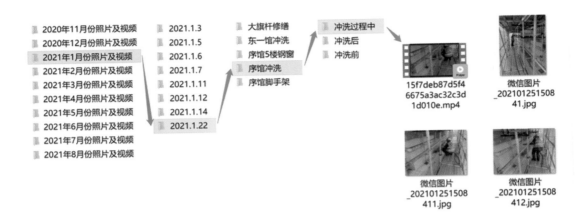

图 7-258　施工全生命周期影像化工艺资料数据库

7.5.1.3　小结

依托延安中路 1000 号上海展览中心优秀历史保护建筑外立面修缮工程，围绕大型公共场馆还处于运营状态的特点，基于工程数字化、数据可视化、业务协同性和信息集成，建历史保护建筑修缮全过程数据库，形成历史保护建筑立面修缮项目无接触查勘、智能化监测、不停业修缮、信息化管理的关键技术，解决了项目工程体量大、工期紧、进场查勘限制多、保护性建筑对施工工艺要求高、超高脚手架分部分项工程危险性较大等重难点问题，推动了项目顺利实施，对今后大量同类工程提质增效有着宝贵借鉴价值和重要示范作用。

修缮全过程数字化建造技术的应用，可减少返工和设计变更，有效提升修缮施工效率和工程管理水平，取得显著经济效益。通过对历史保护建筑修缮全过程建立信息数据库，可为未来历史保护建筑工程智能管理和建筑智慧运维提供数据基础，社会效益广泛。

7.5.2　汇丰银行大楼内中华厅修缮工程

7.5.2.1　项目概况

中山东一路 12 号大楼，于 1923 年建成，原系英商汇丰银行大楼，1955—1995 年作为上海市人民政府办公楼，现为浦发银行总行办公大楼使用（图 7-259）。大楼初始设计方为公和洋行，由德罗·考尔洋行承建，采用新古典主义手法，体态雄伟，典雅庄重，为全国重点文物保护单位——"上海外滩建筑群"中的主体建筑之一、上海市第一批优秀历史建筑（二类）。

图 7-259　中山东一路 12 号大楼外景

　　本次吊顶安全性修缮范围为大楼一层西南区域的中华厅，净面积约 445m²，厅内空间由南侧高区和北侧低区组成，低区为装饰平顶，高区为满堂石膏板装饰吊顶。其中高区梁饰段及平顶段吊顶，大部分为 1923 年初建时原物，原始彩绘层已被后期面层涂料覆盖，保留于现状饰面层下。近年，在使用过程中发现中华厅高区吊顶饰面普遍挠曲变形，梁饰段下挠使梁饰段与吊顶板交接处开裂，存在局部塌落风险（图 7-260 ~ 图 7-262）。

图 7-260　中华厅建成初期影像资料

图 7-261　中华厅彩绘复原图（推测）

图 7-262 中华厅吊顶修缮后实拍

自 2018 年 11 月项目工作启动后，在国家和上海文物局批复指导下，经多轮前期勘察及专家评审，在满足文物建筑最小干预前提下，基于真实性原则，确定最终吊顶修缮方案为：维持原主龙骨撑平顶受力体系不变，替换劣化材料，采用原材料、原工艺进行修缮。同时，为确保吊顶安全性，新增垂直吊挂系统及加强承托龙骨构件作为备用受力体系，所有干预措施均执行可逆性及可识别性原则。

7.5.2.2 数字化建造应用点

1）基于 720° 全景的工程前期策划

数字化团队在项目修缮工作启动前，对中华厅整体空间进行了高分辨率的 720° 全景拍摄。相较普通照片，全景相片更能还原场景的完整性和连贯性，可实现不同角度场景切换、重点部位细节放大、图文信息输入显示等功能。

数字化团队以 720° 全景照片为信息载体（图 7-263），点对点录入吊顶现状劣化情况特写（包含主龙骨、吊挂木构件、吊顶饰面板、装饰雀替、柱头外挑装饰件等）、详细

图 7-263 基于 720° 全景影像的吊顶劣化情况记录

位置信息及对应安全性修缮结论，且随着勘察工作的不断深入，720° 全景中的数据信息也随之更新，最终形成一个交互式的轻量化项目信息发布及共享平台，项目各参与方可于网页端、手机端直观、便捷地开展吊顶劣化情况评估与分析，远程确定修缮位置、修缮内容及对应技术措施，辅助修缮方案的制定；针对样板段的修缮工作，数字化团队基于设计单位的修缮设计文本，通过三维模型与施工模拟动画等可视化方式，详细展现了具体修缮技术措施与待优化问题项，实现直观、高效的工程前期策划与沟通协调（图 7-264、图 7-265）。

装饰雀替： 内部钢筋混凝土填实，最外侧为 20mm 厚石膏板。经现场勘察没有结构安全问题，无需进行结构修缮；存在外部石膏饰面起皮、开裂等问题，需对外部石膏饰面进行修补。

柱顶装饰雀替粉刷起皮、开裂　　　　　　　　柱顶装饰雀替石膏饰面开裂

图 7-264　装饰雀替安全性勘察结论

图 7-265　修缮技术措施图文热点链接

2）基于多源数据融合迭代的数字孪生模型建立

根据图纸所示，吊顶内部为纵横双向木龙骨撑平顶系统，由钢砼梁、沿边木龙骨、主次木龙骨、吊挂木构件、龙门架及预制麻丝石膏板组成（图 7-266），局部为 1997 年新做防火石膏板。项目数字化团队于进场前，即依据既有图纸资料及初步勘察资料，搭建中华厅吊顶 BIM 模型，真实还原吊顶原撑平顶木龙骨结构系统及本次修缮新增的备用受力系统（图 7-267）。

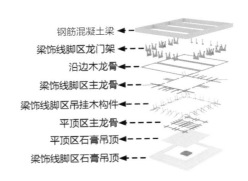

钢筋混凝土梁
梁饰线脚区龙门架
沿边木龙骨
梁饰线脚区主龙骨
梁饰线脚区吊挂木构件
平顶区主龙骨
平顶区石膏吊顶
梁饰线脚区石膏吊顶

图 7-266　吊顶原撑平顶木龙骨结构体系 BIM 模型

图 7-267　修缮前后吊顶结构系统对比

在基于图纸进行翻模的基础上，数字化团队进一步开展中华厅全域三维激光扫描作业，对厅内修缮前原状进行高精度数字留档的同时，也使得团队能够基于点云数据对施工图 BIM 模型的面层数据（图 7-268、图 7-269），包括花饰造型细节等进行修正补全及调优，最大程度反映现场真实情况，弥补图纸与现场存在的偏差。真实记录每一跨吊顶梁饰段下挠程度，复位完成后再次对梁饰段吊顶进行三维激光扫描，与初次扫描数据进行比对分析，复核起拱高度（图 7-270）。

图 7-268　中华厅三维扫描点云模型　　　　　图 7-269　BIM 逆向模型

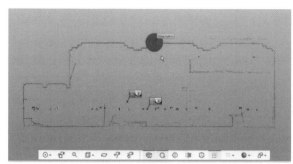
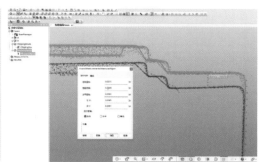

图 7-270　基于点云数据复核修缮前后梁饰段吊顶起拱高度

项目团队进场后，基于最小干预原则，采用工业级内窥镜对吊顶内部空间进行微损查勘，进一步摸排基层龙骨构造及劣化情况，分析其安装方式（图 7-271）。经查勘，现状吊顶木龙骨存在大量蛀蚀情况，个别龙骨间连接节点近乎脱开，且局部发现水渍。确定木龙骨需进行完损检测及抽样材性分析。探明新老石膏面板准确分布情况与拼接缝位置，明确原麻丝石膏板与龙骨间采用螺丝连接。摸排原撑平顶木龙骨结构体系损伤劣化现状，将排摸数据实时、精准地更新至 BIM 模型中对应具体构件（图 7-272），最大限度反映现场真实情况，实现数字孪生（图 7-273）。在后续的修缮施工做作业中，也不断地对模型进行更新维护与补充，直至最终竣工交付。

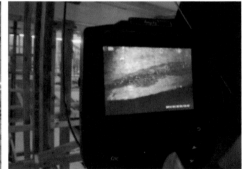

图 7-271　应用内窥镜进行吊顶内部空间查勘

图 7-272　不同劣化情况下对应的木纹　　　图 7-273　反映现场真实情况的数字孪生模型
　　　　　材质贴图

结合三维可视化模型，对吊顶修缮方案进行多轮虚拟仿真模拟与验证优化（图 7–274），提前模拟在实际施工过程中可能碰到的问题，提升方案的科学性与落地性（图 7–275）。

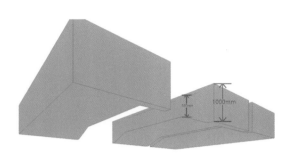

图 7–274　工人吊顶内作业空间合理性验证

图 7–275　长木料运输动线合理性验证

3）基于 3D 打印的复杂梁饰线脚段临时支撑模组研发

为确保工人在进入吊顶内部开展修缮施工作业时，能够全方位保护已有百年历史的吊顶梁饰线脚段石膏面板（仅 1.5cm 厚），数字化团队特此研发基于熔融沉积制造（FDM）3D 打印工艺的热塑性聚氨酯弹性体橡胶（TPU）临时支撑模组，实现对线脚的全方位贴合保护。应用工业级手持式三维激光扫描设备，对既有梁饰段石膏饰面进行全方位的数字测绘，根据扫描所得 0.01mm 级高精度 Mesh 数据，经修模优化后得到 3D 加工模型，结合柔性配方的 3D 打印材料，进行柔性临时支撑的制作及加工。实现对既有装饰线脚的全方位贴合保护，提供柔性承载力，避免施工时对其造成二次损伤。

在项目实施过程中，对熔融沉积制造（FDM）、立体光固化成形（SLA）、激光烧结（SLS）等不同类型 3D 打印工艺及不同打印材料进行市场调研及试点应用。

7.5.2.3　小结

本项目因现场实勘数据不全，导致设计院出具的二维是公共图纸较为简单，部分平立剖面难以对应，会导致因个人空间想象思维不同而造成各方沟通协调中出现理解偏差，且传统施工方案中图文的二维表达方式缺乏直观性，无法表示复杂的关系，对于施工中动态的变化及施工现场真实状况无法表达。因此，通过 720° 全景摄影、三维激光扫描、内窥镜微损查勘、BIM 模型等技术建立吊顶三维数字孪生模型，便于各参与方站在统一的视角开展后续工作，弥补了传统制图模式在图纸表达、图形修改、图形信息价值等方面的不足，提高沟通效率及准确性，为历史建筑保护开启了崭新的数字化篇章。通过手持式工业级三维扫描及基于 3D 打印技术的复杂梁饰线脚段柔性临时支撑模组研发，将各类跨领域、跨学科新型数字化建造技术，融合应用于历史建筑保护修缮保护领域进行，对于提高历史建筑保护领域的科学技术水平，促进行业整体数字化转型，具有非常重要的意义（图 7–276）。

（a）手持式三维激光扫描

（b）三维打印数字加工模型

（c）柔性临时支撑模组

（d）实际支撑效果

图 7-276　三维扫描制作柔性支撑构件

7.5.3　衡山宾馆大修和改造工程

7.5.3.1　项目概况

衡山宾馆大修和改造工程项目（图 7-277）位于上海市徐汇区衡山路与宛平路交叉口，建筑面积 34 402m²，建筑高度 68m，主楼为上海市第二批优秀历史建筑，保护类别为三类，建筑风格为经典 Art Deco 风格，建筑造型与 V 字形基地相适应，马路转角处为正立面，建筑空间开阔，十分引人注目。建筑师大胆采用当时刚刚开始流行的欧洲现代式风格，将立面处理得十分简洁，水泥涂料的外墙面上仅开方钢窗，以平面凹凸墙角作为自然线条，在底层作深色饰面，中部顶层竖立旗杆，从远处看整个建筑像一只展翅的雄鹰，显得气势宏大而巍峨，而整体立面效果又呈现出简洁、明朗、稳重的效果。衡山宾馆传承和见证了上海海派文化的前世今生，华与洋、南与北的交融与碰撞，历久弥新的建筑场景细细诉说着上海城市的记忆。

上海市建筑装饰工程集团有限公司作为本次衡山宾馆大修及改造工程项目的总承包方，施工范围为建筑主楼 1 ~ 19 层、综合楼 1 ~ 5 层、设备楼 1 ~ 3 层总体环境施工、结构加固及改建、室内外装饰装修、机电更新等。

图 7-277 衡山宾馆大修和改造工程效果图

7.5.3.2 数字化建造应用点

本项目数字化应用主要涵盖全专业施工图模型搭建、一次机电深化、全程驻场配合及配套施工方案模拟等工作，具体内容包括机房区域及主楼、综合楼部分关键楼层高精度三维扫描、逆向建模，结合现场实测实量数据及设计院施工图进行施工图模型搭建，配合现场对重要机房、管井、公共区域等区域进行管线综合，辅助深化，出具专业间、专业内碰撞检查报告、净高分析报告，对重点区域进行施工方案模拟及设备吊装模拟。

1）基于三维扫描及逆向建模技术的现场勘测及复核

在缺乏准确图纸资料的情况下，数字化团队对30年前手绘版蓝图以及近20年间数次修缮后所保留的多个版本零散电子版图纸进行归档整理，形成初步建模依据。在仅有建筑平面图及简单立面图的情况下，对缺失部分及准确性存疑区域，标记并进行现场勘探及复核。基于衡山宾馆现状土建格局，结合人工实测实量，建立建筑外立面模型（图 7-278）。同时，基于设计院修缮方案及效果图，建立修缮后的建筑外立面模型（图 7-279），直观展现修缮前后本项目建筑外立面的变化情况，以供方案比选和优化。

图 7-278 现状外立面模型

图 7-279　基于效果图的修缮后外立面模型

　　由于设计院出具的施工图纸与现场真实情况存在较大偏差，在工期十分紧张的情况下，数字化团队在基于既有设计施工图进行初版全专业建模（图 7-280），采用三维扫描技术，对主楼、综合楼区域逐层进行结构专业的三维扫描（图 7-281），以获得真实的结构尺寸数据，通过逆向建模形成准确结构模型（图 7-282），结合实测结构数据，进而调整建筑模型及机电模型，以符合现场真实情况（图 7-283）。

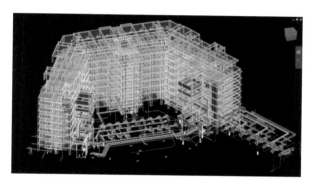

图 7-280　初版全专业施工图模型

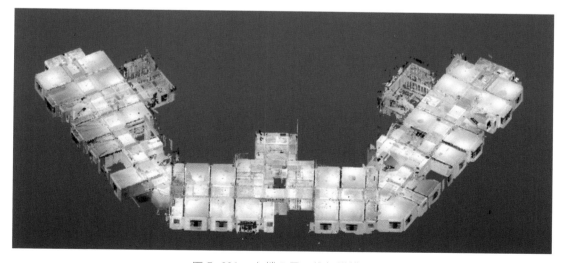

图 7-281　主楼 7 层三维扫描模型

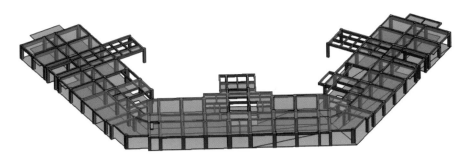

图 7-282　主楼 7 层逆向结构模型

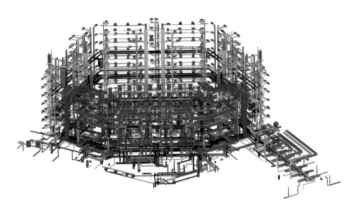

图 7-283　调整后的机电施工图模型

2）基于 BIM 的管线综合深化

BIM 机电管线深化的前提条件是基于准确的建筑格局及梁柱框架，而在前期，面层尚未拆除，结构尚未完成加固的情况下，即便通过现场三维扫描也无法对后续机电深化工作产生帮助，因此只有现场结构施工完成后，BIM 团队才能与时间赛跑，加紧对关键楼层进行结构专业三维扫描，随之进行逆向建模（工作量约常规建模 3 倍）及机电管线综合（图 7-284）。

而全专业 BIM 建模工作，则依据现场实测实量数据及错误的施工图纸先行开展，并进行一次管综，解决 10%～20% 的设计问题，核对管井位置，明确立管与水平管接驳位置；待逆向结构模型完成后，再按楼层对既有模型进行调整修改，进行二次管综，解决 60%～70% 的机电与结构专业碰撞，进行全楼层净高分析及机管线路由优化；最后结合对现场二结构施工现状的实测实量，绘制建筑模型，进行三次管综，解决现场管线安装的落地实施问题（图 7-285）。

此类工作模式会导致大量返工，但在工期紧张情况下，分阶段交付各类 BIM 成果，才能前置于机电施工进行有效提资。

本项目由于自身层高的限制，楼体倾斜以及梁柱加固后的实际净空压缩等问题，必须要做到实施方案前置，排布原则确认同时还要考虑精装进场后的装饰造型能否满足要求。

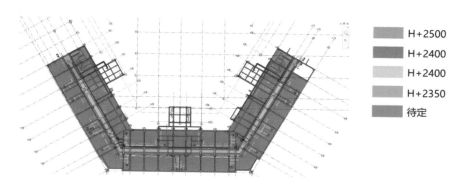

図 7-284　主楼标准层净高分布图

| H+2500 |
| H+2400 |
| H+2400 |
| H+2350 |
| 待定 |

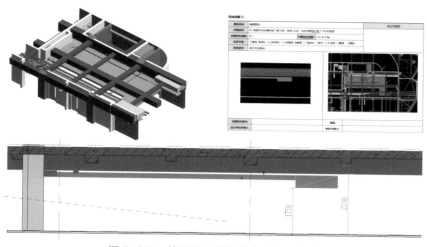

图 7-285　基于 BIM 模型的机电问题报告

　　基于多方因素 BIM 团队利用三维建筑模型，通过优化设备管线，充分利用梁窝，管线上下左右间距关系，提高了设备管线的空间利用率，检修安装的可实施性，提升项目建成后的空间品质。

　　依托于 BIM 模型数据的可视化，对各功能空间进行设计协调检查，对所有发现的问题进行设计问题跟踪，达到各阶段发现的问题具备持续性跟踪能力直至解决问题。同时依托专业的设计行业背景和丰富的施工现场协作经验，通过优化最低点来确保空间的净高符合业主要求（图 7-286）。

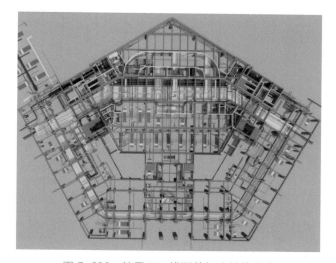

图 7-286　基于 BIM 模型的机电管线综合

机电管线综合排布技术路线：

① 机电系统层面：从末端到系统，以机电专业的视角统筹考虑管线的布置。

② 设计协调层面：从局部到整体，以空间为对象整体考虑管线的走向。

③ 项目实施层面：从设计到建造，以施工组织合理性为原则考虑管线的可建性。

④ 满足运营层面：从设计到使用，以建筑运营实际需求为指导考虑管线的合理性。

3）基于 BIM 的机房改造深化

机房区域由于管线系统及管材均被保温层遮盖无法识别，实际管径无法获取，管线路由进端及出端错综复杂，核心接驳区域空间狭小，无法登高进行实地勘测，导致部分隐蔽管线难以查勘，而既有现状蓝图中的管径尺寸及管线路由，经复核与现场实际情况并不完全一致（图 7-287）。针对以上情况，数字化团队采用三维扫描技术（图 7-288），获得准确的毫米级机房土建结构及设备管线点云模型，从而得到准确的几何尺寸，参考原始蓝图的管线路由及管种进行初步建模，结合现场实勘及人工复测，实现基于点云模型的 BIM 逆向建模（图 7-289）。

7-287 人工实测实量

7-288 三维扫描

点云模型　逆向模型

图 7-289 点云模型及逆向建模

衡山宾馆的冷热源与久事宾馆是共用机房，拆改方案实施的核心是确保拆改作业期间，对业主正常运营的影响降至最低。那么针对原始机房的 BIM 模型，结合新图纸的管线深化，将能源中心的改造方案分为三个阶段实施：

第一阶段冬季供暖期间，根据气温情况，对能源中心 1# 和 2# 板式换热器管道进行改造，与新增的临时 3# 板式换热器进行接驳，满足极端天气下久事宾馆空调热水系统的正常供热需求（图 7-290）。

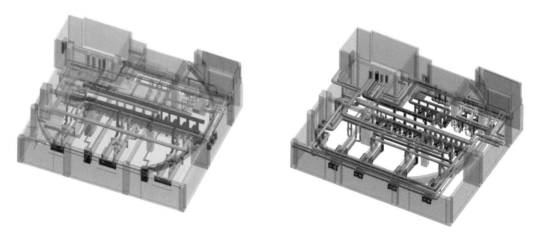

图 7-290 机房深化前后对比

第二阶段冬季供暖期间，空调供冷系统停止运行后，对供冷系统设备及管道进行整体拆除及更新改造，在下一个夏季供冷期前完成施工和调试（图 7-291）。

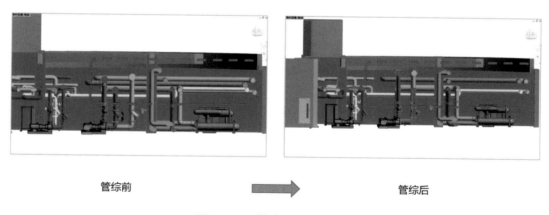

管综前　　　　　　　　　　　　　　　管综后

图 7-291 管综优化前后对比

第三阶段夏季供冷期间，空调供暖系统停止运行后，对供暖系统设备及管道进行整体拆除及更新改造。同时，更换改造能源中心的风管及风机设备。

4）基于 BIM 的二次机电管线优化

衡山宾馆综合楼主要的房间功能为宴会厅，会议室，休息室等，对净高的要求特别严格，由于室内精装设计滞后于建筑设计带来的施工图变更，室内精装本身对空间、材料、定位等设计要素的精确度高，导致施工现场配合过程中需要结合土建、机电安装定位对精装方案进行精确调整（图7-292）。基于 BIM 的室内精装配合在虚拟的 3D 环境中预先模拟精装与土建、机电的协作，以提高精装施工的可行性和方案的准确性（图 7-293）。

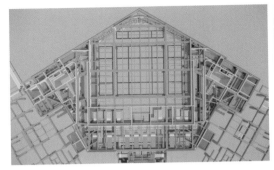

图 7-292 综合楼二次机电模型

二次机电的管线排布需要充分考虑精装的造型，风口落位，灯具的高度，暗藏灯带的位置以及包括支架安装，检修等必要条件。

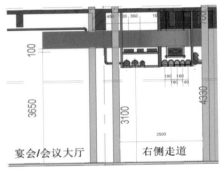

图 7-293 综合楼二次机电局部详图及三维可视化展示

5）基于 BIM 的室外管线专项方案优化

衡山宾馆所有冷源及热源全部由久事宾馆冷冻机房及锅炉提供，冷热源管道需从久事宾馆经过花坛、内部道路进入衡山宾馆室内。

新增的管道数量、管道尺寸，通过的道路情况等影响较大，在制订敷设方案前，BIM 团队首先对勘测图纸进行基础模型建立，再根据现场探测孔对管道覆土高度及位置进行修正，对后续管道敷设及施工方案进行模拟验证（图 7-294）。

本项目具有特殊性，开挖覆土深度对地铁隧道和人防工程有影响，BIM 团队及各专家领导针对实施方案进行多次会议讨论，结合 BIM 模型进行方案验证，最后确定采取新增管道从既有管道下部穿行，然后直埋的方式。新增管道从久事衡山宾馆出来后经既有管道位置时先行下翻，穿越既有管道后上翻至原标高，该方式只需改造雨水管（HDPE 双波纹管），路面高度保持不变的实施路线（图 7-295）。

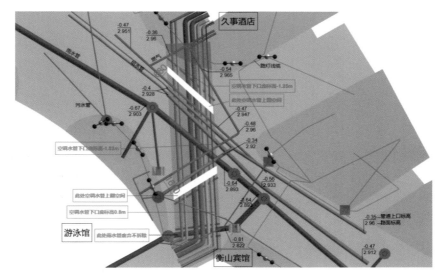

图 7-294　地下综合管线标高示意图

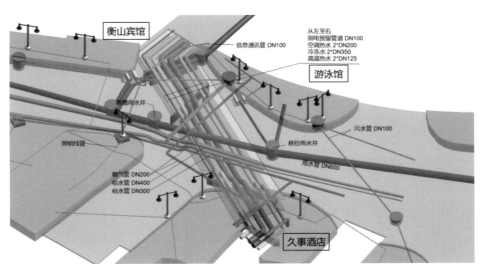

图 7-295　改造后地下综合管线模拟图

6）基于交互式虚拟现实技术的可视化施工交底

传统文档、图纸方式的施工交底往往较为抽象，作业人员难以准确把握技术要点。基于 BIM 的技术交底可通过模型、视频、三维截图等方式对施工过程和要求进行详细描述，提高沟通效率，使得施工作业人员得以直观、清晰地快速掌握技术要求。施工前，技术人员根据交底内容建立相应的 BIM 模型，并将相关操作步骤、技术要点、验收要求在模型进行体现，并利用模型视口辅助制定交底文档；交底过程中，将施工 BIM 模型投射到交流屏幕，并就模型分解讲解各项技术参数，施工人员通过交底反馈意见，进而使工程人员了解详细的施工步骤和技术要求，确保施工质量。

项目技术团队在现有基于 BIM 模型的可视化施工交底基础上，开创性地引入自主开发的交互式虚拟影像软件系统，实现对施工重难点区域的施工工艺工序的交互式可视化模拟，真正做到"所见即所得"。施工班组得以身临其境地，全方位、沉浸式地模拟施工过程中各类构件的定位及安装过程，熟悉相关施工工艺，提早发现作业过程中可能出现的问题，提高施工效率，确保施工质量（图 7-296）。

图 7-296　基于交互式虚拟现实技术的可视化施工交底

7）基于增强现实技术的智能施工质量复核

传统通过红外线和人工测量的方式，缺乏对机电管线安装精度实时判断和反馈的能力。为了解决上述问题，确保图纸和现场的吻合度，团队提出了一种基于增强现实技术的机电管线成品安装质量检测方法，通过构建虚拟辅助模型，在拍摄的装配结果图像中定位检测关键区域，过滤冗余图像信息，进而基于图像检测模型对机电管线定位安装的关键节点位置进行判断，基于计算构件邻域平均重合度的方法求得了安装路径的重合度，基于相机逆投影的方法得到了构件的弯曲半径。最后，利用 HoloLens 2 开发了基于增强现实技术的机电三维模型增强现实自动复核模块。

项目通过增强现实技术实现虚拟影像与项目实景的叠加，以辅助现场安装质量的检测，实现毫米级定位安装定位和质量检查，辅助安装定位和质量检查，为交底和验收环节提供可视化的参考和指导，检测数据实时上传至数字化管理平台，为各参建方的协同工作提供直观、清晰、准确的数据比对基础。

8）基于 BIM 技术的可视化施工进度协同管理平台

一般来说，传统进度管理方法多依靠项目管理人员的经验，传统进度管理由于缺少

进度信息采集手段，只能进行粗放式管理，随着工程项目越来越复杂，时间成本日渐提高，传统进度管理模式将难以满足项目管理需要，进度滞后问题往往在主要项目节点才能发现，无法及时采取纠偏措施。BIM 技术为各方提供了统一基准的协作平台，使得各方可共同参与编制并更新进度计划，在策划阶段制定科学合理的进度计划，消除施工组织在时间上存在的冲突，合理排布各项工序。基于 BIM 技术的可视化进度管理可将实际施工进度与计划进度对应的项目进展通过 BIM 模型进行比对，找出施工偏差，对项目进度进行动态控制。

团队在项目施工过程数字化管理平台中的可视化进度协同管理模块录入项目实际进度信息，并将相关信息同步至进度模拟，由模拟结果生成进度偏差信息，利用进度管理平台找出进度偏差开始时间、引起偏差的因素，分析当前偏差对后续进度的影响。通过可视化进度协同管理模块直观展示项目进度情况，分析当前进度滞后对相关联工作面的影响并制定相应的调整措施及部署后续生产计划、协调相关事项（图 7-297）。

在进度计划调整时，根据对施工部署的影响逐项修改模型划分，并计算相应工程量的调整，并将进度计划与模型重新同步至软件中进行匹配，处理完成后，记录相应变更部位、变更范围、时间、版本。

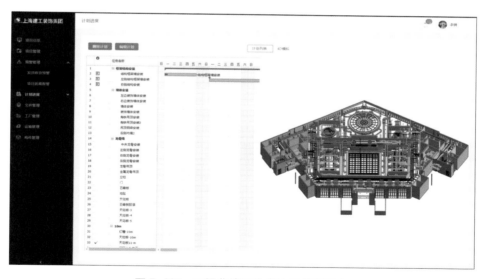

图 7-297 可视化施工进度协同管理平台

7.5.3.3 小结

科技创新是实现社会经济向创新驱动高质量发展转变的主要动力，而数字化是实现创新驱动的重要途径，数字化转型已成为当前建筑装饰行业的必然发展趋势。当代加建筑已逐步从粗放式、碎片化建造方式向精细化、集成化的数字化建造方式转型升级，不断实现数字经济时代下装饰工程的高质量、可持续发展。

同时，在"一手抓疫情防控，一手抓工程建设"的行业特殊背景下，上海市建筑装饰工程集团有限公司通过建立数字化建造体系，整合工程建设技术资源，形成综合优势，实现数字链驱动下工程项目立项策划、规划设计、施（加）工、运维服务的一体化协同，由传统被动式管控向主动式风险管控转变，实现常态化疫情防控政策下对城市更新工程的全过程技术支撑，克服国内疫情常态化防控趋势下项目推进所面临的一系列问题，通过提升项目的数字化信息化管理推动企业数字化转型，不仅仅是建造技术的提升，更是经营理念的转变、建造方式的变革、企业发展的转型，以及产业生态的重塑，对推进建筑装饰产业快速发展具有重大意义。

7.5.4　日本驻沪领事馆旧址保护性综合改造工程

7.5.4.1　项目概况

日本驻沪领事馆旧址保护性综合改造工程（红楼、灰楼）位于黄浦路 106 号（图 7-298），与外滩、外白渡桥、俄罗斯领事馆等历史建筑相连，隔江与陆家嘴金融贸易区相望，所处区段与外滩、陆家嘴形成三足鼎立之势，共同构成"黄金三角"，是黄浦江两岸综合开发重点地区之一，也是中心城区内最为重要的城市更新区段。其建筑面积 2 537m²，待修缮外墙面积约 1 650m²，结构形式为砖木形式，建筑风格为帝国式洋风建筑（带有法国文艺复兴样式特点），保护类别为二类。

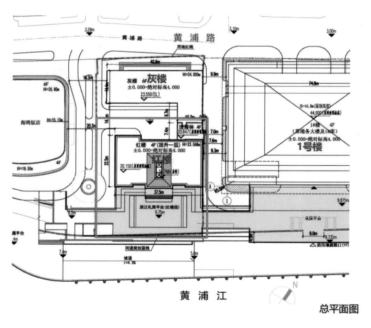

图 7-298　地理位置平面图

7.5.4.2 数字化建造应用点

本项目保护要求为二类。根据《上海市历史建筑风貌区和优秀历史建筑保护条例》第二十八条，二类保护要求"建筑立面、结构体系、基本平面布局和有特色的内部装饰不得改变"；根据保护管理技术规定，本项目环境保护重点部位是南立面、东、北立面；内部保护重点是一、二层南向房间、东部楼梯；修缮前应认真考证原始设计资料及施工工艺等，重点保护部位应严格按照原样式、原材质、原工艺进行修缮（图7-299）。

图 7-299 红楼立面图

为应对黄浦路106号保护性综合改造工程一期项目对建筑外立面保护性修缮的要求，本项目采用无人机航拍及其配套技术检测外墙立面现状，为改造打基础。通过无人机航拍技术对大楼进行无接触式的勘查，同时拍摄照片和视频，对大楼现状进行充分的资料收集工作，降低了人工勘察的成本，提高了勘察阶段的效率。

1）数字化勘测技术软件选择

本项目航拍路径规划、参数设置及数据采集工作等工作，选用 Pix4Dcapture 软件，3D 模型的重建工作，则选择 Bentley 公司旗下的 Context Capture 系列软件。

2）无人机航拍工作技术路线分析

（1）项目环境调研。

根据地图和现场踏勘，考察项目周边有无超高建筑，是否人员密集。在项目正常实施前，飞机起降场地选择周围半径3m无高大的树木或其他建筑物的地点。

（2）飞行航线规划。

① 航线规划——根据地图了解飞行地点周围的建筑物高度、密度，然后根据环境需要设定其飞行路线及飞机失控后的行为动作，如果设置为失控返航，就必须设置一个比较合理的返航高度，避免飞行器在自动返航时碰撞到建筑物而导致炸机。

② 作业过程中，操控人员则时刻观看遥控器上的显示器，要特别关注姿态角、俯仰横滚姿态角、高度、星数、电压等参数。

（3）航拍前备案申请。

根据项目环境调研确定拟采用无人机型号，无人机飞行路线和飞行过程拟采取的措施形成无人机技术方案飞行前预先向相关部门提出申请（图7-300）。在向相关部门申请时请业主协调相关关系，使申请便捷快速。

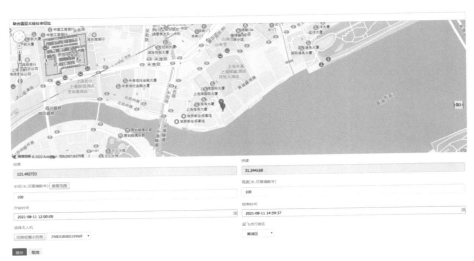

图 7-300　无人机备案申请

（4）航拍照片及视频。

本项目现状外立面经无人机勘察发现外墙存在脏污、龟裂、裂缝、脱落、色差等问题（图7-301）。

（a）破损　　　　　　　　　　　　　（b）脱落

（c）色差

（d）脏污

（e）窗框锈蚀

（f）裂缝

图 7-301　外立面勘测图像提取与劣化情况分析

相较三维效果图，航拍视频更为真实（图 7-302），为项目改造提供全面的可视化、直观影响资料等，具体的反映项目和周边建筑群的全貌。

3）720° 全景技术应用

720° 全景即水平 360° 和垂直 360° 环视的效果，在照片基础之上通过软件处理之

图 7-302　航拍视频截图

后得到三维立体空间的 360° 全景图像（图 7-303），能给人以三维立体的空间感觉，使观者犹如身在其中，最大限度保留了历史保护建筑的真实性。通过无人机勘察发现黄浦区 106 号项目外立面出现脏污、龟裂、裂缝、空鼓、脱落、色差等问题的照片合成到 720° 全景内，可以真实反映建筑劣化情况并且结合远近景特写照片，可确定修缮位置、修缮内容，进而用于制定外立面修缮方案。结合设计单位的修缮设计文本即可为本项目量身定制各类修缮专项方案。

图 7-303　720°全景外立面展示

此项目应用 720° 全景技术达到了以下效果：

（1）现场任意角度查勘。

通过自动全景加局部手动近距离拍摄的方式拍摄了近 1 000 张照片后生成的图像模型。基本实现可以场地任意角度查看的要求，通过设置相应位置按钮实现场景切换。

（2）局部放大勘察。

通过手动近距离拍摄的方式可对画面重点部位进行细节处的放大。

（3）施工工艺标准。

在重点破损部位可添加文字标注，确定施工工艺，使实施人员快速便捷地了解破损部位并对其进行精确修缮（图 7-304）。

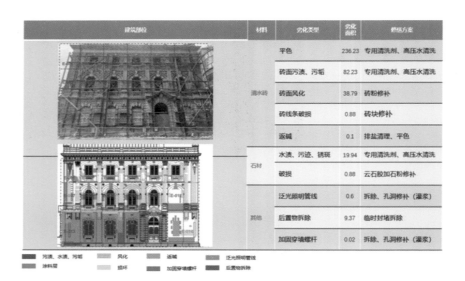

图 7-304　外立面修缮内容精准分析表

4）信息存档

无人机获取的所有照片、视频、模型都可以进行数字化存档，对于历史保护建筑来

说数字化的存档方式更清晰、直观。记录历史，展示文化，载托灵魂，才是历史保护建筑的真正意义和价值。

7.5.4.3 小结

在以往历史保护的项目中，经常遇到历史保护建筑本体周边地形环境复杂，人们无法仔细直观地观察项目的每个部位和细节，像本项目这种在没有搭建脚手架之前人们无法查看破损程度或者局部花饰的近况。而无人机可为我们解决上述困难。相信随着无人机的发展和相关软件的不断进步，历史保护建筑修缮工程会进入一个全新的数字化时代。

7.5.5 上海虹口大楼修缮工程

7.5.5.1 项目概况

虹口大楼于1929年建成竣工，原名虹口大旅社，于1999年被列为上海市第三批优秀历史保护建筑，保护类别为三类。本项目立足于对海宁路449号虹口大楼进行保护修缮、周边环境整治，恢复历史建筑原有风貌。并在此基础上，通过功能更新、南部扩建、设备更新等技术手段，使大楼在传承历史，延续文脉的同时满足现代精品酒店功能需求。因此本次修缮施工的重点是保留和维护当时的建筑风格，保护好历史文化遗产，恢复并完善建筑功能。

本大楼的各外立面为外部重点保护部位，因此，在制定本大楼修缮方案时，我们需要遵循以下五个原则，旨在恢复文物建筑的历史原状，精准把握年代价值与时代特色。

① 真实性——实地勘测、获取真实现场数据。

② 可追溯性——修缮实施方案三维可视化真实记录。

③ 可再生性——延续历史保护建筑生命。

④ 可识别性——修缮后者与原状态保持相对可识别性。

⑤ 可逆性——可拆除修缮，保证历史建筑无损伤。

7.5.5.2 数字化建造应用点

团队通过对本项目的详细分析，建立了以BIM模型为基础的建筑外立面修缮数字化建造技术路线，将数字化建造技术应用于整个修缮策划工作的勘察、设计、施工及竣工验收过程（图7–305）。

在本项目中，我们拟采用无人机航拍技术、720°全景分析技术、三维测量及逆向建模技术、BIM模型设计技术、3D打印及多轴雕刻技术、脚手架设计与分析等应用点，将数字化前沿技术与建筑修缮传统技术融合应用。

勘察	设计 + 深化	加工	施工
· 无人机航拍 · 720°全景	· 三维扫描 · 逆行模型创建 · 深化模型	· 3D打印 · CNC雕刻	· 四坡屋面修缮 · 爱奥尼柱帽复原方案 · 楼梯扶手栏杆修缮

图 7-305　数字化建造技术路线示意图

1）无人机航拍及 720° 全景分析

前期勘察在历史建筑保护工程中是一项不可或缺的环节，科学、严谨、准确的勘察工作是制定可操作性的修缮方案的重要前提（图 7-306）。拟应用无人机航拍技术对建筑外立面进行全局拍摄，对本大楼原有材料的材性、特征、纹理、工艺进行认定，并

图 7-306　720°全景图二维码查看

录入至可视化平台中，对传统工艺进行原样修复策划及方案论证（图 7-307）。

详勘立面米格划分图

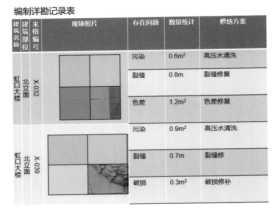

图 7-307　立面查勘修复方案策划示意图

2）三维扫描与逆向建模

因本大楼外立面经过多次修缮工作，图纸与现场存在较多差异，已无法作为设计依据。因此在设计阶段，团队应用三维扫描与逆向建模技术对本项目外立面进行精确测绘

工作，通过三维扫描数据与模型进行整合比对，对比点云模型与历史文献资料，了解历史资料与现在的整个外立面，确认整体修缮重点。分析特殊位置构件的造型。局部位置依据点云模型进行逆向构件创建，直接进行局部构件的重建与修复（图7-308）。

图 7-308　点云模型与 Revit 模型整合对比图

3）脚手架搭设方案设计

团队应用 BIM 模型设计外墙脚手架的布置方案，并出具计算书。考虑建筑整体高度以及周边环境，我们拟搭设盘扣式双排脚手架，底层设置安全行人通道，外侧设置防尘网，并保证避免高处坠物及扬尘从而影响安全另外考虑到保护建筑的外立面的重要性，脚手架的墙面拉结节点均设置在窗户处，利用室内的楼板作为脚手架的拉结固定点，确保外立面的完整性（图7-309）。

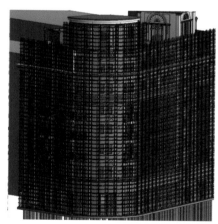

图 7-309　脚手架布置方案及设计计算

4）坡屋面修缮

对于构造较为复杂的四坡屋面修缮，团队对屋面现状进行倾斜摄影等测量后，将现状进行模型重建，然后通过修缮要求进行整体施工工艺的拆分模拟，通过对比分析方案的可行性。此方法直观高效，在施工过程中可以高效地与工人直接进行三维模型的对接（图 7-310）。

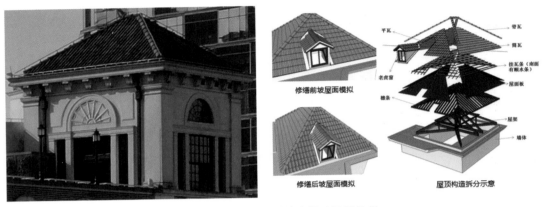

图 7-310　三维建模技术辅助屋面修缮

5）爱奥尼克柱修缮

通过现场勘查发现爱奥尼克柱柱头涡轮被水泥砂浆抹平，经过分析应首先剔除被覆盖的水泥砂浆，然后对露出的原饰面层进行清洗，最后用原材料对柱头进行修补。

为避免施工人员因不熟悉柱头纹路，在剔凿过程中对原构件进行二次破坏，团队用手持三维扫描仪对柱头局部进行扫描，将采集的数据逆向建模，恢复与现场同比例的三维模型，由设计师根据构模型构件的大小结合古典柱式的比例绘制贴合原构件的数字化模型，再提取轮廓线图案在现场柱头上精准放样，帮助施工人员进行剔凿。最大程度减小对原构件的破坏（图 7-311）。

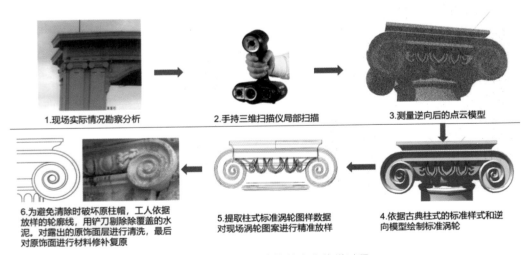

图 7-311　爱奥尼克柱数字化修缮过程

6）楼梯栏杆修缮

通过现场勘查拍照，分析出楼梯的栏杆与扶手都存在不同程度的损坏，针对脱漆、污染、等情况，团队利用手持三维扫描仪取不同楼层的相同位置构件进行扫描，对采集的点云数据进行处理，利用工业软件逆向建模，经过调整使构件模型能与现场确实部分进行无缝贴合。然后提取模型的特征数据输入 CNC 多轴联动机床雕刻加工，这样可以对丢失、破损的构件进行 100% 的还原。同样的数字化生产加工方式，也可以结合 3D 打印技术用于吊顶石膏线、装饰木构件、室外的各种装饰造型构件修复（图 7-312）。

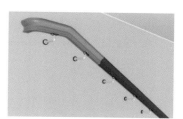

（a）取相同构件扫描　　　　（b）扫描点云数据逆向　　　　（c）逆向模型与原扶手整合

（d）特征数据提取　　　　（e）输入 CNC 机床雕刻　　　　（f）成品加工完成

图 7-312　楼梯栏杆数字化修缮过程

7）3D 打印构件

通过无人机航拍勘查发现，屋顶部分的亭台损坏严重，外饰面出现裂缝、残缺状况。团队通过三维扫描结合原设计文件。为了验证深化效果，对屋顶亭台进行了 1∶50 的实体模型的打印，使各方参与单位对修复效果有了更直观的认识，也使深化设计成果更能快速地得到业主管理方与设计咨询团队认可（图 7-313）。

图 7-313　屋顶亭台 3D 打印

8）修缮数据存储

对于既有建筑改造项目，可追溯性是一个非常重要的原则，为了便于项目数据存储，我们利用可视化模型进行数据关联存储，做到信息存储直观清晰。通过无人机勘察了解现场立面建筑物的表面纹理情况，将现场勘察内容进行记录分类，不同分类的修缮方案通过文本记录，文本内容包括：修缮时间记录（第几次修缮）、位置、问题描述、现场图片、修缮方案、修缮完成后的图片等。运用 Revit 软件对外立面模型进行 1m 分格划分。将 1m 划分的模型按分类情况进行颜色分类，标记，同时与修缮文本信息进行链接关联（图 7-314）。

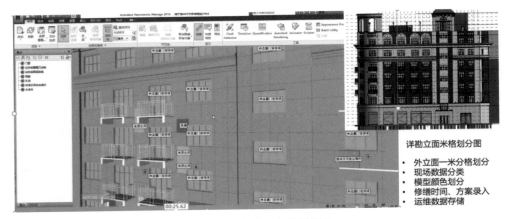

图 7-314　修缮方案数据保存

7.5.5.3　小结

虹口大楼的外面修缮数字化建造技术工作策划，是通过数字化前沿技术与装饰专业技术的融合应用，将基于 BIM 模型的数字化建造技术贯穿于整个修缮策划工作的勘察、设计、施工及竣工验收过程，形成了体系化的历史保护建筑全数字化的修缮的方法与工作流程，为既有建筑改造及历史保护建筑修缮提供了积极的参考示范效应。

7.5.6　城隍庙馒头店改造工程

7.5.6.1　项目概况

南翔馒头店位于老城隍庙九曲桥畔（图 7-315），创始于光绪二十六年（1900 年）。其建筑历史悠久，经过多次改扩建，原来的建造格局不符合现在的经营需求。建造由四幢房屋组成，四幢房屋之间采用连廊连接。改造工程的施工范围为船舫楼、九狮楼和食品商店。

图 7-315　城隍庙馒头店实景照片

7.5.6.2　数字化建造应用点

三维扫描技术应用。

三维扫描配合逆向建模不仅可以逼真再现古建筑的风貌，而且真实地保存了建筑物室内外一体的尺寸及结构特征，可以方便快捷地提取建筑的各种结构数据和尺寸。这些数据是进行古建筑文物数字保护的基础，通过真彩色三维点云数据，可以清晰展现建筑的梁柱结构，对于建筑变形监测以及修复重建有重要的意义。在本项目中，项目团队从改造前期就应用了三维扫描技术，结合相关制图建模软件和虚拟现实技术辅助历史建筑的改造修复工作（图 7-316）。

图 7-316　三维扫描点云图

本项目结构类型为砖混结构，屋檐造型大多采用不规则造型，立面复杂，这样的造型和设计风格给测量带来高难度，项目部采用三维激光扫描技术，对老建筑进行全面扫描测量，毫米级精度测量保证测量结果符合需求。扫描完成后，可导入 CAD、3ds Max、Revit、arcGIS 等平台，达到数据的一次采集，多次利用。

三维扫描技术将九狮楼的异形结构通过扫描将相关空间坐标、结构等参数信息获取处理，通过扫描，工作小组在深化设计前期及施工过程中解决了以下问题：

（1）通过点云模型及施工图模型进行对比，纠正施工偏差。

（2）通过模型的可视化功能优化装饰设计方案，提高图纸质量。

经对比分析：九狮楼门头和门窗的修缮改造，很好的还原了改造前的造型特征、吉兽、飞檐、瓦当等，但是与老建筑相比，在一些具体构件的位置和造型方面还是存在偏差。

三维模型和点云模型实际尺寸复核及结构误差分析，纠正现阶段施工中的深化设计图纸，为图纸的准确性提供依据，然后再整合深化设计模型和三维扫描模型，再次复核验证深化设计的准确性（图 7-317）。

图 7-317　三维扫描点云图和三维建模比对

7.5.6.3　小结

通过三维扫描技术，高效地完成施工现场的数据采集，并且数据准确，精简现场工作只需在现场进行扫描工作，对比偏差与测量可在后台完成，有效地、完整地记录了工程现场的复杂情况，提高了作业人员的作业效率，降低了作业人员的危险作业率。三维扫描是连接数字模型和工程现场的纽带，有效的推进建筑可视化模型应用于现场管理，提高工程精细化管理水平。

7.6 幕墙工程数字化建造技术应用实践

7.6.1 成都天府机场酒店幕墙工程

7.6.1.1 项目概况

本项目由一座地上 10 层高星级和一座地上 10 层次高星级旅客过夜用房以及合围的 2 层公用裙楼构成，总建筑面约 132 221m²，建筑高度最高为 37.8m，装饰性构件最高点高度为 43.55m。其中建筑外立面幕墙装饰工程约 8 万 m²，包含 3 个建筑单体，1# 楼高星级酒店、2# 次星级酒店楼、3# 楼公共裙楼包含 GTC 通道连廊，主要幕墙系统包括：飘顶蜂窝铝板系统、框架式玻璃幕墙系统、单元式窗系统、石材幕墙系统、陶瓦屋面系统等（图 7-318）。

图 7-318 成都天府机场旅客过夜用房整体效果图

7.6.1.2 数字化建造应用点

1）数字化应用

（1）幕墙可视化展示。

幕墙系统分布全方位表达，清晰明了地展现建筑外立面效果，并将建筑的特色和代表性部位直观、形象地展示，而非抽象的二维图纸，更为直观、清晰，也为项目竞标加分（图 7-319、图 7-320）。

图 7-319 天府之眼可视化展示

图 7-320 主要幕墙系统图

（2）幕墙系统构造连接。

本项目 1# 楼、2# 楼主要幕墙系统包含飘顶铝板系统、框架式玻璃幕墙系统、单元式窗系统、石材幕墙系统，3# 楼公共裙楼主要包括扇形陶瓦屋面系统等。工程体量大，幕墙系统多，合理优化幕墙系统的构造连接方式成为建筑幕墙品质保障。

根据施工组织设计对施工步骤和工艺进行模拟，从而确定合理的施工方式用于指导施工。利用三维动画工艺模拟的特点，将 BIM 软件与施工工序、工法相结合，对项目中的难点及重点进行提前预演，给施工提供参考，具有非常强的指导性，为幕墙节点的材料规格、搭接方式、收口形式提供清晰的解决方案，相较二维图纸和文字描述更直观清楚。

飘顶铝板系统：本系统位于 1#、2# 楼屋顶圆环飘架，开缝体系。侧面飘带和底面面板采用 25mm 厚蜂窝铝板。铝板氟碳喷涂处理。顶面面板采用 3mm 厚铝单板（氟碳喷涂处理），灯槽处采用 3mm 厚铝单板。

系统主要构造工艺流程：网架下弦球主体结构上焊接幕墙连接件→安装幕墙主龙骨→安装幕墙次龙骨→蜂窝铝板采用小单元式，工厂整体制作现场吊装→依次安装蜂窝铝板（图 7-321）。

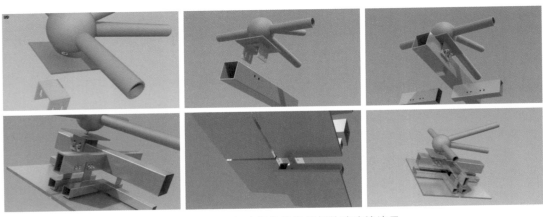

图 7-321 飘顶超大规格蜂窝铝板构造连接演示

全明框幕墙系统：本系统位于 1#、2# 裙楼二、三层客房外立面玻璃幕墙，3# 楼部分外立面玻璃幕墙。竖龙骨采用 120mm×65mm 的铝合金立柱，横龙骨采用 100mm×65mm 的铝合金横梁。铝合金外盖同塔楼客房外饰，铝合金盖板与龙骨之间设置 6mm 厚隔热垫块。立柱跨度为 3 600mm，按单跨简支梁设计。面板选用超白双银中空双夹胶玻璃。楼层梁及墙体背衬板选用 2mm 厚粉喷铝单板。

系统主要构造工艺流程：主体结构上按幕墙连接件→不锈钢连螺栓连接幕墙主龙骨→安装铝合金立柱芯套→安装幕墙铝合金横梁→安装层间保温棉及层间防火层安装层间背衬铝板→安装玻璃面板→安装铝合金外装饰条（图 7-322）。

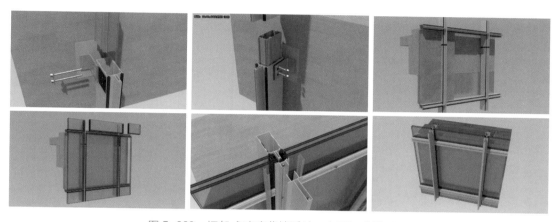

图 7-322 框架式玻璃幕墙系统：全明框幕墙系统

开放式石材幕墙系统：本系统位于 1#、2#、3# 楼一层及一层夹层墙体外立面，蘑菇石石材幕墙为不锈钢背栓挂接，形式，开缝体系。立柱为 160mm×60mm×6mm 镀锌钢方管，横梁为 56mm×5mm 镀锌钢方管，钢型材材质为 Q235B。立柱按简支梁模型设计。背衬板选用 2mm 厚粉喷铝单板，挂件为阳极氧化铝合金型材，挂件等级：6061-T6。

系统主要构造工艺流程：安装幕墙钢立柱→安装钢立柱连接角码→安装钢横梁→安装 2mm 铝板防水板→安装石材面板连接件→石材面板上安装背栓连接件→安装石材面板（图 7-323）。

（3）工程量统计。

建筑幕墙建造实施过程中，幕墙面积数量往往是一个变化值，贯穿整个全生命周期过程。如果仅为统计幕墙面积数量，建立 LOD200 精度的模型即可。传统根据 2D 图纸算量，对于二维图纸难以表达的位置，其计量结果存在一定主观因素，从而导致测算结果不够精确。

成都天府国际机场旅客过夜用房项目通过建立幕墙 BIM 信息模型，运用模型统计幕墙面积，能较准确统计幕墙面积数量及种类。对于一个工程而言，一个工程的计量工作包含投标、施工、结算等不同阶段，每个阶段如果都从零开始将项目整体工程量测算一

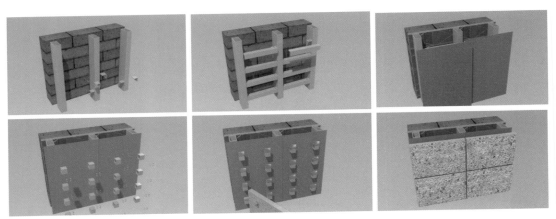

图 7-323 开放式石材幕墙系统连接演示

遍，无疑会造成重复劳动。

　　基于 BIM 信息模型的工程量计量，是依托于模型信息化的属性，直接由模型导出工程量，计算的精度则完全取决于建模的精度，准确度的可控性更高。成都天府国际机场旅客过夜用房项目作为公司的重点项目就在投标阶段运用了 BIM 信息模型计算工程量，在计算效率和计算精度上都有了较大的提高（图 7-324）。

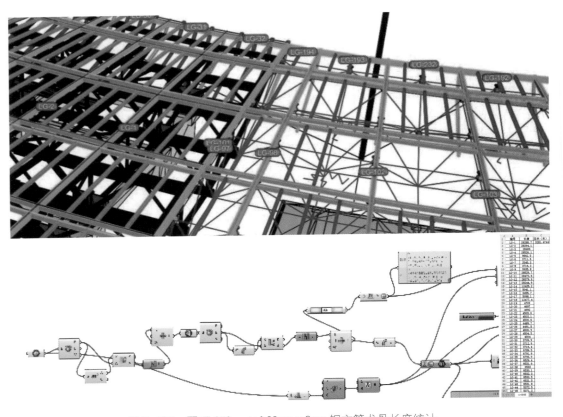

图 7-324 飘顶 250mm×120mm×8mm 钢方管龙骨长度统计

对于天府之眼曲面铝板面积统计算量，用传统公式方式计算曲面铝板面积时效率较低、准确率难保障，利用 Rhino 软件建立模型作为幕墙算量依据，在幕墙建模时候采用单面建模方式，建立曲面铝板，将幕墙面板按材质进行分类，设置不同颜色或图层加以区分。再通过 Area 指令，读取已建立模型的面积、长度、数量等信息，进行汇总算量，在投标阶段建立 LOD250-300 精度的模型用于工程算量统计，后期施工阶段再在之前的模型基础上深化模型，根据最终的施工图纸完成加工深度的模型，BIM 模型贯穿于幕墙施工全过程使用，极大地提高了工作效率（图 7-325）。

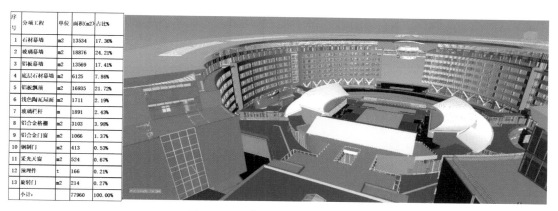

序号	分项工程	单位	面积(m2)	占比%
1	石材幕墙	m2	13534	17.36%
2	玻璃幕墙	m2	18876	24.21%
3	铝板幕墙	m2	13569	17.41%
4	底层石材幕墙	m2	6125	7.86%
5	铝板飘顶	m2	16935	21.72%
6	浅色陶瓦屋面	m2	1711	2.19%
7	玻璃栏杆	m	1891	2.43%
8	铝合金格栅	m2	3103	3.98%
9	铝合金门窗	m2	1066	1.37%
10	钢制门	m2	413	0.53%
11	采光天窗	m2	524	0.67%
12	埋埋件	t	166	0.21%
13	旋转门	m2	214	0.27%
	小计		77960	100.00%

图 7-325　幕墙工程整体面积统计

2）天府之眼整体提升安装关键技术

架设在两栋独立酒店之间的天府之眼造型整体跨度 45m，底面悬空高度 30m，钢结构与幕墙总重量将超百吨重，选择配合钢结构进行吊装的方式是一个难题。其次，超大跨度柔性结构吊装后发生变形，后续幕墙如何准确安装也是一个难题。再者，钢构穿越幕墙对应的防水处理方式及单块超 5m² 大玻璃安全性也是难题。

因此技术团队采用了集成提升方案，在钢结构专业提升前，完成幕墙龙骨及铝板安装，配合钢结构专业进行整体提升。极少量的收口铝板都采用登高车安装，玻璃作为脆性材料，通过专项设计，吊装后在室内安装。形成系统周全的实施方案（图 7-326）。

图 7-326　集成化提升方法

（1）信息提取。

施工过程中，连廊部分与天府之眼分别采用分段吊装，两者构成角度不同，交接位置的玻璃开口尺寸也不一样。因此，通过对吊装后的钢结构进行 3D 扫描，确定现场柔性结构的变形量，从而实现幕墙材料的精确下单（图 7-327）。

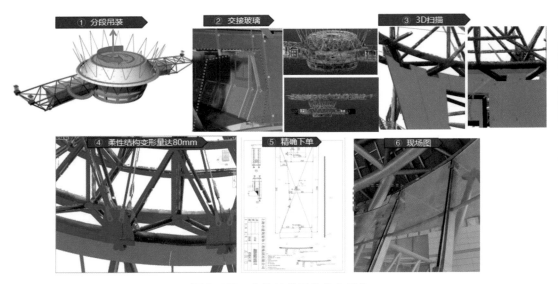

图 7-327　主体结构吊装信息采集

（2）曲面优化。

天府之眼立面玻璃为上下半径不等的圆锥体，通过 BIM 的可视化编程算出最贴近圆锥体的圆柱体单曲模型，优化前后角度最大高差为 4mm，满足玻璃幕墙面板安装，从而节约玻璃加工制作成本（图 7-328）。

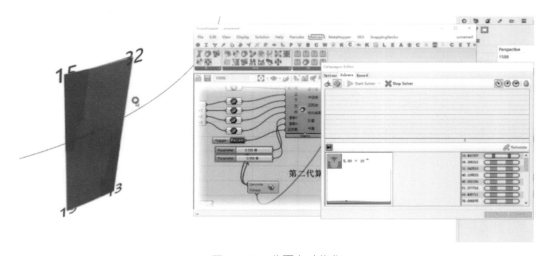

图 7-328　曲面自动优化

天府之眼存在双曲钢龙骨，通过参数化技术优化为单曲龙骨，节约加工成本，提取双曲龙骨两个弯曲面拱高，经分析图发现两个面的拱高分布较接近，拍平任意一个曲面，将双曲面龙骨优化成单曲面龙骨，优化前后龙骨端部最大有15mm高差，满足铝板幕墙安装（图7-329）。

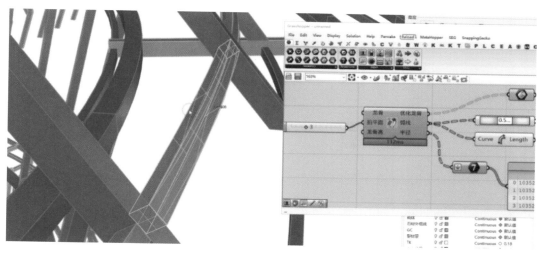

图7-329　龙骨优化

3）装配化幕墙安装

本项目单元板块类型多，存在多处高空作业，安全隐患多、危险性大；其次，单元窗与石材幕墙同时施工，交叉作业多，易发生高处坠落、物体打击等安全事故。因此，本项目1#楼、2#楼单元窗幕墙系统在前期方案阶段尝试采用机器人从室内安装单元板块的方式，进行单元窗幕墙系统安装（图7-330）。

图7-330　机器人在施工现场样板安装照片

本系统幕墙安装采用机器人、吊篮、脚手架进行施工安装，室内采用装配化机器吸住玻璃幕墙板块，安装到相应位置，室外再进行辅助安装。装配化机器设备长 2 455mm、宽 1 630mm、高 2 120mm，起升高度 4 500mm、额定荷载 1 600kg。本项目由于是高星级酒店，其室内隔墙较多，若采用机器人安装方案，须有一定的室内行走空间，须在内装隔墙完成前，完成幕墙单元板块的安装。

通过机器人方案的实际操作，从中发现实际问题，总结了机器人安装方法及实际施工中需具备的条件，天府机场旅客过夜用房项目数字化实践应用中申请《单元窗的安装机器人》《模块化单元窗的安装装置》《模块化单元窗的安装方法》等多项发明专利。

7.6.1.3　小结

数字化建造技术在成都天府国际机场酒店幕墙工程上的成功应用不仅为项目的实施提供了便利，解决了施工定位安装难题，还通过模型进行幕墙下单的方式提高了材料下单的准确率。通过将设计成果进行数字化生产加工、安装，形成了设计、采购、制造、建造多方面的数字化运用技术，高效提升产业链的施工效率，有效地节约了工期和成本，在天府机场酒店大体量、高标准的装饰工程建造中，取得了显著的成效。

7.6.2　上海上音歌剧院幕墙工程

7.6.2.1　项目概况

上音歌剧院坐落于上海音乐学院东北角（图 7-331），总建筑面积约 30 000m²，地上 5 层，地上部分主舞台建筑高度 34m，幕墙面积总计约 15 000m²，其中超高性能混凝土 UHPC 为本项目主要分项工程面积约 7 000m²，该材料用于外幕墙在上海为首次采用，其中新材料的材料论证及大量单块面积达 6m² 的大板块 UHPC 板的高空吊装作业成为工程施工重点及难点。

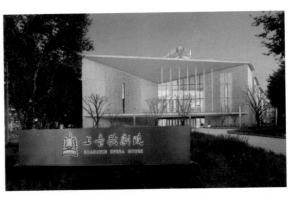

图 7-331　项目效果图

上音歌剧院项目在众多参建单位中，建设单位为上海音乐学院，设计单位为同济大学建筑设计研究院（集团）有限公司联合徐风工作室 & 法国包赞巴克设计事务所进行建筑设计，总包单位为上海建工四建集团有限公司承建主体结构施工，上海市建筑装饰工程集团有限公司负责外幕墙施工及屋顶 GRC 钢结构施工。

7.6.2.2 数字化建造应用点

1）投标阶段的数字化应用

（1）三维幕墙系统分布展示。

三维幕墙系统动画和效果图，清晰明了地体现建筑外立面效果，并将建筑的特色或代表性部位直观、形象地展示，让业主与评标人员对建筑的构造更加清晰地理解（图7-332）。

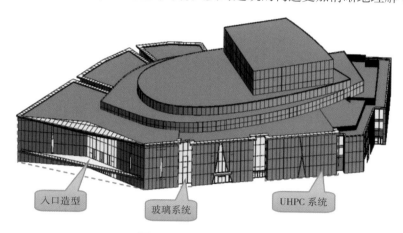

入口造型　　玻璃系统　　UHPC系统

图7-332　BIM表皮模型

（2）面积统计。

工程量计算在幕墙投标工作中占有举足轻重的地位，传统的工程量计算都是由造价人员手工或辅以简单的办公软件来完成的，计算精度完全取决于计算人员的计算能力，当遇到复杂的项目时，通常需要两方甚至三方人员共同计算工程量，以保证计算结果的准确性。基于BIM信息模型的工程量计算，是依托于模型信息化的属性，直接由模型导出工程量，计算的精度则完全取决于建模的精度，准确度的可控性更高。上音歌剧院项目作为公司的重点项目就在投标阶段运用了BIM信息模型计算工程量，在计算效率和计算精度上都有了较大的提高（图7-333）。

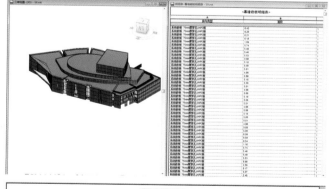

图7-333　BIM统计工程量

（3）系统构造连接。

本项目新材料超高性能混凝土 UHPC 为国内在幕墙上的首次使用，对于新材料幕墙系统的连接构造设计需进行论证模拟，确保幕墙系统的可行性。幕墙节点和材料规格精细地表达，为搭接、收口等复杂的位置提供清晰的解决方案，比二维图纸和文字描述更能说明概况（图 7-334）。

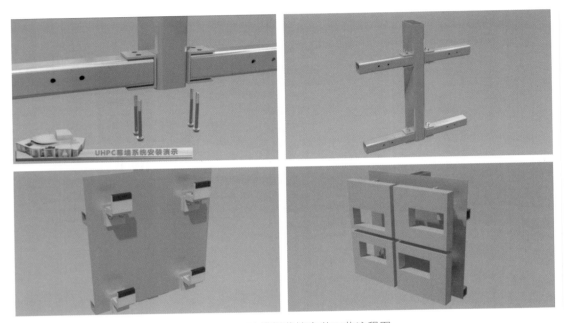

图 7-334　BIM 模拟幕墙安装工艺流程图

（4）施工部署部分。

根据项目的立面效果、施工难度、施工方式等多种因素进行综合分析，以划分施工区域，并对各区域作详细介绍（图 7-335）。

图 7-335　BIM 施工区域划分

第一施工区域：靠近淮海中路主入口，轴线 2-J~2-N、1-13~3-3 位置，本立面分为 3 个施工段进行，UHPC 板幕墙和玻璃幕墙、门头部位三个施工段，前期龙骨安装采用脚手架进行，后期面板安装采用辅助设备配合活动脚手架进行安装。

第二施工区域：沿汾阳路排练厅，轴线 2-B~2-H 位置，本立面主要为 UHPC 开槽板、玻璃幕墙，立面规整全部采用吊篮结合辅助设备进行安装。

第三施工区域：与原教学楼交接区域，主要为UHPC开槽板、洞口窗，考虑交接面复杂性，采用脚手架结合汽车吊进行安装。

第四施工区域：C单体后舞台办公区，主要为UHPC镂空开槽板、洞口窗、玻璃幕墙，工作面内容多，采用脚手架结合汽车吊进行安装。

第五施工区域：屋顶主舞台区域，主要为GRC开槽板，工作面规整，采用脚手架结合辅助设备进行安装。

2）深化设计阶段的数字化应用

（1）模型输出龙骨布置图。

根据深化完成的模型，导出二维立面图，再导入CAD进行标注出图（图7-336）。

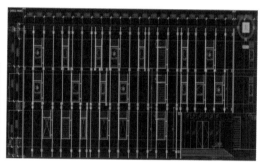

图7-336　BIM模型输出龙骨布置图

（2）钢龙骨信息统计。

前期通过颜色将模型归类，通过颜色可以快速统计模型数量，避免人工手算产生的计算误差，节约成本。对基于Catia输出的物料清单与Rhino模型提取数据进行数据对比确保数据准确，基于Grasshopper可视化编程将钢材进行长度统计及在模型上标记长度数值，作为钢材下单统计及成本校核依据（图7-337）。

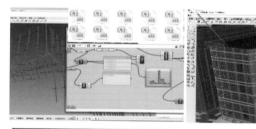

C-1#区				
编号	名称	部位	模型统计	单位
1	120x60x5钢龙骨	立面pc板	647	米
2	50x50x5横梁	立面pc板	830	米
3	300*200*10预埋板	立面pc板	284	个
4	立柱连接角码	立面pc板	568	个
5	横梁连接角码	立面pc板	613	个
6	100x50x6钢方管	檐口pc板	103	米

C-2#区				
编号	名称	部位	模型统计	
1	120x60x5钢龙骨	立面pc板	324	米
2	50x50x5横梁	立面pc板	419	米
3	300*200*10预埋板	立面pc板	145	个
4	立柱连接角码	立面pc板	290	个
5	横梁连接角码	立面pc板	318	个
6	100x50x6钢方管	檐口pc板	103	米

图7-337　BIM龙骨数量统计

（3）铝型材套材统计。

将工程中所有涉及玻璃幕墙铝型材的模型单独提取，对每根铝型材进行编号（图 7-338），统计铝型材总长度及重量；运用 BIM 模型输出 2D 编号图及铝型材套料优化表（图 7-339）。

铝型材定尺加工，所有铝材在铝材型材加工厂实现断料加工，现场按编号图领料安装，节约材料和现场管理成本。

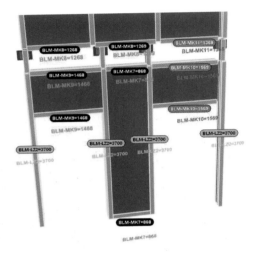

图 7-338　BIM 立柱编号

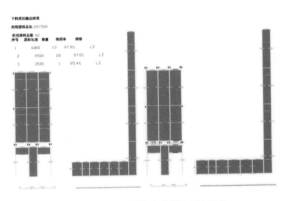

图 7-339　BIM 辅助龙骨切料优化

3）施工建造阶段的数字化应用

（1）BIM + 项目管理。

运用广联达 BIM5D 平台，将 BIM 与 PM 项目管理集成应用（图 7-340），为项目管理提供可视化管理手段。

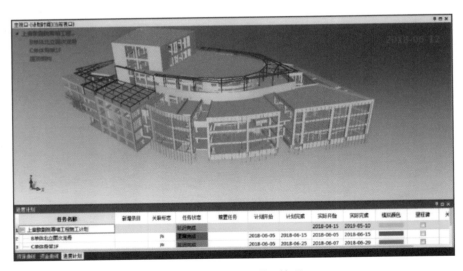

图 7-340　BIM+ 项目管理

通过 BIM 模型与进度计划关联，集成的 4D 管理应用，可直观反映出整个建筑的施工过程和形象进度，帮助项目管理人员合理制订施工计划、优化使用施工资源。为项目管理提供更有效的分析手段。

运用 BIM5D 平台还可以将 BIM 模型与项目管理系统进行关联，充分利用 BIM 的直观性、可分析性、可共享性及可管理性等特性，为项目管理的各项业务提供准确及时的基础数据与技术分析手段，配合项目管理的流程、统计分析等管理手段，实现数据产生、数据使用、流程审批、动态统计、决策分析的完整管理闭环，以提升项目综合管理能力和管理效率。

（2）BIM + 数字化放样。

主入口立面在平面上带有一定角度，主入口斜吊顶与水平面也呈一定角度；因此此位置的幕墙测量定位具有一定难度。选用 BIM 输出数字化坐标点，集成智能全站仪读取坐标点、通过数字化坐标数值进行高效、精确定位（图 7-341）。

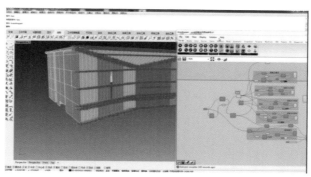

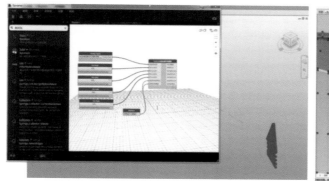
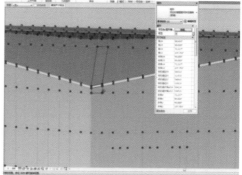

图 7-341　主入口基于数字化的施工定位

将最终安装完工后的幕墙面板，通过智能全站仪读取面板坐标点，通过数字化坐标逆向生成完工后模型。与原始理论模型进行比对，能直观发现施工误差，便于工程质量安装检测。BIM 模型同时包含异形板的加工尺寸及角度数值。将不同类型的幕墙面板转变为可以度量的数字，利用生产设备对此类型的数字提取，也可以完成该幕墙面板的生成加工。

（3）BIM＋3D 打印。

为了营造 UHPC 幕墙像舞台幕布一样打开的效果，因此本项目多处设置了镂空 UHPC 板背衬玻璃幕墙方式，增强立面虚实对比。但存在玻璃外挂 UHPC 板如何固定，外露连接件是否会影响装饰效果等难点。针对这一难点，项目团队设计了新型挂件，该挂件首先具备传统连接件的强度，其次满足上下左右前后三维可调，最后挂件外露具有装饰性。为同时具备上述功能，最终设计的成品更像是一件艺术品（图 7-342）。

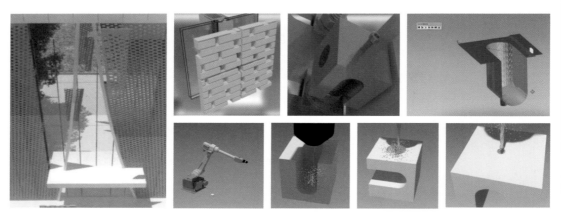

图 7-342　3D 打印六面体装饰挂件

对于此复杂构件的加工，运用 BIM＋3D 打印技术来实现。首先选择对应的打印刀具，对 BIM 模型进行仿真模拟，模拟出数字化的刀具路径。通过对数字化打印路径的读取，依次分层对加工模型进行加工。运用 BIM＋3D 打印技术，将整体构件进行打印，保障加工精度、几何尺寸的准确性及成品加工质量。

（4）碰撞检测。

本项目屋顶造型错落有致，根据建筑表皮造型，按常规龙骨布置，主体结构存在多处不满足幕墙施工位置。将模型检测出来碰撞位置，及时反馈给项目部技术人员，核对现场实际结构完成情况，在幕墙龙骨及面板安装及订购前，解决碰撞问题，避免按理论下单现场结构不匹配造成的材料损失的情况。

（5）可视化施工模拟。

上音歌剧院外立面创新采用 UHPC 超高性能混凝土挂板这一新型材料，实现色调、尺度与周围历史街区建筑相呼应。对新材料的构造和连接方式进行可视化工艺连接模拟，确保施工可行性。吊装措施模拟，本项目 UHPC 面板最大尺寸 1.5m×6m，单块最大面积达 8m²。对超大板块高空吊装作业方法，进行可视化施工模拟。直观展示吊装流程。通过重难点施工方案进行施工模拟，直观展示的设计方案流程，十分方便评审人员对方案可行性进行评估，减少了决策的时间，确保工程顺利实施（图 7-343）。

层间防火层系统模型沿楼层层间水平布置的层间防火层模型

墙体保温系统模型墙体保温在幕墙龙骨制作完成后安装

超高性能混凝土 UHPC 模型 UHPC 面板背后选用预埋套筒与铝合金挂件连接

铝合金挂件底座模型防水板安装完成后用不锈钢螺栓组连接铝合金挂件底座

图 7-343　BIM 施工模拟

4）其他项目难点应用

（1）基于 BIM 模型快速生成无规则穿孔板加工单。

本项目包括包含大量穿孔 UHPC 板，加工单的绘制需要将原始 100mm 高的穿孔统一改成 107mm 高，同时添加板面的开槽；平均单块面板包含 100 个小穿孔，再加工开槽样式添加，传统 CAD 绘制方式的绘制单块鼠标点击量约达到 1 500 次。且面对大量操作准确率难以保证加工精度的 100% 准确。

原始提供的镂空图案为整体图块（图 7-344），后期深化需要按面板进行分割，每块面板需单独提取，如何在一整面镂空图案中，选中想要的单块图案，其操作难度大。通过 BIM 可视化编程（图 7-345），可选择更改其中一个镂空样式更改，再运用程序批量功能批量计算。通过 BIM 程序快速将 4 415 块小镂空图案由 100mm 高统一更改成 107mm 高。

通过 BIM 对批量对三维模型进行实体布尔运算，得到最终镂空图案及正面开槽样式实体模型。通过 BIM 批量完成对面板的编号及外尺寸标注，完成后的编号及尺寸导出 excel 表格。将完成后的三维模型输出 *stl 格式模型进行数控雕刻机 3D 打印雕刻，也可以将完成后的模型输出 *DWG 平面图。

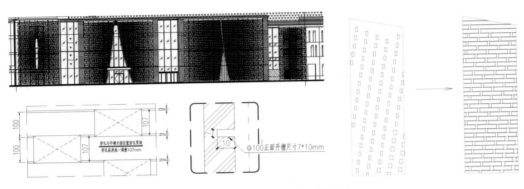

图 7-344　建筑外立面图案

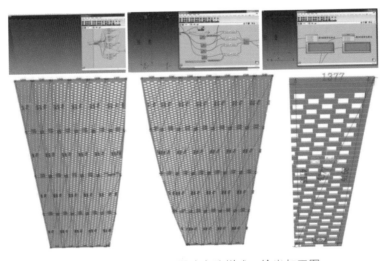

图 7-345　BIM 批量更改穿孔样式，输出加工图

（2）多种标高复杂屋面上解决垂直水平运输装置。

本项目施工场地狭小且存在多种标高的屋面建筑，如果对应的屋面施工材料及大型设备无法及时进行垂直运输，容易造成材料的堆积和不必要的损耗及浪费。同时对于存在多种标高屋面，在屋面高差较大位置，往往需要在不同时间段组织多次垂直运输。因此设置一种可固定架设在高低层屋面之间的垂直吊顶工具，可以垂直和水平运输材料且可根据实际安装位置进行拆卸和移动，实现了吊装工具的重复利用（图 7-346）。

（3）二维码运用。

本项目 UHPC 外墙板超过 7 000m²，有镂空板、刻槽板，多种规格、多种型号，按照

图 7-346　屋顶垂直水平运输装置

传统方式板块加工方便运到工地现场，工人要找板块安装需要花大量的时间。本项目采用项目团队特有的《建筑装饰工程构件加工及安装施工数字化管理系统》打印二维码来管理材料，为项目节约了工期和成本。

通过用户列表添加材料供应商用户名实时跟踪材料生产状况。二维码在材料出库、安装、验收不同阶段通过不同用户扫码，从而在系统里可以实时更新构件状态。将相关各分公司部门及材料供应商纳入平台统一管理，通过二维码实时跟踪材料生产及安装状况（图 7-347）。

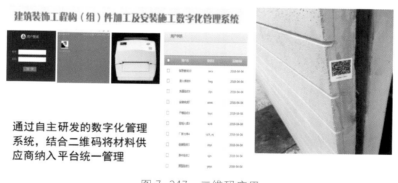

图 7-347　二维码应用

7.6.2.3　小结

数字化建造技术在上音歌剧院项目上的成功运用不仅为项目的实施提供了便利还节约了成本，同时数字化运用技术还获得上海建筑施工行业第五届 BIM 技术应用大赛一等奖。上音歌剧建筑外形像一艘音乐船，造型复杂、高低错层居多、外立面幕墙系统多，加之尚无国家标准的超高性能混凝土 UHPC 板在上海首次使用，难度很大。而且大量的镂空 UHPC 板是挂在玻璃幕墙外面，镂空 UHPC 板镂空率每块板子不一样，最终形成幕布的效果。传统的项目管理方法成本比较高，本项目全程采用数字化建造技术有效节约了工期和成本，并取得了显著的效果。

7.6.3 西安武隆航天酒店幕墙工程

7.6.3.1 项目概况

西安武隆航天酒店项目幕墙工程（图7-348）包含一栋超高层写字楼（1#楼135.45m），一栋一类高层酒店（2#楼70.15m），一栋一类高层公寓（3#楼89.6m），以及配套的商业裙房（4#楼20.55m～5#楼17.6m）。主要幕墙系统包括单元式玻璃幕墙、构件式玻璃幕墙、金属幕墙、全玻幕墙、玻璃栏板、雨篷、入口门、店招等。

整个项目通过不同阶段选用不同软件，完成了数字化建造技术的有效配合。选用Revit平台进行多专业协同建模，通过与土建、机电专业模型整合，深化幕墙面板模型，输出幕墙面板明细表。选用Digital Project平台，进行模型加工与数据转换。选用可视化平台，对复杂系统连接构造及高空作业吊装方案进行可视化施工模拟。选用无人机进行施工辅助，跟踪施工进度，巡查施工质量。

图7-348 外立面效果图

7.6.3.2 数字化建造应用点

1）幕墙系统展示

图7-349 整体模型展示

通过三维模型将建筑的特色或代表性部位直观、形象地展示，而非对着二维图纸自行想象。幕墙系统分布全方位表达，清晰明了地体现建筑外立面效果，并使人对建筑的印象更加清晰。同时，在模型中还可以实现快速测量，截面剖切等功能，便于使用者快速提取信息（图7-349）。

2）数据统计

在模型建立前，我们根据行业 T/CBDA 7—2016 为基准，并且针对本项目要求，建立项目级幕墙 BIM 建模标准。在此基础上进行了幕墙标准模型库的建立，通过调用并变更其中的常用幕墙组件标准模板，自动生成各类型幕墙嵌板。后续生成模型都是由大量幕墙组件组合而成，其中每一个幕墙组件都包含工程信息，例如重量，尺寸，编号，分格等参数。

通过整合模型，我们能够得到所需要的各种明细表，比如板块类型，标准层板块信息明细表，包括型材长度与型材重量明细表，通过统计表将标准板块进行归类合并，得到总板块与各类型板块的数量与面积。对于型材，我们也可以批量统计各类型材的数据并汇总，比如长度，重量，开孔位置以及开孔类型等参数，为后续的工程量计算打下数据基础。

传统的工程量计算都是由造价人员手工或辅以简单的办公软件来完成的，计算精度完全取决于计算人员的计算能力，当遇到复杂的项目时，通常需要两方甚至三方人员共同计算工程量，以保证计算结果的准确性。基于 BIM 信息模型的工程量计算，是依托于模型信息化的属性，直接由模型导出工程量，计算的精度则完全取决于建模的精度，准确度的可控性更高（图 7-350）。

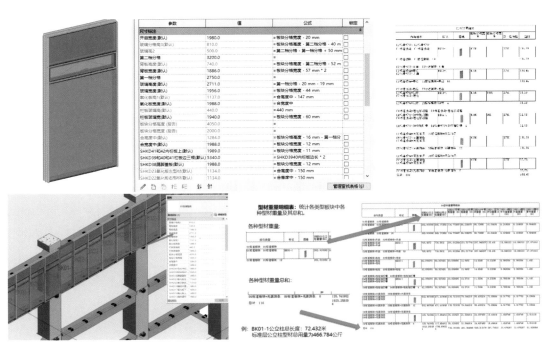

图 7-350　BIM 统计工程数据

3）施工方案优化

对于重难点部位施工，我们针对施工方案在原来的基础上进行了优化。比如 1# 楼裙楼的 11m 高幕墙，采用钢立柱保证幕墙强度；对于 1、2、3# 楼及商业铝板柱铝单板幕墙，采用仿石铝板提高建筑安全性（图 7-351）；针对 2# 楼裙房玻璃幕墙与横向铝板幕墙，采用钢龙骨成品预制减少现场焊接量（图 7-352）。

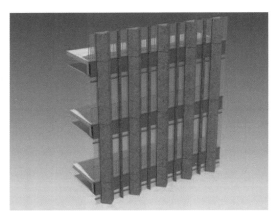

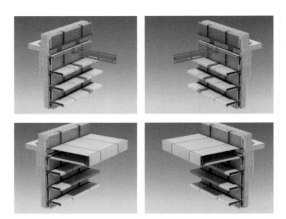

图 7-351　仿石铝板方案展示　　　　图 7-352　预制成品钢龙骨方案展示

4）可视化施工模拟

武隆项目主要的施工重难点在 1# 超高层幕墙部位，四个重点分别是防水性能、立面垂直度、单元体吊装与屋顶层安装。

为了避免超高层强风压下容易造成的雨水倒灌回流，我们用隐藏式排水，并且将立面装饰条由铝板优化为型材，使得室内型材用量减少，内饰效果更简洁，同时层间使用销钉连接，保证立面垂直度不受影响。此外，装饰条板块由原规格的一条一块优化为两条一块，提高吊装效率。

为了确保幕墙板块与屋顶层铝板吊装的可行性，我们使用可视化施工模拟精细地表达幕墙节点和材料规格，为搭接、收口等复杂的位置提供清晰的解决方案。

由于现场屋顶层悬挑长度有限，直接从屋顶层起吊的话板块容易与结构碰撞受损，因此我们重新设计了吊装方案，并进行动画模拟，比二维图纸和文字描述更能说明概况。通过制作视频可视化的方式，直观地展示方案的效果。

从板块进场开始，到达在指定地点后通过新添加的层间炮车进行起吊，当炮车将板块吊至指定楼层时，安排工人进行吊钩更换，再由屋顶轨道平移板块到指定位置完成安装（图 7-353）。

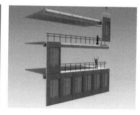

图 7-353　吊装流程模拟

　　板块吊装完成之后，还要保证幕墙的防水性能，产生幕墙渗水的原因有很多，除了现场的淋水试验之外，还要对吊装完成的板块进行蓄水试验，一般是确认隔夜无渗漏后才可进行下一层幕墙的安装。

　　因此，我们针对幕墙蓄水试验制作了施工模拟动画，直观展示的设计方案流程，方便评审人员对方案可行性进行评估，减少决策时间，确保工程顺利实施（图 7-354）。

图 7-354　蓄水试验模拟

　　5）碰撞检测

　　在模型建成后，通过碰撞检测，能够发现许多幕墙与结构的碰撞以及图纸上容易忽略的问题，比如转角处玻璃与结构距离过近，南北面铝板分格不一致，完成面不匹配等。将它们汇总成碰撞检测表（图 7-355），便于在施工前提前解决多项图纸问题。

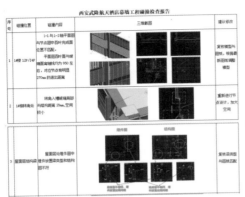
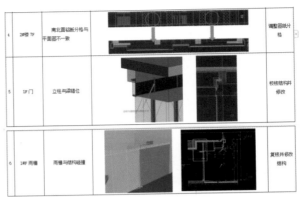

图 7-355　碰撞检测表

6）模型输出加工数据

如手工将型材加工图进行绘制，绘图工作量大，绘制周期长、绘制结果准确性难保障。通过前期建立的模型，为下单提供 1∶1 实体模型，然后通过 DP 输出模型之前添加过的长度，孔位等参数，整理后交由加工厂加工，保障加工准确率，极大提高下单效率（图 7-356）。并且，由于屋面铝板所处位置距地面约 150m，高处施工困难，为了解决这个难题，对屋面铝板进行建模，使用 Grasshopper 划分铝板板块并提取尺寸，加工完成后，在下方进行组装并吊至指定位置，完成施工（图 7-357）。

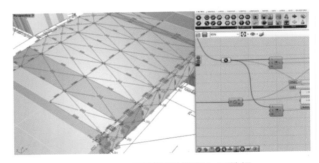

图 7-356　型材 DP 模型加工数据　　　　图 7-357　屋面铝板模型加工数据

7）设计表创建数字模型

常规模型需要调整的时候通常是逐个部位手动进行修改，十分繁琐。为了能够根据数据自动调整最终模型，我们使用了设计表建立数字模型。通过汇总模型关联参数形成设计表，再读取设计表生成幕墙部件模型，最终装配部件形成整体幕墙模型（图 7-358）。

7.6.3.3　小结

西安武隆航天酒店 BIM 的应用使得项目设计和施工的成本管理更加清晰、可控，提高了工作效率，并降低项目实际操作难度。BIM 模型可精确提取工程量信息，实现成本

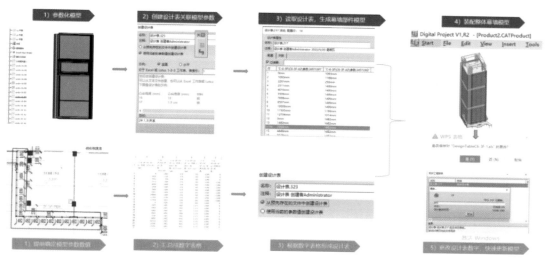

图 7-358　设计表模型建立流程

控制，通过提高效率、提高利用率来减少经济价值的浪费，提高了社会效益。各参建方在项目规划、设计、施工、运维全过程通过一个信息模型协同工作。实现所见即所得，项目设计、建造、运营过程中的沟通、讨论、决策都在可视化的状态下进行。通过 BIM 信息化平台，建立更加公开、透明的政府核查与监督机制。主要得益于 Rhino 和 Digital Project 的辅助使得工程量等更加高效便捷。同时还能减少错漏碰缺，提高工程质量，协同管理提升工作效率，从而提升整体管理水平。

7.6.4　深圳中山大学理工科组团幕墙工程

7.6.4.1　项目概况

中山大学地址坐落于深圳市光明新区（图 7-359），总建筑面积约 51 万 m^2，包括综合服务大楼、大礼堂、理工组建筑群、文科组建筑群、国际学术交流中心、体育综合楼等 15 个建筑单体。陶砖幕墙面积约 19 万 m^2，其中理工一幕墙工程约 10 万 m^2、理工二幕墙工程约 9 万 m^2。幕墙形式包含陶砖幕墙系统、门系统、铝合金窗系统、玻璃幕墙系、石材幕墙系统、铝板幕墙系统、铝格栅系统、铝合金百叶幕墙系统、铝板幕墙系统等。

本项目的重难点主要是外墙工程量大、施工周期短、立面分格小、安装精度高，同时为了延续中山大学老校区的建筑立面风格，如何在项目实施中将新、老建筑元素的完美结合，也是本项目的着重控制点。

图 7-359　外立面效果图

7.6.4.2　数字化建造应用点

1）幕墙系统数字化设计

通过三维模型将建筑的特色或代表性部位直观、形象地展示，而非对着二维图纸自行想象。幕墙系统分布全方位表达，清晰明了地体现建筑外立面效果，并使人对建筑的印象更加清晰。

本项目中拱门有多种尺寸与规格。按照门洞大小进行拱门族分类建模，共有 15 种拱门模型，合计达 119 扇拱门。通过软件可直观看出不同拱门间的差异，并快速统计各种参数（图 7-360）。

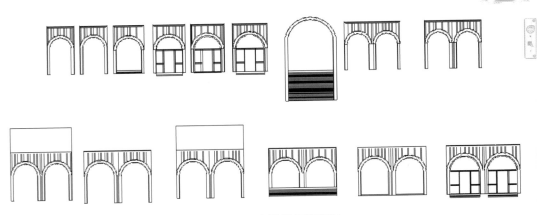

图 7-360　多种拱门预览图

2）正向设计及优化

陶砖柱幕墙的陶砖尺寸、钢丝网和挑件的设置要求均与大面陶砖相同；项目中在陶砖柱的用钢量很大，整体面积占到陶砖幕墙系统的 6 成，结构也比较复杂。并且梁柱外

需增设各种异型挑板，异形结构难施工。

针对以上问题，优化思路的重点是不改变材料且保证立面效果。因此，结合建筑模型进行优化，减轻砖的自重。并且对龙骨连接形式与装配化安装进行了优化。通过有限元计算软件：ANSYS、RFEM 计算整体龙骨（图 7-361）、整体面板（图 7-362）与镂空面板。

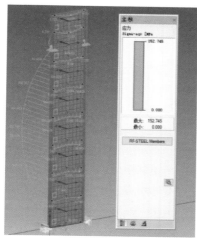

图 7-361　整体龙骨计算

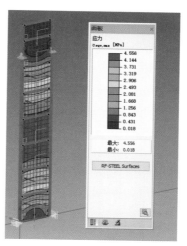

图 7-362　整体面板计算

通过碰撞检测得知结构、龙骨、表皮之间是否存在碰撞，从而进行修改与加工图绘制时的避位。通过 Navisworks 计算得知结构柱中，龙骨与结构横梁发生碰撞，软件也会将碰撞位置高亮显示，方便查看。优化后的结构取消了大量悬挑板，单元幕墙受力合理，抗震性能优异。施工时现场焊接量少，施工简单、快捷，工期短，安全质量容易控制。

3）可视化施工模拟

幕墙节点和材料规格精细地表达，为搭接、收口等复杂的位置提供清晰的解决方案，比二维图纸和文字描述更能说明概况。通过制作视频可视化的方式，直观地展示方案的效果。通过重难点施工方案进行施工模拟，直观展示的设计方案流程，方便评审人员对方案可行性进行评估，减少决策时间，确保工程顺利实施（图 7-363）。

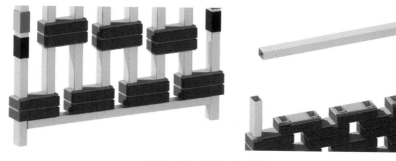

图 7-363　镂空陶砖模拟施工流程

4）埋件正向出图

利用 Revit 平台在软件中进行建筑结构模型与埋件模型的建立，并在 Revit 中进行尺寸标注后，软件就可以自动生成埋件剖面图与埋件类型图，方便快捷，节约大量人力（图 7-364）。

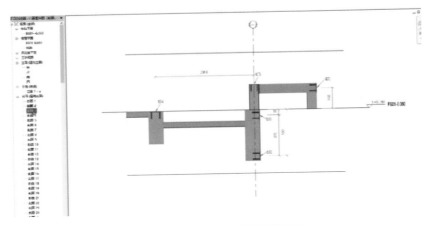

图 7-364　Revit 生成埋件剖面图

5）材料统计与下单

因为在 CAD 图纸中无法直接导出面积数据，可以在 Revit 中通过建立族以及明细表的方式，导出项目用量的具体数值。通过 BIM 模型生成材料明细表（图 7-365），准确统计超大体量幕墙用量，减少材料错定、漏定现象。

本项目钢材用量巨大，通过 BIM 根据安装部位准确计算材料用量，优化采购批次，且项目部按指标进行领料安装，控制损耗率，有效节约钢材 50t。

本项目铝型材用量达 30t，通过 BIM 模型可直观地统计龙骨长度及分布数据对铝型材进行套料，可达到较高的利用率，同时对每根龙骨进行编号，加工厂定尺加工，现场按编号安装，有效节约材料及人工费约 10 万元。

本项目玻璃及拱门石材面板面积约 1.5 万 m²，所有面板先建模，在模型里先虚拟建造，发现问题提前解决，面板数据关联模型尺寸，确保模型准确性，保证面板下单准确率，避免因下单错误造成损失约 10 万元。

族与类型		长度
A	B	C
矩形钢	50x50x4	11271371.796
矩形钢 60x60x5	矩形钢	70732893.456
矩形钢 60x80x6	矩形钢	9400.000
矩形钢 80x40x5	矩形钢	354600.000
矩形钢 80x60x6	矩形钢	1648842.665
矩形钢 80x80x6	矩形钢	40802981.408
矩形钢 90x80x6	矩形钢	581800.000
矩形钢 100x50x5	矩形钢	280543.301
矩形钢 100x60x5	矩形钢	251514.431
矩形钢 100x60x6	矩形钢	7184516.000
矩形钢 120x80x6	矩形钢	4085280.840
矩形钢 140x80x6	矩形钢	941546.389
矩形钢 160x80x6	矩形钢	653692.468
矩形钢 200x100x6	矩形钢	2515906.775
矩形钢 插芯	矩形钢	1392.411

〈矩形钢明细表〉

〈石材明细表〉	
A	B
族与类型	面积
系统嵌板: 石材	10408.61
系统嵌板: 石材FZ	131.01
系统嵌板: 蜂窝石材	1309.14
系统嵌板: 蜂窝石材FZ	1304.56

图 7-365　系统生成材料明细表

6）智慧建造管理平台运用

本项目设计初期将幕墙模型与结构模型进行模型整合，进行碰撞检查，发现问题，及时反映给设计负责人，便于内部的模型及资料体系的传递，提高了模型文件的共享和传递效率（图7-366）。

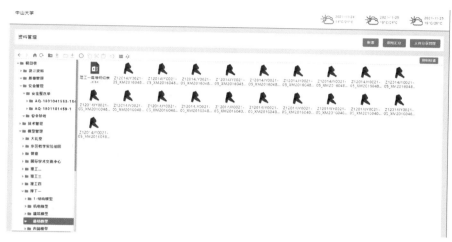

图7-366　共享平台界面

7.6.4.3　小结

BIM模型可精确提取工程量信息，实现成本控制，通过提高效率、提高利用率来减少经济价值的浪费，提高了社会效益。各参建方在项目规划、设计、施工、运维全过程通过一个信息模型协同工作。实现所见即所得，项目设计、建造、运营过程中的沟通、讨论、决策都在可视化的状态下进行。同时还能减少错漏碰缺，提高工程质量，协同管理提升工作效率，建立更加公开、透明的政府核查与监督机制。从而提升整体管理水平。

数字化建造技术在本项目上的成功运用不仅为项目的实施提供了便利，还节约了成本。BIM的应用使得本项目的设计和施工的成本管理更加清晰明了可控，提高了工作效率，解决了常规无法入手异形建筑的问题，并降低项目实际操作难度，使得新人也可以成为工作主力，给公司带来更大的经济效益。

7.7　大型陈列展示工程数字化建造技术应用实践

7.7.1　上海天文馆（上海科技馆分馆）装饰展示工程

7.7.1.1　项目概况

本项目作为上海市"十三五"规划期间建设的一座全球最大且最具国际影响力的大

型天文科普场馆，在提高全国科教文化产业方面具有重要地位。项目位于浦东新区临港新城，总面积 58 602m²，建筑面积 38 164m²，其中地上建筑面积 25 762m²，地下建筑面积 12 402m²，展示面积约 15 683m²。包括一幢主体建筑，以及魔力太阳塔、青少年观测基地、大众天文台、餐厅等附属建筑（图 7-367）。

本项目是展示工程装饰布展总包项目，是从深化设计、施工、制作、布展、安装至完工一揽子项目，项目围绕"连接人和宇宙"的展示主题并达到收藏、研究、展示、教育的功能。

图 7-367　上海天文馆鸟瞰图

7.7.1.2　数字化建造应用点

1）项目数字应用规划

通过 BIM 技术应用实现建安、布展全生命周期的 BIM 技术应用。有效解决项目实施中的重难点问题；优化展区工程效果；提高展区设计深化工作效率；节约工期降低成本，并辅助展区异形部分工程出图、下料、工程量核对；利用可视化模型进行模型协调、会议沟通等工作。让本项目成为打造公共场馆类项目全生命周期 BIM 应用实施案例的典范。

（1）数字化协调流程及模式。

为顺利完成本项目布展阶段数字化建造工作，在项目前期制定了完善的协调管理流程，协调各参与方。共同保证项目的顺利实施。具体协调流程如下：

① 布展装饰总包统筹整理布展、机电、展项单位的施工图，通过 BIM 网络共享平台（Vault）提交至数字化团队。

② 数字化团队收到图纸后，根据施工顺序将各布展、机电的二维图纸实体化，生成三维模型。同时，整合展项、其他专业模型，并将其提交至网络共享平台（Vault），同时

提交相关的问题报告。

③ 监理单位检查三维模型及相关报告，并提交审核报告上传至网络平台。

④ 所有报告线下先同布展总包进行沟通回复，如需多方沟通的问题，在数字化协调会议上进行沟通解决。

⑤ 数字化协调会议中的解决方案，形成会议记录，上传网络共享平台以备查看。

（2）整体模型搭建。

以施工总包 BIM 模型为建模基础，对布展工作范围内的各专业进行深化建模工作，制定完整的上海天文馆布展阶段建筑信息模型标准细则，对制定标准细则目的、BIM 软件规定、模型建模要求、深度、模型如何命名拆分等都做了详细的说明（图 7-368）。

在模型创建过程中进行严格的审查核对流程，保证模型满足要求，模型自身问题、布展及安装设计问题以及专业间的问题，核查无误后再交由相关监理部门（图 7-369）。

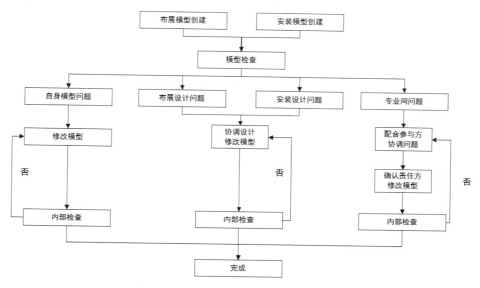

图 7-368　BIM 装饰模型检查工作流程

图 7-369　模型整合示意图

2）"宇宙"展区数字化应用

（1）照度模拟配合。

A2.1 时空，整个空间都为暗黑体系，通过墙面吊顶的线形灯来烘托，所以对于照度有一定的要求，设计阶段多以白膜进行照度模拟，模拟结果与实际偏差很大，施工阶段，为了解决这一问题，数字化团队对模型进行了实际的材质添加重新进行照度模拟。在这过程中数字化团队对于线形灯的粗细进行了调整，地面材质也进行调整（图 7-370 ~图 7-372）。

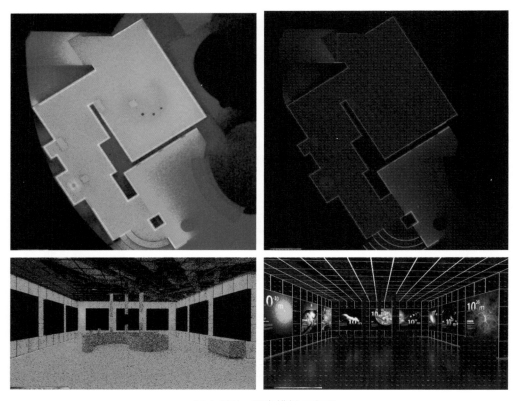

图 7-370　照度模拟示意图

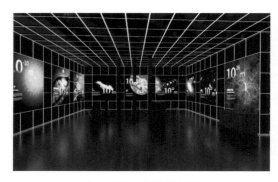

图 7-371　渲染效果图

图 7-372　最终实际场景图

（2）复杂区域深化施工配合。

　　整个引力空间是模仿黑洞吞噬空间的场景，主要通过引力线、黑洞效果、灯光效果、投影效果共同营造。整个空间是一个六面体贯穿的空间，需要天地墙材质、质感、效果一致。所以数字化团队地坪选择现场浇筑水磨石地坪、墙顶采用复合磨石预制构件保证双曲面造型同时保证质感同地坪水磨石的效果（图 7-373）。

图 7-373　引力区效果图

　　其空间难点为与建筑洞口、机电、展项的拉通；六面体贯通饰面的零误差精度；六面体贯通饰面的双曲面落地。为了保证解决以上难点。数字化团队通过数字化、参数化模型全过程控制各施工流程无缝衔接（图 7-374）。

图 7-374　施工流程图

　　饰面模型形体确认：采用 3ds Max 完成形体与引线创建，交由业主确认。

　　饰面深化：采用 Rhino 进行模型深化与调整，协调各专业与现场。

　　板块划分：通过参数化形式划分板块。

　　工厂加工及预拼装：参数化数据提取，保证工厂加工及安装的精度控制。

　　现场安装：全站仪配合，六面体饰面零碰撞（图 7-375）。

图 7-375　引力区现场完成图

① 形体优化。原有形体引力线复杂，未考虑门洞、展项布置、风口等情况。数字化团队依据实际情况，对模型进行了优化，通过风口跨高度延展进行优化，同时将引线调整至门洞两侧，保证引线的完整性（图 7–376）。

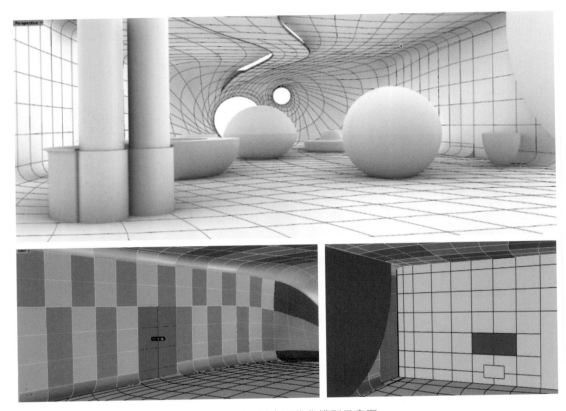

图 7–376　引力区优化模型示意图

② 数字模型与工厂结合。数字化建造技术在装饰工程深化设计中的应用从数字化测量开始，至全装配化完成结束。装饰工程全面数字化建造的基本思路，是通过工艺设计，将装饰饰面分解成无数标准零部件和非标零部件，以标准模数设计分配构件类型，达到标准化加工的目的，而装饰非标零部件的工厂化加工是施工的焦点，工厂加工涉及多种机械加工知识和快速成型技术，采用数字化工艺设计方法，可将建筑施工造成的累积误差通过工艺设计消化，将非零件部件转化为可在工厂加工的零部件，最终实现现场装配式施工。

对于异形曲面的下单工作品，利用 Rhino 及 Grasshopper 进行模型分块，并进行参数化数据提取，保证后期工厂加工及安装的精度控制（图 7–377）。

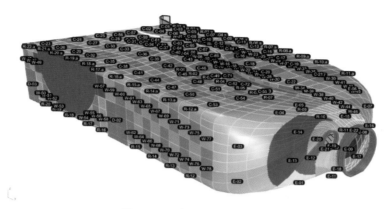

图 7-377　板块分块与编号图

③ 辅助饰面施工放线。引力区墙顶构件都是工厂先预制至现场进行安装。对安装放线的精度要求很高。如果现场数据不准，可能导致不必要的现场返工，为了提高墙面安装精度，测绘团队将坐标从模型中提取出来，生成板块数据表，输入自动全站仪进行现场打点放样。效率与精度都有很大的提高（图 7-378）。

图 7-378　现场全站仪点位确认示意图

3）"家园"展区数字化应用

（1）三维激光扫描。

建筑装饰、展示施工与土建施工不同，土建施工是从"零"开始，施工允许的累积误差可以采取调整装饰构造做法来弥补，而装饰施工则不同，如按原始图纸施工，肯定会造成返工，材料浪费等诸多问题。因此，对于装饰及展示专业，正确的现场数据与模型是深化设计的一个重要基础，特别是对于 A1 家园这样跨度大，累积误差大，造型复杂的区域。有效避免了施工偏差的问题（图 7-379）。

图 7-379　三维扫描及点云数据

（2）展项登高作业模拟。

传统室内登高作业方法包括搭设满堂脚手架、蜘蛛车、剪刀车等方法。因天文馆展区内展品展项品种繁多，因此在施工过程中，展品展项的进场计划以及现场组织安装、点位固定需要 BIM 技术配合。

如 A1 地球区域半空中有 5 个展项：哈勃望远镜、开普勒望远镜、帕克、先驱者 10 号、旅行者 1 号。5 个展项重量大、体量大，需要采用登高车作业安装。但作业车进场如何停放作业，能够保证 5 个展项顺利安装，需要进行前期判断（图 7-380）。

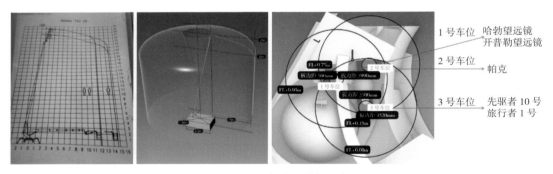

图 7-380　登高车作业模拟示意图

数字化团队配合项目管理人员进行模拟预演，分析登高车技术参数，通过三维模型模拟出登高车的作业范围。将模拟的模型整合至整体模型中，合理划分并确认登高车位置与作业展项。

（3）展项吊装模拟。

基于完成的 A1 展区布展模型以及现场施工条件，展项单位设计了详细的"月球"吊装施工方案，包括吊装用钢丝绳设置、施工平台搭建、吊装操作顺序等（图 7-381）。

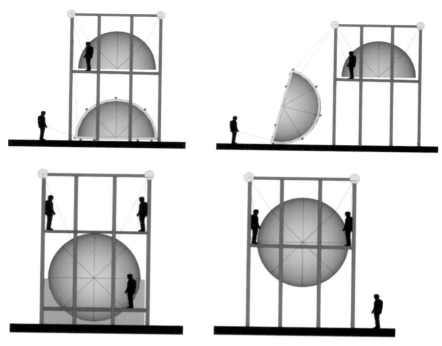

图 7-381　施工方案示意图
图片源自：《模型包件一项目（月球）》

　　基于设计详细的施工方案，数字化团队展开讨论，深化模型。通过数字模型的吊装模拟动画，一目了然，展现施工过程模拟，用于项目吊装施工人员交底，并及时发现具体实施过程中可能遇到的问题（图 7-382）。

图 7-382　"月球"吊装深化模型及动画模拟

　　整个月球最终需要通过使用钢丝绳穿过预先设置完成的预埋件，然后使用 304 不锈钢钢丝绳 U 形夹头进行固定，共计 6 个固定点。整个月球重达 3t，现场需要搭设施工平台结合龙门架、手拉葫芦进行吊装处理。数字化团队从脚手架平台搭设、球体分块安装至吊装整个过程进行了模拟（图 7-383、图 7-384）。

图 7-383 "月球"吊装施工流程示意

图 7-384 "月球"现场完成图

（4）施工方案模拟结合现场延时摄影。

根据项目实施进度，BIM 模型完成情况，对局部重点区域进行施工方案可视化模拟仿真，在布展深化模型的基础上添加建造过程、施工方法、施工顺序等信息，创建施工方案演示模型，进行施工方案的可视化模拟，直观地表达、推敲和验证施工方案的可行性。使工人可以非常直观地了解施工先后顺序，提高复杂构造节点的交底工作效率，进一步确保施工进度与施工质量。

同时，在项目实施过程中依据现场情况对于设计不合理或前期未考虑的细节进行模型深化及方案对比，以帮助选择最优方案。

A1 家园展区使用众多不同类型的图元与场景布置打造出沉浸式的观感体验。借助 BIM 手段对地球的整体拼装直观地进行项目施工方案模拟（图 7-385）。

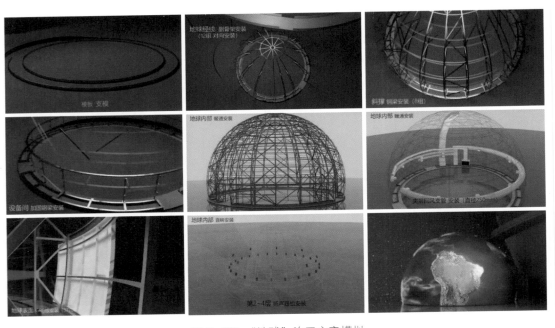

图 7-385 "地球"施工方案模拟

同时，为了真实记录局部复杂区域的施工进度及施工流程。在项目施工开展前，项目部就确认采用延时摄影技术手段进行拍摄，以 A1 家园——A1.2 日月地进行三个点位延时摄影，用于涵盖地球四周，展现地球从无到有的整个过程。

拍摄过程中数字化团队采用多台 GoPro 相机进行高处全景延时摄影，另外在地面上，数字化团队采用单反相机，对局部的施工重点进行拍摄。摄影周期从 A1.2 施工进场至竣工交付完成。

4）协同平台应用

通过 Vault 建立数据协同平台和管理机制，使参建方 BIM 数据能够实现交互共享，为参建方提供一个高效、灵活和安全的协同工作环境。数据的集中管理，使项目数据的安全性得到了保证，模型整合的效率将会得到极大的提高，同时为上海天文馆项目后期的运营和维护提供了数据的支撑和保障。其具体作用为：BIM 数据的集中存储和管理，确保数据安全；数据访问权限的控制；数据的无缝共享和协同；数据的备份和恢复（图 7-386）。

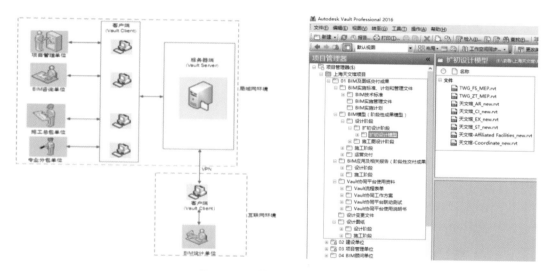

图 7-386　协同平台示意图

7.7.1.3　小结

上海天文馆通过前期有效的方案制定，多方位考虑，不同区域采用不同的数字化建造技术方式与流程，保证项目在疫情期间也能高效不停产。为天文馆顺利运营争取了宝贵的时间。

7.7.2 上海种子·远景之丘展示工程

7.7.2.1 项目概况

"远景之丘"——世界知名日籍建筑师藤本壮介特别为"上海种子"量身定制的户外建筑场馆。作为"第一期"上海种子的标志性建筑，高 21m，宽 87.6m，占地面积 638m²，巧妙囊括了综合展示空间、活动空间和公共休闲区域。"远景之丘"将在开幕之际沿芳甸路拔地而起，以纯白色脚手架为支撑，全透视的建筑理念，塑造出城市森林一般的视觉效果，与由矶崎新设计的喜玛拉雅中心相得益彰。整个建筑被葱郁的植被点缀，以极简的方式将自然与人工融合，设想未来 100 年后城市建筑的可能性（图 7-387）。

图 7-387 项目效果图

7.7.2.2 数字化建造应用点

1）BIM 深化设计——钢结构深化设计

在日方的沟通文件中，日本建筑设计师以 SU 的模型作为主要载体，并没有提供布置图或者剖面图纸，业主对现场的施工工期异常严格，为了满足现场第一榀钢架的顺利进场，依据 SU 模型先对钢架模型做整体建模（图 7-388）。

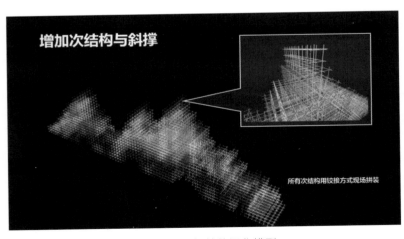

图 7-388 钢结构深化模型

2）幕墙深化设计、加工图设计

由于现场钢架安装完毕后，幕墙爪件需安装在主结构圆管上，所以幕墙接缝应对应主结构进行分割，需要做好整体的分缝（图 7-389）。

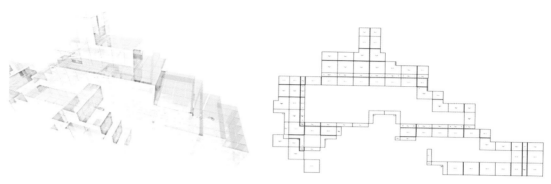

图 7-389　幕墙深化模型及加工图

该项目幕墙面板加工图及材料板块由 BIM 模型中导出，料单中对每根构件都有唯一的编号，通过编号下放材料加工、管理材料堆放，按标准单元模板图快速拼装单元。根据型材几何特点，与下游材料供应商沟通，以数据表 CAD 文件、三维模型的形式下发生产料单。料单中的编号在材料出厂时要求厂家写在面板背面，有利于材料进场时就近码放，安装前按排版图顺序摆放在地面上，对进场材料进行验收，也有利于安装时对号就位。

3）模型分析——力学分析

由于钢架造型存在高细比，局部有树的集中荷载，导致钢架局部位移变形比较大，斜撑的后置需要充分考虑整体刚度的情况下，尽量减少斜撑的数量，进而减少自重（图 7-390）。

图 7-390　项目位移变形分析模型

7.7.2.3　小结

本项目将 BIM 技术运用在装饰的深化设计中，需要结合施工现场实际情况首先做好数字化测量，其次对方案图纸及施工设计图纸进行细化，补充和完善等工作。数字化的建筑深化设计，立足于数字化设计软件，综合考虑装饰的"点线面"关系，并加以合理利用，从而妥善处理现场装饰的"收口"问题，立足于协调配合其他专业，保证本专业施工的可实施，同时保证设计意图的最终实现。在深化设计工作中发现问题，反映问题，并提出建设性的解决方法，协助主体单位迅速有效地解决问题，加快推进项目的进度。

7.8　大型邮轮装饰工程数字化设计、建造专项技术应用实践

7.8.1　国产首制豪华邮轮室内装饰工程

7.8.1.1　项目概况

邮轮作为造船行业皇冠上的明珠，具有高附加值、设计建造难度大、设计专业广等特点。由于大型邮轮具有大量的居住舱室和公共区域，使得邮轮装饰工程成为大型邮轮众多系统工程中，建造难度最大、价值量最高、参与人数最多的专业。

2021 年 12 月 17 日，我国首制大型邮轮在上海顺利实现坞内起浮，预计于 2023 年 9 月完工，该艘邮轮由上海外高桥造船有限公司建造（图 7-391、图 7-392），有望通过英国劳氏船级社及中国船级社的入级验收。船体总长 323.6m，拥有客房 2 125 间，最多可

图 7-391　国产首制大型邮轮效果图

图 7-392　首制国产大型豪华邮轮坞内起浮

容纳乘客 5 246 人，高达 16 层的生活娱乐区设有大型演艺中心、购物广场、水上乐园等丰富多彩的休闲娱乐设施，被誉为移动的"海上现代化城市"。

全船共 136 个系统，2 万余配套设备，2 500 万个零件，由于其结构的特殊性、工艺的复杂性，建造的艰巨性，以及全球性的供应链协同，对中国船舶工业而言都是前所未有的调整。

为支持国产首艘大型邮轮建造交付，在中国船舶工业集团公司的领导下，外高桥造船厂牵头申报"大型邮轮创新工程"专项，以装饰工程为主要研究要点，设立"典型居住舱室和公共区域设计建造关键技术研究"课题，通过研究、掌握高技术远洋客船装饰工程所需要的设计能力、建造能力、管理能力，构建国产供应链体系，解决高技术远洋客船建造中种类最多，复杂程度最高、成本占比最高的部分，促进国产高技术远洋客船建造和能力提升。数字化建造技术研究所承担了其中 8 个专题报告的研究及 27 个样板舱室的 BIM 模型设计工作。

7.8.1.2　数字化建造应用点

1）居住舱室及公共区域 BIM 设计

高技术远洋客船居住舱室及公共区域内装设计复杂，包括居住舱室、交通区域、餐饮区域、文体区域、购物区域、露天甲板等区域内装设计风格特异，同时客船内部强弱配电、空调、消防等设备管线错综复杂，客船在内装设计时需要考虑与各其他专业的协调设计。三维信息模型的应用通过三维可视化、装饰构配件施工可行性模拟、设计及施工阶段各专业信息的可协调功能，对客船复杂空间进行设计优化的可能。通过对客船居住舱室及公共区域内装的三维信息模型建立，对常用三维建模软件对比分析及在船舶中的应用分析，开展基于三维信息模型的可视化应用研究，建立并完善客船复杂区域模型设计工作流程，形成居住舱室及公共区域的可视化三维信息模型。居住舱室及公共区域三维可视化模型建立（图 7-393）。

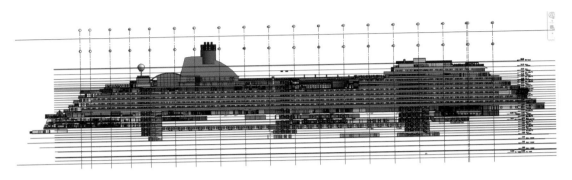

图 7-393 豪华邮轮公共区域 BIM 模型设计汇总图

（1）居住舱室 BIM 设计。

居住舱室主要分为标准舱室、阳台舱室、船员舱室等，有别于陆地上的标准客房，邮轮上舱室是整体装配式施工工艺，BIM 团队应用数字孪生实现了舱室的全过程模拟；基于外方设计图纸打造装配式工艺节点库，依托节点模型搭建整体舱室模型，通过包含舱室工艺信息的数字模型进行安装工艺模拟。依托数字孪生模型逐步推动大型邮轮的国产化进程（图 7-394）。

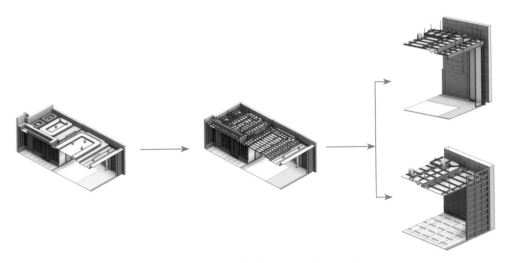

图 7-394 邮轮样板舱室 BIM 模型设计

（2）大型公共空间 BIM 设计。

豪华邮轮内的大型公共空间主要有赌场、中庭、剧场等区域，在内装中包含大量异型、不规则曲面装饰构件。传统建模软件无法准确、快速建立异型复杂装饰构件。通过对这些大空间异型构件的模型建立，提高三维模型建立效率及准确度，为基于三维模

型的虚拟现实技术应用、交互式可视化技术应用、施工工序模拟提供依据（图 7-395、图 7-396）。

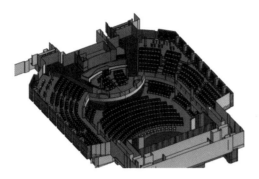

图 7-395　剧场区域模型

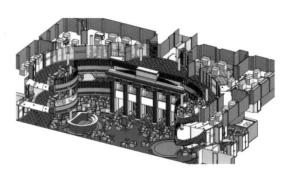

图 7-396　中庭区域模型

（3）餐厅区域 BIM 设计。

餐厅属于邮轮内的重要活动空间，分为自助餐厅、特色主题餐厅、宴会餐厅等，通过三维模型的建立，来直观体现餐厅各空间内的动线分布、餐厅环境的布置（图 7-397～图 7-399）。

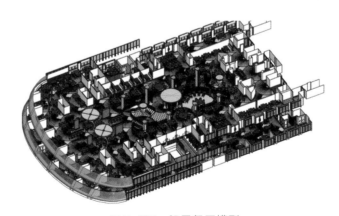

图 7-397　船尾餐厅模型

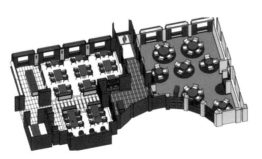

图 7-398　火锅牛排餐厅模型

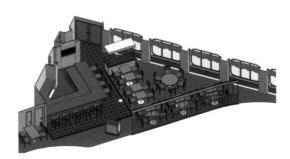

图 7-399　鱼餐厅模型

（4）户外空间 BIM 设计。

户外空间是邮轮特有的特色空间，为半室内的开放区域，有水上乐园、酒吧休息区、运动广场等区域，内容丰富，类似大型的移动游乐场所。通过三维模型的建立，把船体结构与户外空间相结合，反应内部的空间排布合理性、准确性，为后续施工的推进提供有效依据（图 7-400 ~ 图 7-403）。

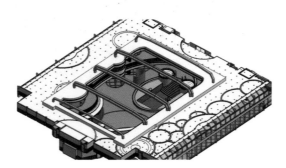

图 7-400 沙滩俱乐部模型

图 7-401 样板舱室工艺模拟

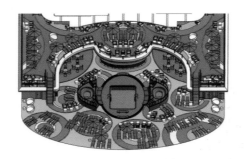

图 7-402 泳池甲板模型

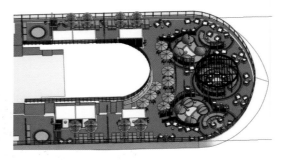

图 7-403 宁静露台模型

2）居住舱室与公共区域设计及工艺仿真技术研究

高技术远洋客船居住舱室和公共区域种类繁多、制作工艺复杂，同时客船在剧场、大堂区域造型复杂，为三维信息模型库的建立造成了相当大的困难。本部分通过对客船内装三维信息模型在设计、施工阶段的建模深度研究、模型几何 / 非几何信息应用研究、构件材质 / 贴图详细程度研究、模型文件夹及文件命名方式研究、协同建模管理方式的研究，制定出居住舱室及公共区域内装详细设计三维可视化模型建立及应用标准研究报告，为建立客舱复杂空间三维信息模型的建立提供依据。

7.8.1.3 小结

集团设计团队和数字化建造技术团队提前两年进场，参与舾装工程正向设计并同步制作全船公共区域及舱室三维数字模型，并打造邮轮内装参数化节点设计库、工艺样板节点库、可视化方案展示库、基于 BIM 模型的工程量计算平台，与未来的邮轮舾装实体

永久同步共生，来解决邮轮全生命周期的建造、保养、维修、改造，通过虚拟工厂复制实现卓越制造（图 7-404）。

图 7-404　BIM 及数字化应用成果通过专家中期评审

数字化团队通过应用新一代三维数字设计技术，组织开展邮轮全船、全专业的完整三维建模。通过 1 000G 的三维模型构建的大数据，驱动大型邮轮内装的建造，应用模型轻量化技术，三维工艺模型直观表达。后续将在现有模型技术上，进一步构建邮轮知识图谱、工艺构建节点库，规范业务执行过程，沉淀邮轮的知识成果。为中国船舶工业的高质量发展贡献一份力量。

参考文献

［1］刘芳．BIM技术在建筑工程项目中的应用研究［D］．大连：大连海事大学，2020．

［2］蒋辉．BIM技术在建筑装饰行业中的应用障碍及案例分析［D］．苏州：苏州科技大学，2017．

［3］麻倬领．BIM技术在装饰工程中的应用研究［D］．郑州：河南工业大学，2018．

［4］连珍．数字化建造技术在既有建筑改造过程中的应用［J］．建筑施工，2019，41（11）：2048-2050．

［5］连珍．大型机场航站楼装饰工程的数字化建造技术应用［J］．建筑施工，2020，42（6）：1058-1060．

［6］连珍．大型主题公园城堡片区装饰工程数字化建造技术应用［J］．建筑施工，2019，41（5）：955-959．

［7］张铭．数字化建造助推建筑企业创新转型发展［N］．中国建设报，2019-06-07（008）．

［8］夏巨伟，房霆宸．数字化技术助力上海建工创新转型发展［J］．科技创新与品牌，2019（2）：36-38．

［9］陈渊鸿，房霆宸，赵一鸣．基于BIM的全过程数字化建造技术［J］．建筑施工，2021，43（3）：521-524．

［10］苏海龙．全流程数字化技术在复杂装饰造型建造中的应用［J］．建筑施工，2020，42（8）：1544-1546．

［11］李久林，王勇．大型建筑工程的数字化建造［J］．施工技术，2015，44（12）：93-96．

［12］袁烽，何金．多维逻辑下的数字化建造［J］．新建筑，2012（1）：4-9．

［13］袁烽．从数字化编程到数字化建造［J］．时代建筑，2012（5）：10-21．

［14］张社．试论地质工程勘察相关问题［J］．中小企业管理与科技（下旬刊），2014（1）：144．

［15］陈国柱．GIS技术和数字化测绘技术的发展及其在工程测量中的应用［J］．科技创新导报，2011（26）：111．

［16］严雯，王洪涛，卿利，等．基于数据链的无人机空中自动防撞技术［J］．电讯技术，2013，53（7）：859-863．

［17］何宇聪，曾俊锋，许文君．无人机航拍在既有幕墙检查中的应用［J］．智能城市，2018，4（12）：8-9．

［18］赵淑伟．无人机，电力好帮手［J］．中国电业，2014（4）：36-37．

［19］黄其旺．基于改进概率图的多无人机协同搜索策略研究国防科学技术大学［D］．长沙：国防科学技术大学，2012．

［20］胡大庆，李进华，吴士珂．航空摄影测量技术应用［J］．城市建设理论研究：电子版，2016（3）：1-5．

［21］许志成，陈娟．基于校园场景的720°全景图制作［J］．漯河职业技术学院学报，2013（2）：45-48．

［22］张剑清．数字摄影测量［J］．城市勘测，1996（1）：44-47，10．

［23］李星开．基于无人机平台的多视角倾斜影像匹配相关技术研究［J］．中国高新技术企业，2017（8）．

［24］叶思奇．基于倾斜摄影的多目标纹理最优化研究［D］．桂林理工大学．

［25］芦彦霖．倾斜摄影测量实景三维模型构建及精度分析［D］．徐州：中国矿业大学，2019．

［26］杨争艳．倾斜摄影测量三维重建中纹理映射的研究［D］．成都：成都理工大学，2017．

［27］李红炜．倾斜摄影测量技术探讨［J］．低碳世界，2019，9（1）：78-79．

［28］肖然．古建筑测绘中真实性的体现及相关问题研究［D］．太原：太原理工大学，2015．

［29］卢秀丽．浅谈GIS空间分析［J］．科技信息，2013（1）：66．

［30］张万强，赵俊三，唐敏．无人机影像构建三维地形研究［J］．测绘工程，2014，23（3）：36-41．

［31］戴大伟，龙海英．无人机发展与应用［J］．指挥信息系统与技术，2013，4（4）：7-10．

［32］江更祥．浅谈无人机［J］．制造业自动化，2011，33（15）：110-112．

［33］刘殿海，周波，李论，等．基于三维扫描和激光熔覆的型面零件修复技术研究［J/OL］．热加工工艺：1-5［2021-09-04］．https://doi.org/10.14158/j.cnki.1001-3814.20203330．

［34］高维，王智颖．三维扫描在水冷壁管屏预组装中的应用技术研究［J］．锅炉制造，2021（5）：55-57.

［35］王鸣霄，夏磊凯．三维激光扫描测量在老宅保护中的应用［J］．城市勘测，2021（4）：108-112.

［36］李瑶，褯一，吴勇生，等．基于三维激光扫描技术的超欠挖算法在隧道开挖中的应用［J/OL］．铁道标准设计：1-5［2021-09-04］．https://doi.org/10.13238/j.issn.1004-2954.202106300006.

［37］马涛，杨小明，阎跃观，等．以窗口化和地形坡度为基础的植被茂密区域点云滤波算法［J］．测绘通报，2021（8）：33-36.

［38］保振永．三维激光扫描在土石坝表面及扁钢的高精度变形监测中的应用研究［J］．测绘与空间地理信息，2021，44（8）：211-214.

［39］李晓斌，林志军，杨玺，等．基于激光扫描和倾斜摄影技术的三维实景融合建模研究［J］．激光杂志，2021，42（8）：166-170.

［40］关为民．三维激光扫描技术在隧道施工应用中的新进展［J］．铁道建筑技术，2021（8）：111-115.

［41］宋洪英，曹坤，闫晓楠．基于三维激光扫描的高层建筑建模研究［J］．粘接，2021，47（8）：123-126.

［42］樊经宇．三维激光扫描技术在隧道工程监测中的应用［J］．工程建设与设计，2021（15）：102-104.

［43］于宝兴．高速铁路隧道洞口地形三维扫描成图应用研究［J］．工程勘察，2021，49（8）：74-78.

［44］屈乾龙，朱庆伟，艾卫涛，等．塔形建筑物轮廓点Z坐标点云倾斜监测方法［J］．西安科技大学学报，2021，41（4）：715-723.

［45］侯飞．基于BIM的高精度塑石工程特征统计方法研究［J］．地理空间信息，2021，19（7）：116-118，8.

［46］李少旭．三维激光扫描技术在钢结构建筑验收中的应用［J］．石家庄职业技术学院学报，2021，33（4）：30-35.

［47］胡浩，胡炜，陈真富．徽派民居建筑装饰数字化传承研究——以程氏三宅为例［J］．中国建筑装饰装修，2021（7）：190-192.

［48］赵亚波，王智．基于三维激光点云的钢结构变形分析［J］．测绘通报，2021（5）：155-158.

［49］李晓华，张茹．激光扫描技术在中国古代建筑精细测绘中的应用——以西安钟楼三维建模及精细测绘项目为例［J］．北京测绘，2021，35（5）：678-683.

［50］兰旭东．复杂曲面测量数据点云处理与重建技术研究［D］．上海：东华大学，2021.

［51］蔺颀，李亚茹，曹宏芳．红外热像结合三维扫描在外墙检测中的应用［J］．工程建设，2021，53（5）：75-78.

［52］朱龙军，周隽．三维激光扫描仪在建筑规划验收中的应用［J］．城市勘测，2021（2）：127-131.

［53］余章蓉，王友昆，潘俊华，等．Trimble X7三维激光扫描仪在建筑工程竣工测量中的应用［J］．测绘通报，2021（4）：160-163.

［54］郑晓，虞焕新，黄琦．BIM自动全站仪在建筑工程施工中的应用［J］．山西建筑，2021，47（16）：166-168.

［55］张军．三维空间放样方法研究［J］．中国科技信息，2021（15）：43-45.

［56］吴晶晶，蒋承威，郭静，等．3D扫描技术在2022世界杯主场馆钢结构施工中的应用［J］．施工技术，2021，50（8）：56-59.

［57］赵少良，任伯龙．全站仪免棱镜测量外符合精度的室内测试方法［J］．北京测绘，2021，35（3）：381-384.

［58］韩国卿，桂朋，杜操，等．异形钢塔拼装测量方法的研究［J］．地理空间信息，2021，19（2）：71-73，102，7.

［59］陈雅楠．BIM技术在某装配整体式住宅项目中的应用研究［D］．河北工程大学，2019.

［60］章超权，黄宝玉，毛波．三维城市模型快速可视化技术研究［J］．武汉大学学报（工学版），2019，52（12）：1113-1120，1128.

［61］徐丹洋．基于BIM技术的信息化协同与管理［J］．建筑技术开发,2020,47(4)：81-83．

［62］罗毅．关于BIM技术在房地产项目工程管理中的应用［J］．低碳世界,2020,10(6)：200,179．

［63］欧宁宁,马莹,张金文．数字城市三维可视化管理平台中BIM标准的制定及应用研究［J］．城市建设理论研究(电子版),2020(20)：120-121．

［64］孔艳丽．建筑装饰装修工程融入BIM技术初探［J］．黄河科技学院学报,2020,22(8)：46-49．

［65］龚波．VR与AR技术在建筑室内设计中的应用探讨［J］．科技经济导刊,2017(24)：102．

［66］李骋．以上海建工党校多功能厅精装修项目为例简介BIM技术在室内精装修项目中的应用［A］．中国图学学会建筑信息模型(BIM)专业委员会．第三届全国BIM学术会议论文集［C］．中国图学学会建筑信息模型(BIM)专业委员会：中国建筑工业出版社数字出版中心,2017：3．

［67］黄开．浅析BIM技术在室内装修设计中的应用［J］．中国建筑装饰装修,2017(11)：96．

［68］徐琨．虚拟现实在室内装饰设计领域的应用创新［J］．绿色环保建材,2020(12)：69-70．

［69］薛媛媛．VR技术在建筑室内设计中的应用探讨［J］．建筑技术开发,2018,45(7)：84-85．

［70］章运,许海峰．基于BIM+VR与云设计三核联创的室内艺术设计专业课程开发与应用研究［J］．设计,2019,32(11)：129-131．

［71］赵霞,陈洋,殷超．现代需求与工艺对新中式家具构建影响研究［J］．设计,2019,32(22)：122-124．

［72］Dongchen Han, Hongxi Yin, Ming Qu, et al. Technical Analysis and Comparison of Formwork-Making Methods for Customized Prefabricated Buildings: 3D Printing and Conventional Methods［J］. Journal of Architectural Engineering, 2020, 26(2): https://doi.org/10.1061/(ASCE)AE.1943-5568.0000397.

［73］吴慧兰,曾卓骐,张韵仪．基于CNC雕刻技术的工艺品设计与制作实验［J］．实验室研究与探索,2014,33(12)：229-232．

［74］桌面iCNC激光雕刻数控一体机［J］．机械,2017,44(8)：26．

［75］孔琳,徐志强,任元建,薛宁．施工工艺视频拆分与重组技术研究［J］．中国建筑装饰装修,2020(10)：104-107．

［76］马小云,刘伟,郑逸雪．基于BIM的国资大厦项目技术标编制——工程项目建筑模型的创建和施工模拟动画［A］．北京力学会．北京力学会第26届学术年会论文集［C］．北京力学会：北京力学会,2020：3．

［77］温春丽．基于BIM的住宅施工质量控制应用研究［D］．华北水利水电大学,2019．

［78］吴红波,张瑞君,杜玉龙,等．基于MapGIS和SketchUp的景区古建筑三维虚拟场景实现［J］．地理空间信息,2020,18(9)：52-56,7．

［79］钟铁夫．基于BIM的框架结构参数化设计研究［D］．沈阳工业大学,2016．

［80］殷天增．建筑参数化设计的发展及应用的研究［J］．建筑工程技术与设计,2015(29)：1889．

［81］周端．浅谈参数化设计在建筑表皮中的表现和运用［J］．工程技术(引文版),2016：197-198．

［82］龙亮．浅谈参数化设计在建筑设计中的表现和运用［J］．建筑工程技术与设计,2016(7)：682．

［83］庞思雨,张弛．一种基于BIM技术的隧道参数化建模方法［J］．隧道建设(中英文),2018,38(S2)：248-255．

［84］范照耀．建筑参数化设计的发展及应用剖析［J］．江西建材,2016(21)：51．

［85］李海峰．基于Revit参数化设计在实际项目中的应用［D］．南昌：南昌大学,2019．

［86］杨亿．基于Revit的空间网格结构参数化建模方法［D］．深圳：深圳大学,2019．

［87］黄雨萌．建筑设计中Rhino+Grasshopper插件功能与3D建模解析［J］．自动化技术与应用,40(7)：4．

［88］牛一凡．BIM参数化设计技术在异形建筑工程中的应用［J］．价值工程,2019,38(14)：160-162．

［89］邵韦平．数字化背景下建筑设计发展的新机遇——关于参数化设计和BIM技术的思考与实践［C］//中国建筑学会建筑师分会2010学术年会,2010．

［90］陈俊良．参数化BIM建筑设计技术的发展及应用［J］．城市建设理论研究：电子版，2012（26）．

［91］唐博．基于BIM协同平台实现参数化设计的方法研究［J］．房地产导刊，2014（25）：140．

［92］谢中原，马春泉，刘金星，等．一种基于BIM技术的模架体系参数化设计方法．

［93］吕新伟．浅谈基于参数化BIM建筑设计技术及其优势［J］．工程管理前沿，2015．

［94］胡若文．BIM技术在参数化建筑设计中的应用初探BIM技术在参数化建筑设计中的应用初探－以武汉光谷国际网球中心为例［J］．建筑与文化，2014（12）：158-159．

［95］崔敏．浅谈基于参数化BIM建筑设计技术及其优势［J］．建筑工程技术与设计，2015（23）：236．

［96］韩云娜．参数化BIM建筑设计技术的发展与应用［J］．中文科技期刊数据库（全文版）工程技术：246．

［97］孙夏．基于参数化BIM建筑设计的特点及其应用［J］．智能建筑与城市信息，2019（6）：51-52．

［98］詹建文．基于BIM的异形空间结构物的参数化信息技术应用研究［D］．广州：广州大学，2018．

［99］华国栋．建筑方案BIM正向设计方法浅析［J］．智能建筑与智慧城市，2021（6）：86-88．

［100］蔡财敬．建筑机电（水暖电）BIM正向设计研究［J］．洁净与空调技术，2021（2）：39-49．

［101］翁柳青．BIM正向设计下EPC在装配式建筑项目中的实施建议［J］．辽宁科技学院学报，2021，23（3）：21-24．

［102］鞠瑞馨，丛阳，刘鹏飞．EPC总承包模式下基于BIM参数化工程正向设计的完成度研究［J］．城市建筑，2021，18（17）：196-198．

［103］贾学军，王久强，史琦．北京某主题公园BIM正向设计应用实践及创新［J/OL］．土木建筑工程信息技术：1-6［2021-09-04］．http://kns.cnki.net/kcms/detail/11.5823.TU.20210521.1356.006.html．

［104］樊炜，宁涣昌．机电BIM深化设计技术在大型主题乐园项目中的应用［J］．安装，2021（5）：12-14．

［105］杨远丰．全面BIM正向设计的关键技术与管理要点［J/OL］．土木建筑工程信息技术：1-13［2021-09-04］．http://kns.cnki.net/kcms/detail/11.5823.tu.20210510.0933.002.html．

［106］孟楠．建筑机器人时代已来［J］．建筑，2021（16）：5．

［107］本刊．科技照进现实机器人掀起建筑业工业革命［J］．建筑，2021（16）：12-13．

［108］大界机器人：科技赋能建筑业智能化变革［J］．建筑，2021（16）：13-15．

［109］张皓涵．建筑施工机器人技术的应用与发展［J］．广东建材，2021，37（8）：74-78．

［110］Liang CiJyun, Wang Xi, Kamat Vineet R., et al. Human-Robot Collaboration in Construction: Classification and Research Trends［J］. Journal of Construction Engineering and Management, 2021, 147（10）: https://doi.org/10.1061/(ASCE)CO.1943-7862.0002154.

［111］袁烽，张立名，高天铁．面向柔性批量化定制的建筑机器人数字建造未来［J］．世界建筑，2021（7）：36-42，128．

［112］蒋翰林．碧桂园机器人"上岗"盖房打造质量安全防火墙［N］．中国经营报，2021-07-12（B09）．

［113］杜明芳．中国智能建造新技术新业态发展研究［J］．施工技术，2021，50（13）：54-59．

［114］李洋．地面找平建筑机器人的设计与实验研究［D］．北京：北京建筑大学，2021．

［115］Zhu Aiyu, Pauwels Pieter, De Vries Bauke. Smart component-oriented method of construction robot coordination for prefabricated housing［J］. Automation in Construction, 2021（129）: https://doi.org/10.1016/j.aut con.2021.103778.

［116］Takahiro Ikeda, Naoyuki Bando, Hironao Yamada. Semi-Automatic Visual Support System with Drone for Teleoperated Construction Robot: Special Issue on Novel Technology of Autonomous Drone［J］. Journal of Robotics and Mechatronics, 2021, 33（2）: 313-321.

［117］刘子毅，李铁军，孙晨昭，等．基于BIM的建筑机器人自主导航策略优化研究［J/OL］．计算机工程与应用：1-10［2021-09-04］．http://kns.cnki.net/kcms/detail/11.2127.tp.20210416.1140.014.html．

[118] 陈统，龚旭峰，王鸣翔，等．基于BIM技术的建筑工程构件管理与共享平台研发[J]．建筑施工，2021，43（5）：939-941．

[119] 叶茹蕊，邓雪原．基于IFC标准的建筑构件入库信息管理方法[J]．建筑技术，2021，52（4）：469-473．

[120] 王军．基于物联网的大型钢构件质量追溯系统的研发[D]．天津：河北工业大学，2014．

[121] 丁烈云．数字建造导论[M]．北京：中国建筑工业出版社，2020．

[122] 徐卫国．数字建筑设计理论与方法[M]．北京：中国建筑工业出版社，2020．

[123] 龚剑，房霆宸．数字化施工[M]．北京：中国建筑工业出版社，2020．

[124] 阿希姆·门格斯．建筑机器人—技术、工艺与方法[M]．袁烽，译．北京：中国建筑工业出版社，2020．

[125] BIM技术人才培养项目辅导教材编委会．BIM装饰专业基础知识[M]．北京：中国建筑工业出版社，2018．

[126] BIM技术恩彩培养项目辅导教材编委会．BIM装饰专业操作实务[M]．北京：中国建筑工业出版社，2018．

[127] 龚剑，朱毅敏．上海中心大厦数字建造技术应用[M]．北京：中国建筑工业出版社，2020．

[128] 张铭，张云超．上海主题乐园数字建造技术应用[M]．北京：中国建筑工业出版社，2020．

[129] 上海市住房和城乡建设管理委员会．上海市建筑信息模型技术应用与发展报告[R]．上海：上海市住房和城乡建设管理委员会，2021．

附 录
Appendix

上海市建筑装饰工程集团有限公司 BIM 及数字化建造领域主要荣誉 2021—2023 年

年份	序号	奖项	项目
	1	第二届工程建设行业 BIM 大赛	
		一等奖	北京大兴国际机场航站楼装饰工程大吊顶数字化建造技术应用（建筑工程类——一等成果）
		二等奖	数字化建造技术在艺术曲面空间中的运用（建筑工程类——二等成果）
	2	第二届 CBDA 建筑装饰 BIM 大赛	
		一等奖	成都天府国际机场旅客过夜用房幕墙工程数字化建造技术 [应用水平一级（幕墙组）]
			南通植物园（温室）幕墙 BIM 施工项目 [应用水平一级（幕墙组）]
			上音歌剧院幕墙工程数字化技术运用 [应用水平一级（幕墙组）]
			上海种子远景之丘 [应用水平一级（装配式组）]
			珠港澳旅检大厅项目装饰专业数字化建造应用 [应用水平一级（公装组机场、公路、轨道交通类）]
		二等奖	上海国际舞蹈中心项目 BIM 技术应用 [应用水平二级（公装组文化教育类）]
		三等奖	滴水湖南岛会议中心参数化设计施工应用简介 [应用水平三级（幕墙组）]
2021 年度	3	首届"智建杯"中国智慧建造 BIM 大赛	
		一等奖	成都天府国际机场旅客过夜用房幕墙工程数字化建造技术（优秀施工案例金奖）
		二等奖	南通植物园（温室）幕墙 BIM 施工项目（创新应用亮点银奖）
			滴水湖南岛会议中心参数化设计施工应用（创新应用亮点银奖）
			数字化建造技术在艺术曲面空间中的运用——九棵树未来艺术中心装饰工程项目（优秀施工案例银奖）
			珠港澳旅检大厅项目装饰专业数字化建造应用（优秀施工案例银奖）
			上海国际舞蹈中心项目 BIM 技术应用（优秀施工案例银奖）
			国际进口贸易博览会场馆全装配化数字施工技术应用（优秀施工案例银奖）
			上音歌剧院幕墙工程数字化技术运用（优秀施工案例银奖）
		三等奖	北京大兴机场航站楼精装修工程 BIM 及相关技术应用（优秀施工案例铜奖）
			新开发银行精装修工程二标段数字施工技术应用（优秀施工案例铜奖）
	4	上海市第三届 BIM 技术应用创新大赛	
		二等奖	南京海玥花园项目 [项目案例奖（房建类二等奖）]

（续表）

年份	序号	奖项	项目
		特别创意奖	墙顶一体化双曲异形石材种子造型大堂数字化整体施工方案（特别创意奖）
	5	第十届"龙图杯"全国 BIM 大赛	
		一等奖	中国共产党第一次全国代表大会纪念馆 BIM 深化设计及过程管理应用［施工组一等奖（联合申报单位）］
		优秀奖	新开发银行总部大楼装饰工程 BIM 技术应用（施工组优秀奖）
			全生命周期 BIM 技术在南京海玥花园绿色科技住宅项目中的应用（综合组优秀奖）
2021年度	6	第十二届"创新杯"BIM 技术应用大赛	
		二等奖	新开发银行总部大楼装饰工程 BIM 技术应用（工程建设专项 BIM 应用二等成果）
	7	"浦东杯"BIM 暨全国 BIM 菁英邀请赛	
		一等奖	中国共产党第一次全国代表大会纪念馆［全国房建项目赛一等奖（联合申报）］
	8	"斯维尔杯"BIM 世赛模拟赛	
		三等奖	员工组赛事（三等奖）
	9	2021 年度上海市重点工程实事立功竞赛	
		团队奖	上海建工装饰集团数字化建造技术研究所（优秀团队）
	1	第三届工程建设行业 BIM 大赛	
		一等奖	上海天文馆展示与布展施工工程 BIM 技术应用（建筑工程综合应用类一等成果）
			国产首制大型邮轮室内装饰工程 BIM 技术应用（建筑工程综合应用类一等成果）
		二等奖	一心八岛.环筑民航国际化高等学府——中法航空大学项目数字信息化综合应用（建筑工程综合应用类二等成果）
		三等奖	基于数字化的上海展览中心外立面保护修缮技术研究与应用（建筑工程综合应用类三等成果）
	2	第三届 CBDA 建筑装饰 BIM 大赛	
2022年度		一等奖	上海天文馆展示与布展施工工程 BIM 技术应用［一级（公装组 – 文化教育类）］
			BIM 技术在上海图书馆东馆室内装饰工程中应用［一级（公装组 – 文化教育类）］
			绳金塔地铁站与武汉群光广场幕墙工程数字化运用［一级（幕墙组）］
		二等奖	深圳中山大学理工科组团幕墙工程 BIM 技术应用［二级（幕墙组）］
		优秀奖	东航金叶苑 3# 外幕墙工程数字化建造应用［优秀（幕墙组）］
			香港水上乐园幕墙工程 BIM 参数化技术示范应用［优秀（幕墙组）］

（续表）

年份	序号	奖项	项目
	3	第四届"共创杯"智能建造技术创新大赛	
		二等奖	西安武隆航天酒店幕墙工程 BIM 技术运用（施工组－二等奖）
			北外滩世界会客厅数字化建造技术应用（施工组－二等奖）
			基于数字化的上海展览中心外立面保护修缮技术研究与应用（施工组－二等奖）
		三等奖	深圳中山大学理工科组团幕墙工程 BIM 技术应用（施工组－三等奖）
	4	第二届"优智杯"智慧建造应用大赛	
		一等奖	上海天文馆展示与布展施工工程 BIM 技术应用（智慧建造施工案例一等奖）
			成都天府国际机场旅客过夜用房幕墙工程数字化技术运用（智慧建造一等奖）
			绳金塔地铁站武汉群光广场幕墙工程数字化运用（智慧建造一等奖）
2022 年度		二等奖	雄安商务服务中心项目 3#、4#、5# 办公楼精装修工程施工 BIM 应用（智慧建造施工案例二等奖）
			北外滩世界会客厅数字化建造技术应用（智慧建造施工案例二等奖）
			上海博物馆东馆装饰工程 BIM 技术应用（智慧建造施工案例二等奖）
			天津国展中心酒店工程 EPC 项目数字化建造技术应用（智慧建造施工案例二等奖）
			新开发银行总部大楼装饰工程 BIM 技术应用（智慧建造施工案例二等奖）
			西安武隆航天酒店幕墙工程数字化技术运用（智慧建造二等奖）
		三等奖	基于数字化的上海展览中心外立面保护修缮技术研究与应用（智慧建造施工案例三等奖）
			青岛美高梅项目 T1T2 楼酒店精装修工程 BIM 技术应用（智慧建造施工案例三等奖）
			深圳中山大学理工科组团幕墙工程 BIM 技术应用（智慧建造三等奖）
	5	第十七届"振新杯"全国青年职业技能大赛	
		优胜奖	临江地区"世界级会客厅"综合改造提升关键技术研究与示范（优胜奖）
	6	第九届 BIM 技术应用大赛	
		一等奖	北外滩世界会客厅数字化建造技术应用（单项组一等奖）
			基于数字化的上海展览中心外立面保护修缮技术研究与应用（单项组一等奖）

（续表）

年份	序号	奖项	项目
2023年度 （截至7月 30日）	1	第四届工程建设行业 BIM 大赛	
		一等奖	顶尖科学家论坛装饰工程数字化建造技术应用（一等成果）
		三等奖	上海博物馆东馆装饰工程 BIM 技术应用（三等成果）
			BIM 数字化助力中国银联业务运营中心项目室内精装工程内装设计——[三等成果（联合申报）]
			BIM 在三林环外区域公交停车场新建工程装配式预应力设计、施工一体化管理中的应用研究——[三等成果（联合申报）]
	2	第四届 CBDA 建筑装饰 BIM 大赛	
		一等奖	北外滩世界会客厅数字化建造技术应用（公装组－展览展示类一等奖）
		二等奖	西安武隆航天酒店幕墙工程数字化技术运用（幕墙组－二等奖）
			雄安商务服务中心项目 3#、4#、5# 办公楼精装修工程施工 BIM 应用（公装组－商业金融办公类二等奖）
			上海博物馆东馆装饰工程 BIM 技术应用（公装组－展览展示类二等奖）
			天津国展中心酒店工程 EPC 项目数字化建造技术应用（公装组－酒店类二等奖）
		三等奖	基于数字化的上海展览中心外立面保护修缮技术研究与应用（公装组－展览展示类三等奖）
			青岛美高梅项目 T1T2 楼酒店精装修工程 BIM 技术应用（公装组－酒店类三等奖）
	3	上海市"工人先锋号"（上海市总工会、上海市人力资源和社会保障局）	
			上海市建筑装饰工程集团有限公司数字化建造技术研究所（上海市"工人先锋号"）

软件著作权

序号	专利号
1	建筑装饰可视化工程进度预览软件 V1.0
2	建筑装饰多媒体信息发布软件 V1.0
3	建筑装饰城市三维模型仿真软件 V1.0
4	建筑装饰交互式虚拟摄影软件 V1.0
5	建筑装饰虚拟现实信息发布平台软件 V1.0
6	建筑装饰可视化工序模拟软件 V1.0
7	建筑装饰可视化建材比选软件 V1.0
8	建筑装饰项目形象进度预览软件 V1.0

（续表）

序号	专利号	
9	建筑装饰装配式家居预览软件 V1.0	
10	建筑装饰可视化交互平台软件 V1.0	
11	既有建筑改造数字孪生模型平台软件 V1.0	
12	既有建筑外立面自动化测量软件 V1.0	
13	建筑装饰墙面放线自动计算数据软件 1.0	
14	建筑装饰三维模型增强现实自动复核软件 V1.0	
15	建筑装饰异性曲面面积材料计算软件 V1.0	
16	建筑装饰装配化节点设计软件 V1.0	
17	建筑装饰装配化物流装车空间计算软件 V1.0	
18	建筑装饰装配化用料统计软件 V1.0	
19	绿色建筑自主评分算分信息平台软件 V1.0	
20	装饰饰面自动排版及优化软件 V1.0	
21	内装工业化部品部件集成设计菜单式选材系统	
22	内装工业化项目管控平台	
23	三维扫描数据自动降噪软件	
24	无人机航拍数据融合软件	
25	无人机航拍数据自动计算软件	
26	装饰工程 BIM 模型材质分类软件	
27	装饰工程 BIM 模型自动算量软件	
28	装饰工程安全帽安全防控软件	
29	装饰工程安全帽自动定位软件	
30	装饰工程参数化节点数据平台软件	
31	装饰工程供应链管理平台	
32	装饰工程基于关键词聚类分析技术的自动标识软件	
33	装饰工程基于人工智能的分布式图像识别软件	
34	装饰工程基于无线射频技术的物流管理平台	
35	装饰工程数字化测量软件	
36	装饰工程异形曲面自动化定位软件	
37	装饰工程重大危险源 AI 自动识别软件	
38	装饰工程装饰异形曲面参数化排版软件	
39	装饰工程装饰异形曲面参数化优化软件	
40	装饰施工现场环境监测及预警软件	
41	装饰施工现场违规作业 AI 自动识别软件	